TURING 图灵数学·统计学丛书 ·04

LINEAR ALGEBRA
DONE RIGHT
3RD EDITION

U0390288

线性代数应该这样学

（第3版）

[美] Sheldon Axler 著

杜现昆 刘大艳 马晶 译

人民邮电出版社
北京

图书在版编目（CIP）数据

线性代数应该这样学：第 3 版 /（美）阿克斯勒
(Sheldon Axler) 著；杜现昆，刘大艳，马晶 译. — 北
京：人民邮电出版社，2016.9
（图灵数学·统计学丛书）
ISBN 978-7-115-43178-3

I. ①线… II. ①阿… ②杜… ③刘… ④马… III.
①线性代数 IV. ①O151.2

中国版本图书馆 CIP 数据核字 (2016) 第 180261 号

内 容 提 要

本书强调抽象的向量空间和线性映射，内容涉及多项式、本征值、本征向量、内积空间、迹与行列式等. 本书在内容编排和处理方法上与国内通行的做法大不相同，它完全抛开行列式，采用更直接、更简捷的方法阐述了向量空间和线性算子的基本理论. 书中对一些术语、结论、数学家、证明思想和启示等做了注释，不仅增加了趣味性，还加强了读者对一些概念和思想方法的理解.

本书起点低，无需线性代数方面的预备知识即可学习，非常适合作为教材. 另外，本书方法新颖，非常值得相关教师和科研人员参考.

◆ 著　　　　[美] Sheldon Axler
　　译　　　　杜现昆　刘大艳　马　晶
　　责任编辑　朱　巍
　　执行编辑　江志强
　　责任印制　彭志环
◆ 人民邮电出版社出版发行　　北京市丰台区成寿寺路11号
　　邮编　100164　电子邮件　315@ptpress.com.cn
　　网址　https://www.ptpress.com.cn
　　大厂回族自治县聚鑫印刷有限责任公司印刷
◆ 开本：700×1000　1/16
　　印张：16.75　　　　　　　2016年9月第1版
　　字数：342千字　　　　　2025年 3 月河北第 46 次印刷
　　著作权合同登记号　图字：01-2015-7371

定价：69.80元
读者服务热线：(010)84084456-6009　印装质量热线：(010)81055316
反盗版热线：(010)81055315

译者序

线性代数教材非常多，这本有个特别的书名（*Linear Algebra Done Right*）、已被 40 多个国家约 300 所高等院校采用的教材，肯定是世界上最具特色、最流行的线性代数教材之一.

本书的主要内容是向量空间与线性算子. 描述线性算子的结构是线性代数的中心任务之一，传统的方法多以行列式为工具. 作者认为行列式既难懂又不直观，还缺少动机，并且导致思路曲折，从而掩盖了线性代数的本质. 因此，本书完全抛开行列式，采用更直接的方法阐述了线性算子的基本理论，作者认为这种方法可使学生更加直观、深刻地理解线性算子的结构. 线性代数就应该这样教与学.

本书虽然是线性代数的第二课程的教材，但起点低，由浅入深，论述详细，无需线性代数方面的预备知识即可学习，因此除了做课本之外，也很适合作自学教材和参考书. 本书对一些术语、结论、数学家、证明思想等做了注释，这不仅增加了趣味性，而且加深了读者对一些概念和思想方法的理解.

本书的内容大致相当于我国高校数学专业高等代数课程一个学期（通常是第二学期）的教学内容. 由于本书在内容编排和处理方法上与国内通行的做法大不相同，因此有很高的参考价值，对高等代数课程的教学、教研、教改都有很好的借鉴作用.

这本教材的（英文）第 1 版发行于 1996 年，第 2 版发行于 1997 年，本书译自 2015 年新出版的第 3 版. 这一版除采用了更漂亮的版式之外，在内容上也有很多变化. 例如，增加了一倍以上的习题，习题放在了每节之后而非每章之后，增加了很多例子，增加了积空间、商空间及对偶性的内容，利用复化完全改写了第 9 章，等等.

在本书的翻译过程中，我们得到了作者 Axler 教授以及吉林大学数学学院博士李月月的帮助，特此致谢.

由于译者的水平有限，因此译文难免有词不达意之处，欢迎读者指正.

致教师

您将要讲授的这门课，可能是学生第二次接触到线性代数了．学生在第一次接触线性代数时，大概只是和欧几里得空间和矩阵打交道．本课程则不同，重点是抽象的向量空间和线性映射．

我给这本书起了一个大胆的书名，这得做个解释．绝大多数的线性代数书都是用行列式来证明有限维复向量空间上的线性算子都有本征值．但是，行列式既难懂又不直观，而且其定义的引入也往往缺乏动机．为了证明复向量空间上存在本征值的定理，大部分教科书的做法是：先定义行列式，再证明线性映射不可逆当且仅当其行列式等于 0，然后定义特征多项式．这种曲折的（也许很折磨人的）思路不能让学生直观地理解为什么本征值一定存在．

与此相反，本书给出的证明（例如 5.21）没用行列式，而且更简单更直观．本书把行列式放到最后，这就开辟了一条通向线性代数的主要目标——理解线性算子结构的新路径．

本书从线性代数的初步知识讲起，除了适当的数学素养之外，无需更多的预备知识．本书的大部分习题都需要理解书中的证明，即使学生们已经学过前几章中的一些内容，他们可能仍会不适应本书提供的这种类型的习题．

现在给出本书各章的要点．

- 第 1 章：定义了向量空间，并给出它们的基本性质．

- 第 2 章：定义了线性无关、张成、基和维数，这些概念体现了有限维向量空间的基础理论．

- 第 3 章：引入线性映射．主要结果是线性映射基本定理 3.22：如果 T 是（有限维向量空间）V 上的线性映射，则 $\dim V = \dim \operatorname{null} T + \dim \operatorname{range} T$．这一章的商空间和对偶要比本书的其他内容更抽象，但是跳过这些内容不会有任何问题．

- 第 4 章：给出多项式的部分理论，这是理解线性算子所必需的．这一章没有线性代数的内容，可以讲快点，尤其是在学生已经熟悉这些结果时．

- 第 5 章：要研究一个线性算子，可将其限制到更小的子空间上，这一想法引出了章首的本征向量．这一章的精彩之处是复向量空间上本征值存在性的简洁证明．这一结果随后被用于证明复向量空间上的线性算子关于某个基有上三角矩阵．所有这些证明都不需要定义行列式和特征多项式!

- 第 6 章：定义了内积空间，并利用规范正交基和格拉姆–施密特过程等标准工具发展了内积空间的基本性质．这一章还描述了如何利用正交投影来解某些极小化问题．

- 第 7 章：其精彩之处是谱定理，它刻画了这样的线性算子：它的某些本征向量可以组成一个规范正交基．有了前几章的工作，这一章的证明都特别简单．这一章还讨论了正算子、等距同构、极分解和奇异值分解．

- 第 8 章：引入极小多项式、特征多项式和广义本征向量．这一章的主要成果是利用广义本征向量描述了复向量空间上的线性算子．这个描述可以用来证明许多通常要用若尔当形来证明的结果．例如，利用这些工具证明了复向量空间上的每个可逆线性算子都有平方根．这一章最后证明了复向量空间上每个线性算子都能化成若尔当形．

- 第 9 章：核心是实向量空间上的线性算子．主要方法是复化，它是实向量空间上算子到复向量空间上算子的自然扩张．利用复化，我们很容易把复向量空间的结果转化到实向量空间．例如，此法可用来证明实向量空间上的每个线性算子都有一维或二维的不变子空间．再如，我们证明了奇数维实向量空间上的每个线性算子都有本征值．

- 第 10 章：（在复向量空间上）把迹和行列式定义为本征值（按重数计）的和与积．本征值的传统处理方法不可能产生这些容易记住的定义，因为传统方法要用行列式来证明本征值的存在性．行列式的一些标准定理现在也变得更清楚了．利用极分解和实谱定理导出了重积分的变量替换公式，其中行列式的出现也显得自然了．

　　本书把实数域和复数域都用 **F** 来表示，如此便可同步地发展实向量空间和复向量空间上的线性代数．如果您和您的学生更希望把 **F** 看成任意的域，请看 1.A 节末的解释．在这个课程的水平上，我更倾向于避免使用任意域，因为这徒增抽象性而不会产生新的线性代数．而且，学生更喜欢将多项式看成函数，而有限域上的多项式则需要看成更为形式化的对象．最后还有一点，即使理论一开始可以在任意域上展开，但是讨论内积空间时我们还是要回到实向量空间和复向量空间．

　　在一个学期把本书的所有内容都讲完不大可能，一个学期能讲完前 8 章就不错了．如果一定要讲到第 10 章，那就考虑把第 4 章和第 9 章各用 15 分钟讲完，还要跳过第 3 章关于商空间和对偶的内容．

　　提高学生理解和熟练运用线性代数知识的能力比讲授任何一个特殊的定理都更重要. 数学只能在实践中学习. 好在线性代数有很多好的习题. 在教这门课时, 通常每次课我都会留几道习题作为作业, 要求到下次课时交. 讲解作业大概要占用一节课的三分之一甚至一半的时间.

　　相对于上一版, 本版的主要改动如下.

- 这一版包含了 561 道习题, 其中有 337 道是新增的习题. 习题放在了每一节的最后, 而不是每章的最后.

- 增加了许多新的例子, 以阐明线性代数的主要思想.

- 本书的（英文）印刷版和电子版都采用了更漂亮的版式（包括使用彩色）,[①] 看起来赏心悦目.

- 每个定理现在都有一个描述性的名字.

- 新增了积空间、商空间和对偶的内容.

- 完全重写了第 9 章（实向量空间上的算子）, 利用复化进行简化. 这样处理, 第 5 章和第 7 章变得更简练了, 这两章现在主要关注复向量空间.

- 全书有数百处改进. 例如, 8.D 节简化了若尔当形的证明.

　　关于本书的其他信息, 请查看下面的网站. 我偶尔会写一些关于其他课题的新章节, 并将它们放在网站上. 非常欢迎提交建议、意见以及勘误.

　　祝顺利完成线性代数的教学!

Sheldon Axler

美国旧金山州立大学数学系

美国旧金山, CA 94132

网站: linear.axler.net

电子邮件: linear@axler.net

推特: @AxlerLinear

---

① 中译本为黑白印刷, 但遵循了英文版的版式. ——编者注

致学生

　　你即将第二次接触到线性代数.你第一次接触线性代数时,重点大概是欧几里得空间和矩阵,而这次相逢则要关注抽象的向量空间和线性映射.这些术语以后会给出定义,所以如果你不知道它们的含义也不必在意.本书从线性代数的初步知识讲起,不需要线性代数的基础.关键是你要沉浸于严谨的数学,尤其要深入地理解定义、定理、证明.

　　你不能像看小说那样去读数学.要是你不到一小时就读完一页的话,可能就读得太快了.当遇到"请自行验证"这样的话时,的确需要自己动笔来验证一下.当一些步骤被省略时,要将它们补充完整.你应该仔细琢磨、用心体会每一个定义.对每一个定理,你都要找例子说明为什么其中每个假设都是必要的.跟别人讨论是有益的.

　　每个定理都有一个描述性的名字.

　　关于本书的其他信息,请查看下面的网站.我偶尔会写一些关于其他课题的新章节,并将它们放在网站上.非常欢迎提交建议、意见以及勘误.

　　祝学习线性代数顺利而愉快!

Sheldon Axler
美国旧金山州立大学数学系
美国旧金山, CA 94132

网站: linear.axler.net
电子邮件: linear@axler.net
推特: @AxlerLinear

致　谢

　　万分感谢在过去的两个世纪里为创建线性代数贡献智慧的广大数学家. 本书的所有结果都属于公共的数学遗产. 定理的某个特殊情况可能在 19 世纪被首次证明，然后又被众多数学家逐步加强和改进. 厘清每个贡献者的确切贡献是一项艰难的任务，我也没这么做. 读者千万不要把本书中的任何定理当成我的原创. 但是，在本书的写作过程中，我尽力思索展现线性代数理论和证明定理的最佳方式，而非考虑采用大多数线性代数教材的通用做法和证明.

　　本书在很多人的帮助下才得以完善. 本书的前两版被大约 300 所院校用作教材. 我收到用过本书第 2 版的教师和学生的数以千计的建议和意见. 在准备这一版时，我仔细考虑了所有这些建议. 起初，我试图记下其建议被我采纳的那些人，以便在此对他们表示感谢. 但是按建议做修改以后，往往又会有更好的建议，而且要感谢的人的名单越来越长，要记录所有建议的出处变得十分复杂. 并且这样的名单读来乏味，因此就不一一列举了. 在此我对提供建议和意见的每个人致以最诚挚的谢意. 非常感谢！

　　特别感谢加州大学伯克利分校的 Ken Ribet 和他庞大的线性代数课堂（220 人），他们试用了本书第三版的一个早期版本，并给了我比任何其他团队都要多的建议和更正.

　　最后，感谢 Springer 出版社在我需要时给予的帮助，并允许我最终决定本书的内容和外观. 特别感谢 Elizabeth Loew 作为编辑的出色工作以及 David Kramer 非常娴熟的排版校对工作.

目 录

第1章

勒内・笛卡儿正在向瑞典女王克里斯蒂娜讲解他的工作. 笛卡儿在 1637 年发表的著作中用两个坐标来描述平面. 向量空间是平面的一种推广.

向量空间

　　线性代数研究有限维向量空间上的线性映射. 我们以后会知道这些术语的含义. 本章将给出向量空间的定义, 并讨论向量空间的基本性质.

　　在线性代数中, 如果既研究实数也考虑复数, 就会得到更好的定理, 而且也会理解得更深刻. 因此, 我们先介绍复数及其基本性质.

　　我们要把平面和普通空间这些例子推广到 $\mathbf{R}^n$ 与 $\mathbf{C}^n$, 然后再进一步推广到向量空间的概念. 所以向量空间的一些初等性质你将会觉得很眼熟.

　　接下来讨论子空间. 子空间在向量空间中所扮演的角色类似于子集之于集合. 最后, 我们将看看子空间的和 (类似于子集的并集) 与直和 (类似于不相交的集合的并集).

本章的学习目标

- 复数的基本性质
- $\mathbf{R}^n$ 与 $\mathbf{C}^n$
- 向量空间
- 子空间
- 子空间的和与直和

1.A $\mathbf{R}^n$ 与 $\mathbf{C}^n$

复数

我们已经熟悉实数集 $\mathbf{R}$ 的基本性质. 复数的发明使得我们可以对负数取平方根. 大致的想法是假定 -1 有平方根, 记为 i, 并且遵循通常的算术法则. 下面是正式的定义:

1.1 定义　复数 (complex number)

- 一个复数是一个有序对 (a, b), 其中 $a, b \in \mathbf{R}$, 但我们把它写成 $a + bi$.
- 所有复数构成的集合记为 $\mathbf{C}$:
$$\mathbf{C} = \{a + bi : a, b \in \mathbf{R}\}.$$
- $\mathbf{C}$ 上的**加法**和**乘法**定义为
$$(a + bi) + (c + di) = (a + c) + (b + d)i,$$
$$(a + bi)(c + di) = (ac - bd) + (ad + bc)i,$$
其中 $a, b, c, d \in \mathbf{R}$.

如果 $a \in \mathbf{R}$, 我们就把 $a + 0i$ 等同于实数 a. 于是可以把 $\mathbf{R}$ 看作 $\mathbf{C}$ 的一个子集. 我们也常把 $0 + bi$ 写成 bi, 并且把 $0 + 1i$ 写成 i.

1777 年瑞士数学家莱昂哈德·欧拉最先使用符号 i 来表示 $\sqrt{-1}$.

使用如上定义的乘法公式, 只需确保 $i^2 = -1$ 即可. 不要去背上面的复数乘法公式, 只要记住 $i^2 = -1$ 并利用通常的算术法则 (见 1.3) 就可以把它推导出来.

1.2 例 计算 $(2 + 3i)(4 + 5i)$.

解
$$(2 + 3i)(4 + 5i) = 2 \cdot 4 + 2 \cdot (5i) + (3i) \cdot 4 + (3i)(5i)$$
$$= 8 + 10i + 12i - 15$$
$$= -7 + 22i.$$

1.3 复数的算术性质

交换性（commutativity）

　　对所有 $\alpha, \beta \in \mathbf{C}$ 都有 $\alpha + \beta = \beta + \alpha$, $\alpha\beta = \beta\alpha$;

结合性（associativity）

　　对所有 $\alpha, \beta, \lambda \in \mathbf{C}$ 都有 $(\alpha + \beta) + \lambda = \alpha + (\beta + \lambda)$, $(\alpha\beta)\lambda = \alpha(\beta\lambda)$;

单位元（identities）

　　对所有 $\lambda \in \mathbf{C}$ 都有 $\lambda + 0 = \lambda$, $\lambda 1 = \lambda$;

加法逆元（additive inverse）

　　对每个 $\alpha \in \mathbf{C}$ 都存在唯一的 $\beta \in \mathbf{C}$ 使得 $\alpha + \beta = 0$;

乘法逆元（multiplicative inverse）

　　对每个 $\alpha \in \mathbf{C}$, $\alpha \neq 0$ 都存在唯一的 $\beta \in \mathbf{C}$ 使得 $\alpha\beta = 1$;

分配性质（distributive property）

　　对所有 $\lambda, \alpha, \beta \in \mathbf{C}$ 都有 $\lambda(\alpha + \beta) = \lambda\alpha + \lambda\beta$.

　　上述性质可以利用我们所熟悉的实数性质以及复数的加法与乘法的定义来证明. 下面的这个例子给出了复数乘法的交换性的证明. 其他性质的证明留作习题.

1.4 例 证明 $\alpha\beta = \beta\alpha$ 对所有 $\alpha, \beta \in \mathbf{C}$ 成立.

证明 假设 $\alpha = a + bi$, $\beta = c + di$, 其中 $a, b, c, d \in \mathbf{R}$. 那么, 复数乘法的定义表明

$$\alpha\beta = (a + bi)(c + di)$$
$$= (ac - bd) + (ad + bc)i$$

并且

$$\beta\alpha = (c + di)(a + bi)$$
$$= (ca - db) + (cb + da)i.$$

上面这两组等式和实数的加法与乘法的交换性表明 $\alpha\beta = \beta\alpha$.

1.5 定义 $-\alpha$, **减法**（subtraction）、$1/\alpha$, **除法**（division）

设 $\alpha, \beta \in \mathbf{C}$.

- 令 $-\alpha$ 表示 α 的加法逆元. 因此 $-\alpha$ 是使得

$$\alpha + (-\alpha) = 0$$

  的唯一复数.

- $\mathbf{C}$ 上的**减法**定义为

$$\beta - \alpha = \beta + (-\alpha).$$

- 对于 $\alpha \neq 0$, 令 $1/\alpha$ 表示 α 的乘法逆元. 因此 $1/\alpha$ 是使得

$$\alpha(1/\alpha) = 1$$

  的唯一复数.

- $\mathbf{C}$ 上的**除法**定义为

$$\beta/\alpha = \beta(1/\alpha).$$

为了使下文中给出的定义和证明的定理对于实数和复数都适用，我们将采用如下记号：

1.6 记号 F

在本书中 $\mathbf{F}$ 总是表示 $\mathbf{R}$ 或 $\mathbf{C}$.

选用字母 $\mathbf{F}$ 是因为 $\mathbf{R}$ 和 $\mathbf{C}$ 都是所谓**域**（field）的例子.

于是，如果我们证明了一个涉及 $\mathbf{F}$ 的定理，那么将其中的 $\mathbf{F}$ 换成 $\mathbf{R}$ 或 $\mathbf{C}$, 定理仍然成立.

$\mathbf{F}$ 中的元素称为**标量**（scalar）. "标量"是用来代表"数"的一个很别致的词，通常用来强调一个对象是数，而不是向量（马上就会给出向量的定义）.

对 $\alpha \in \mathbf{F}$ 及正整数 m, 我们把 α^m 定义为 m 个 α 的乘积：

$$\alpha^m = \underbrace{\alpha \cdots \cdots \alpha}_{m \uparrow}.$$

显然，对所有 $\alpha, \beta \in \mathbf{F}$ 及正整数 m, n 都有 $(\alpha^m)^n = \alpha^{mn}$ 和 $(\alpha\beta)^m = \alpha^m\beta^m$.

组

在给出 $\mathbf{R}^n$ 和 $\mathbf{C}^n$ 的定义之前先来看两个重要的例子.

1.7 例 $\mathbf{R}^2$ 和 $\mathbf{R}^3$

- 集合 $\mathbf{R}^2$ 由全体有序实数对构成：

$$\mathbf{R}^2 = \{(x, y) : x, y \in \mathbf{R}\},$$

可以把它看作一个平面.

- 集合 **R**^{3} 由全体有序三元实数组构成:

$$\mathbf{R}^3 = \{(x, y, z) : x, y, z \in \mathbf{R}\},$$

可以把它看作通常的空间.

为了把 **R**^{2} 和 **R**^{3} 推广到更高的维数,需要先讨论组的概念.

1.8 定义 组 (list)、长度 (length)

设 n 是非负整数. **长度**为 n 的**组**是 n 个有顺序的元素,这些元素用逗号隔开并且两端用括弧括起来(这些元素可以是数、其他组或者更抽象的东西). 长度为 n 的组具有如下形式:

$$(x_1, \ldots, x_n).$$

两个组相等当且仅当它们长度相等、所含的元素相同并且元素的顺序也相同.

于是,长度为 2 的组是有序对 (pair),而长度为 3 的组是有序三元组 (triple).

> 很多数学家称长度为 n 的组为 n 元组 (n-tuple).

有时候我们只说**组**而不指明其长度. 但要记住,根据定义,每个组的长度都是有限的,这个长度是一个非负整数. 因此,形如

$$(x_1, x_2, \ldots)$$

的对象不是组,或许可以称为具有无限长度的序列.

长度为 0 的组形如 ( ). 将其视为组,可使一些定理没有平凡的例外.

组与集合有两点不同:组中的元素是有顺序的并且允许重复,而对于集合来说,顺序和重复都无关紧要.

1.9 例 组与集合

- 组 $(3, 5)$ 和 $(5, 3)$ 是不相等的,但是集合 $\{3, 5\}$ 和 $\{5, 3\}$ 是相等的.
- 组 $(4, 4)$ 和 $(4, 4, 4)$ 是不相等的(它们的长度不同),而集合 $\{4, 4\}$ 和 $\{4, 4, 4\}$ 都等于集合 $\{4\}$.

F^n

为了定义与 **R**^{2} 和 **R**^{3} 类似的高维对象,只需用 **F**(等于 **R** 或 **C**)代替 **R**,并且用任意正整数代替 2 或 3. 特别地,在本节的其余部分,我们将固定正整数 n.

1.10 定义 $\mathbf{F}^n$

$\mathbf{F}^n$ 是 $\mathbf{F}$ 中元素组成的长度为 n 的组的集合：

$$\mathbf{F}^n = \{(x_1, \ldots, x_n) : x_j \in \mathbf{F}, \, j = 1, \ldots, n\}.$$

对于 $(x_1, \ldots, x_n) \in \mathbf{F}^n$ 以及 $j \in \{1, \ldots, n\}$，称 x_j 是 $(x_1, \ldots, x_n)$ 的第 j 个**坐标**.

若 $\mathbf{F} = \mathbf{R}$ 且 n 等于 2 或 3，则 $\mathbf{F}^n$ 的这个定义与前面 $\mathbf{R}^2$ 和 $\mathbf{R}^3$ 的定义是一致的.

1.11 例 $\mathbf{C}^4$ 是所有含 4 个复数的组所构成的集合：

$$\mathbf{C}^4 = \{(z_1, z_2, z_3, z_4) : z_1, z_2, z_3, z_4 \in \mathbf{C}\}.$$

关于生活在 $\mathbf{R}^2$ 中的生物是如何感知 $\mathbf{R}^3$ 的有趣描述，可以读一读埃德温·A. 艾勃特的《平面国》. 这部 1884 年出版的小说可以帮助像我们一样生活在三维空间中的生物想象四维或更高维的物理空间.

若 $n \geqslant 4$，把 $\mathbf{R}^n$ 想象成一个物理对象并非易事. 同样，$\mathbf{C}^1$ 可以看成一个平面，但是对于 $n \geqslant 2$，人类的大脑不能产生 $\mathbf{C}^n$ 的完整形象. 不过即使 n 很大，我们仍可以在 $\mathbf{F}^n$ 中进行代数运算，而且就像在 $\mathbf{R}^2$ 或者 $\mathbf{R}^3$ 中一样容易. 例如，$\mathbf{F}^n$ 上的加法定义如下：

1.12 定义 $\mathbf{F}^n$ 中的加法（addition in $\mathbf{F}^n$）

$\mathbf{F}^n$ 中的**加法**定义为对应坐标相加：

$$(x_1, \ldots, x_n) + (y_1, \ldots, y_n) = (x_1 + y_1, \ldots, x_n + y_n).$$

为了简洁，我们将用单个字母来表示 $\mathbf{F}^n$ 中含有 n 个数的组，而不明确地写出每一个坐标. 例如，下面的结果仅对 $\mathbf{F}^n$ 中的 x 和 y 来陈述，尽管其证明需要更繁琐的记号 $(x_1, \ldots, x_n)$ 和 $(y_1, \ldots, y_n)$.

1.13 $\mathbf{F}^n$ 的加法交换性

若 $x, y \in \mathbf{F}^n$，则 $x + y = y + x$.

证明 假设 $x = (x_1, \ldots, x_n), y = (y_1, \ldots, y_n)$. 则

$$\begin{aligned}
x + y &= (x_1, \ldots, x_n) + (y_1, \ldots, y_n) \\
&= (x_1 + y_1, \ldots, x_n + y_n) \\
&= (y_1 + x_1, \ldots, y_n + x_n) \\
&= (y_1, \ldots, y_n) + (x_1, \ldots, x_n) \\
&= y + x,
\end{aligned}$$

其中第二个与第四个等式成立是由于 $\mathbf{F}^n$ 中加法的定义,第三个等式成立是由于 $\mathbf{F}$ 中加法的通常的交换性. ∎

如果用单个字母来表示 $\mathbf{F}^n$ 中的一个元素,那么在必须列出坐标时,通常用带有适当下标

> 符号 "∎" 的意思是 "证毕".

的相同字母来表示这些坐标. 例如,若 $x \in \mathbf{F}^n$,像上面的证明中那样令 x 等于 $(x_1, \ldots, x_n)$ 就是很好的记法. 如果可能的话,只讨论 x 而省略具体的坐标会更好.

1.14 定义 0

用 0 表示长度为 n 且所有坐标都是 0 的组:
$$0 = (0, \ldots, 0).$$

这里我们以两种不同的方式使用符号 0:在 1.14 的式子中,左边的 0 表示一个长度为 n 的组,而右边的每个 0 都表示一个数. 这种做法好像会引起混淆,但实际上不会产生任何问题,因为根据上下文就会知道 0 指的是什么.

1.15 例 考虑陈述:0 是 $\mathbf{F}^n$ 的加法单位元,如果对于 $x \in \mathbf{F}^n$ 都有
$$x + 0 = x.$$
上面的 0 是数 0 还是组 0?

解 这里 0 是一个组,因为我们从未定义过 $\mathbf{F}^n$ 中元素(即 x)与数 0 的和.

图形往往有助于直观. 因为很容易把 $\mathbf{R}^2$ 勾画在诸如纸或黑板这样的二维表面上,所以可以通过画图来描绘这个空间. $\mathbf{R}^2$ 中的典型元素是点 $x = (x_1, x_2)$. 有时我们不把 x 看作一个点,而是看作一个始于原点终于 (x_1, x_2) 的箭头,如右图所示. x 被看作一个箭头时,称为**向量**(vector).

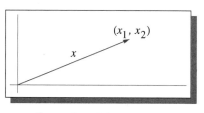

$\mathbf{R}^2$ 的元素可看成点或向量

当把 $\mathbf{R}^2$ 中的向量看作箭头时,我们可以把箭头平行移动(不改变它的长度和方向),并视其为同一向量. 在这样的观点下,省去坐标轴和具体的坐标而只考虑向量往往能帮助我们获得更好的理解,如右图所示.

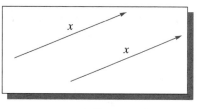

向量

经济学中的数学模型通常有上千个变量，比如说 $x_1, \dots, x_{5000}$，这就意味着必须在 $\mathbf{R}^{5000}$ 中工作. 这样的空间不能通过几何手段来处理，但是代数方法却可以很好地发挥作用. 因此我们的学科叫做**线性代数**.

每当我们使用 $\mathbf{R}^2$ 中的图形或者关于点和向量的不太严格的语言时，要记住，这只是为了帮助理解，而不是要取代将要发展的真正的数学. 虽然我们画不好高维空间中的图，但是高维空间中的元素也像 $\mathbf{R}^2$ 中的元素一样被严格定义.

例如，$(2, -3, 17, \pi, \sqrt{2})$ 是 $\mathbf{R}^5$ 中的元素，而且我们偶尔也把它叫作 $\mathbf{R}^5$ 中的点或者 $\mathbf{R}^5$ 中的向量，而不用担心 $\mathbf{R}^5$ 的几何是否有物理意义.

回想一下，$\mathbf{F}^n$ 中两个元素的和定义为相应坐标相加所得到元素，参见 1.12. 正如我们将要看到的，$\mathbf{R}^2$ 中的加法有简单的几何解释.

假设我们要把 $\mathbf{R}^2$ 中的两个向量 x 和 y 加起来. 如左图所示，把向量 y 平行移动使其始点与向量 x 的终点重合，那么，和 $x+y$ 就是以 x 的始点为始点，以 y 的终点为终点的向量.

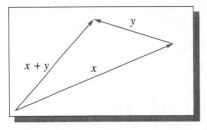

两个向量的和

在下面的定义中，等式右端的 0 是组 $0 \in \mathbf{F}^n$.

1.16 定义 $\mathbf{F}^n$ 中的加法逆元（additive inverse in $\mathbf{F}^n$）

对于 $x \in \mathbf{F}^n$，x 的**加法逆元**（记作 $-x$）就是满足下面条件的向量 $-x \in \mathbf{F}^n$：
$$x + (-x) = 0.$$
换言之，若 $x = (x_1, \dots, x_n)$，则 $-x = (-x_1, \dots, -x_n)$.

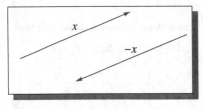

向量和它的加法逆元

对于向量 $x \in \mathbf{R}^2$，加法逆元 $-x$ 就是与 x 平行、长度相等但方向相反的向量. 左图说明了这种理解 $\mathbf{R}^2$ 中的加法逆元的方法.

我们已经讨论了 $\mathbf{F}^n$ 中的加法，现在来讨论乘法. 我们或许可以用类似的方式来定义 $\mathbf{F}^n$ 上的乘法，即通过 $\mathbf{F}^n$ 中的两个元素的对应坐标相乘来得到 $\mathbf{F}^n$ 中的另一个元素. 但经验表明，这样的定义对我们的目标是没有用的. 另一种乘法，称为标量乘法，才是我们的课程的核心. 确切地说，我们需要定义 $\mathbf{F}$ 中元素与 $\mathbf{F}^n$ 中元素的乘法.

1.17 定义 $\mathbf{F}^n$ 中的标量乘法（scalar multiplication in $\mathbf{F}^n$）

一个数 λ 与 $\mathbf{F}^n$ 中的一个向量的**乘积**这样来计算：用 λ 乘以向量的每个坐标，即
$$\lambda(x_1, \ldots, x_n) = (\lambda x_1, \ldots, \lambda x_n),$$
其中 $\lambda \in \mathbf{F}$, $(x_1, \ldots, x_n) \in \mathbf{F}^n$.

$\mathbf{R}^2$ 中的标量乘法有很好的几何解释. 如果 λ 是正数, x 是 $\mathbf{R}^2$ 中的向量, 则向量 λx 的方向与 x 相同, 而其长度为 x 长度的 λ 倍. 也就是说, 为了得到 λx, 只需将 x 收缩或者伸长 λ 倍, 这取决于 $\lambda < 1$ 或者 $\lambda > 1$.

如果 λ 是负数, x 是 $\mathbf{R}^2$ 中的向量, 则向量 λx 的方向与 x 相反, 而其长度为 x 长度的 $|\lambda|$ 倍, 如右图所示.

> 在标量乘法中, 我们把一个标量和一个向量相乘, 得到一个向量. 你也许熟悉 $\mathbf{R}^2$ 或者 $\mathbf{R}^3$ 中的点积, 它把两个向量相乘而得到一个标量. 在第 6 章我们将研究内积, 这时点积的推广便尤为重要.

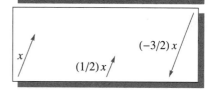

标量乘法

关于域的题外话

一个**域**是一个集合, 至少包含有两个分别称为 0 和 1 的不同元素, 并带有加法和乘法运算, 而且这些运算满足 1.3 中列出的所有性质. 因此, $\mathbf{R}$ 和 $\mathbf{C}$ 都是域, 有理数集合连同通常的加法和乘法运算也是域. 域的另一个例子是集合 $\{0,1\}$, 带有通常的加法和乘法运算, 但规定 $1+1$ 等于 0.

在本书中, 我们无需处理 $\mathbf{R}$ 和 $\mathbf{C}$ 以外的域. 然而, 线性代数中许多对 $\mathbf{R}$ 和 $\mathbf{C}$ 有效的定义、定理、证明都可照搬到任意域上. 如果想这么做, 在第 1~3 章中, 我们尽可以把 $\mathbf{F}$ 当作任意的域, 而不仅仅是 $\mathbf{R}$ 或 $\mathbf{C}$, 只有个别例子和习题要求对于任意正整数 n 必有 $\underbrace{1+1+\cdots+1}_{n\text{次}} \neq 0$.

习题 1.A

1 设 a 和 b 是不全为 0 的实数. 求实数 c 和 d 使得 $1/(a+bi) = c+di$.

2 证明 $\frac{-1+\sqrt{3}i}{2}$ 是 1 的立方根（即它的立方等于 1）.

3 求 i 的两个不同的平方根.

4 证明对所有 $\alpha, \beta \in \mathbf{C}$ 有 $\alpha + \beta = \beta + \alpha$.

5 证明对所有 $\alpha, \beta, \lambda \in \mathbf{C}$ 有 $(\alpha + \beta) + \lambda = \alpha + (\beta + \lambda)$.

6 证明对所有 $\alpha, \beta, \lambda \in \mathbf{C}$ 有 $(\alpha\beta)\lambda = \alpha(\beta\lambda)$.

7 证明对每个 $\alpha \in \mathbf{C}$ 都存在唯一的 $\beta \in \mathbf{C}$ 使得 $\alpha + \beta = 0$.

8 证明对每个 $\alpha \in \mathbf{C}$（$\alpha \neq 0$）都存在唯一的 $\beta \in \mathbf{C}$ 使得 $\alpha\beta = 1$.

9 证明对所有 $\lambda, \alpha, \beta \in \mathbf{C}$ 都有 $\lambda(\alpha + \beta) = \lambda\alpha + \lambda\beta$.

10 求 $x \in \mathbf{R}^4$ 使得 $(4, -3, 1, 7) + 2x = (5, 9, -6, 8)$.

11 解释为什么不存在 $\lambda \in \mathbf{C}$ 使得 $\lambda(2-3\mathrm{i}, 5+4\mathrm{i}, -6+7\mathrm{i}) = (12-5\mathrm{i}, 7+22\mathrm{i}, -32-9\mathrm{i})$.

12 证明对所有 $x, y, z \in \mathbf{F}^n$ 都有 $(x + y) + z = x + (y + z)$.

13 证明对所有 $x \in \mathbf{F}^n$ 和 $a, b \in \mathbf{F}$ 都有 $(ab)x = a(bx)$.

14 证明对所有 $x \in \mathbf{F}^n$ 都有 $1x = x$.

15 证明对所有 $\lambda \in \mathbf{F}$ 和 $x, y \in \mathbf{F}^n$ 都有 $\lambda(x + y) = \lambda x + \lambda y$.

16 证明对所有 $a, b \in \mathbf{F}$ 和 $x \in \mathbf{F}^n$ 都有 $(a + b)x = ax + bx$.

1.B 向量空间的定义

促使我们定义向量空间的动因源自 $\mathbf{F}^n$ 上加法和标量乘法的性质：加法具有交换性和结合性，并且有单位元. 每个元素都有加法逆元. 标量乘法具有结合性，用数 1 与向量做标量乘法不改变该向量，与预期一样. 加法和标量乘法通过分配性质联系在一起.

我们把向量空间定义为带有加法和标量乘法的集合 V，使得加法和标量乘法具有上一段所描述的性质.

1.18 定义 *加法*（addition）、*标量乘法*（scalar multiplication）

- 集合 V 上的**加法**是一个函数，它把每一对 $u, v \in V$ 都对应到 V 的一个元素 $u + v$.
- 集合 V 上的**标量乘法**是一个函数，它把任意 $\lambda \in \mathbf{F}$ 和 $v \in V$ 都对应到一个元素 $\lambda v \in V$.

现在我们可以给出向量空间的正式定义.

1.19 定义 向量空间（vector space）

向量空间就是带有加法和标量乘法的集合 V，满足如下性质：

交换性（commutativity）

对所有 $u,v \in V$ 都有 $u+v = v+u$；

结合性（associativity）

对所有 $u,v,w \in V$ 和 $a,b \in \mathbf{F}$ 都有 $(u+v)+w = u+(v+w)$ 和 $(ab)v = a(bv)$；

加法单位元（additive identity）

存在元素 $0 \in V$ 使得对所有 $v \in V$ 都有 $v+0 = v$；

加法逆元（additive inverse）

对每个 $v \in V$ 都存在 $w \in V$ 使得 $v+w = 0$；

乘法单位元（multiplicative identity）

对所有 $v \in V$ 都有 $1v = v$；

分配性质（distributive properties）

对所有 $a,b \in \mathbf{F}$ 和 $u,v \in V$ 都有 $a(u+v) = au+av$ 和 $(a+b)v = av+bv$.

下面的几何语言有时更直观.

1.20 定义 向量（vector）、点（point）

向量空间中的元素称为**向量**或**点**.

向量空间的标量乘法依赖于 $\mathbf{F}$. 因此，在需要确切指明时，我们会说 V 是 $\mathbf{F}$ 上的向量空间，而不是简单地说 V 是向量空间. 例如，$\mathbf{R}^n$ 是 $\mathbf{R}$ 上的向量空间，$\mathbf{C}^n$ 是 $\mathbf{C}$ 上的向量空间.

1.21 定义 实向量空间（real vector space）、复向量空间（complex vector space）

- $\mathbf{R}$ 上的向量空间称为**实向量空间**.
- $\mathbf{C}$ 上的向量空间称为**复向量空间**.

一般来说，$\mathbf{F}$ 的选取在上下文中是很明显的或者是无关紧要的，所以我们通常都假设 $\mathbf{F}$ 是自明的.

请自行验证在通常的加法和标量乘法下 $\mathbf{F}^n$ 是 $\mathbf{F}$ 上的向量空间. 正是这个例子为我们定义向量空间提供了动因.

> 最简单的向量空间只含有一个点，即 $\{0\}$ 是向量空间.

1.22 例 定义 $\mathbf{F}^\infty$ 为 $\mathbf{F}$ 中元素的所有无穷序列构成的集合:

$$\mathbf{F}^\infty = \{(x_1, x_2, \dots) : x_j \in \mathbf{F},\ j = 1, 2, \dots\}.$$

$\mathbf{F}^\infty$ 中加法和标量乘法的定义也和我们所料想的一样:

$$(x_1, x_2, \dots) + (y_1, y_2, \dots) = (x_1 + y_1, x_2 + y_2, \dots),$$

$$\lambda(x_1, x_2, \dots) = (\lambda x_1, \lambda x_2, \dots).$$

请自行验证在此定义下 $\mathbf{F}^\infty$ 成为 $\mathbf{F}$ 上的向量空间,其加法单位元是每个元素都为 0 的无穷序列.

向量空间的下一个例子涉及函数集合.

1.23 记号 $\mathbf{F}^S$

- 设 S 是一个集合,我们用 $\mathbf{F}^S$ 表示 S 到 $\mathbf{F}$ 的所有函数的集合.

- 对于 $f, g \in \mathbf{F}^S$,规定**和** $f + g \in \mathbf{F}^S$ 是如下函数: 对所有 $x \in S$,
$$(f + g)(x) = f(x) + g(x).$$

- 对于 $\lambda \in \mathbf{F}$ 和 $f \in \mathbf{F}^S$,规定**乘积** $\lambda f \in \mathbf{F}^S$ 是如下函数: 对所有 $x \in S$,
$$(\lambda f)(x) = \lambda f(x).$$

举一个具体的例子:如果 S 是区间 $[0, 1]$ 且 $\mathbf{F} = \mathbf{R}$,那么 $\mathbf{R}^{[0,1]}$ 就是定义在区间 $[0, 1]$ 上的所有实值函数的集合.

请验证下面例子中的三条性质.

1.24 例 $\mathbf{F}^S$ 是向量空间

- 若 S 是非空集合,则 $\mathbf{F}^S$(在上面定义的加法和标量乘法下)是 $\mathbf{F}$ 上的向量空间.

- $\mathbf{F}^S$ 的加法单位元是如下定义的函数 $0 : S \to \mathbf{F}$:对所有 $x \in S$,
$$0(x) = 0.$$

- 对于 $f \in \mathbf{F}^S$,f 的加法逆元是如下定义的函数 $-f : S \to \mathbf{F}$:对所有 $x \in S$,
$$(-f)(x) = -f(x).$$

向量空间 $\mathbf{R}^{[0,1]}$ 中的元素是 $[0, 1]$ 上的实值函数,而不是组. 一般来说,向量空间是一个抽象的对象,其中的元素可能是组、函数或其他稀奇古怪的对象.

前面的向量空间的两个例子 $\mathbf{F}^n$ 和 $\mathbf{F}^\infty$ 都是 $\mathbf{F}^S$ 的特例,因为 $\mathbf{F}$ 上长度为 n 的组可以看作是 $\{1, 2, \dots, n\}$ 到 $\mathbf{F}$ 的函数,而 $\mathbf{F}$ 中元素的无穷序列可以看作是正整数集到 $\mathbf{F}$ 的函数. 也就是说,我们可将 $\mathbf{F}^n$ 看作是 $\mathbf{F}^{\{1,2,\dots,n\}}$,将 $\mathbf{F}^\infty$ 看作是 $\mathbf{F}^{\{1,2,\dots\}}$.

我们马上就会看到向量空间的更多例子，但在此之前，我们需要先来给出向量空间的一些基本性质.

向量空间的定义要求向量空间具有加法单位元. 以下定理表明这个单位元是唯一的.

1.25 加法单位元唯一

向量空间有唯一的加法单位元.

证明 设 0 和 $0'$ 都是向量空间 V 的加法单位元，则

$$0' = 0' + 0 = 0 + 0' = 0,$$

其中第一个等式成立是因为 0 是加法单位元，第二个等式成立是因为加法交换性，第二个等式成立是因为 $0'$ 是加法单位元. 因此 $0 = 0'$，这就证明了 V 中只有一个加法单位元. ∎

向量空间的每个元素 v 都有加法逆元，即向量空间中使得 $v + w = 0$ 的元素 w. 下面的结果表明向量空间中的每个元素都有唯一的加法逆元.

1.26 加法逆元唯一

向量空间中的每个元素都有唯一的加法逆元.

证明 设 V 是向量空间，$v \in V$，并设 w 和 w' 都是 v 的加法逆元，那么

$$w = w + 0 = w + (v + w') = (w + v) + w' = 0 + w' = w'.$$

因此 $w = w'$. ∎

由于加法逆元是唯一的，下面的记号就有意义了.

1.27 记号 $-v$、$w - v$

设 $v, w \in V$. 则

• 用 $-v$ 表示 v 的加法逆元；

• 定义 $w - v$ 为 $w + (-v)$.

本书中几乎所有的结论都会涉及向量空间. 为了避免经常重复像"设 V 是向量空间"这样的话，我们现在作出必要的声明，从此便可一劳永逸：

1.28 记号 V

在本书的其余部分，总设 V 是 **F** 上的向量空间.

在下面的结果中，等式左边的 0 表示标量（数 $0 \in \mathbf{F}$），等式右边的 0 表示向量（V 中的加法单位元）.

1.29 数 0 乘以向量

对任意 $v \in V$ 都有 $0v = 0$.

> 注意，1.29 是关于标量乘法和 V 的加法单位元的论断. 在向量空间的定义中，把标量乘法和向量的加法联系在一起的只有分配性质. 故在 1.29 的证明中必然用到分配性质.

证明 对 $v \in V$，我们有

$$0v = (0 + 0)v = 0v + 0v.$$

在上面等式的两端都加上 $0v$ 的加法逆元，可得 $0 = 0v$. ∎

在下面的结果中，0 表示 V 的加法单位元. 虽然 1.29 和 1.30 的证明是相似的，但 1.29 和 1.30 并不是一回事. 确切地说，1.29 说明标量 0 和任意向量的乘积都等于向量 0，而 1.30 说明任意标量与向量 0 的乘积都等于向量 0.

1.30 数乘以向量 0

对任意 $a \in \mathbf{F}$ 都有 $a0 = 0$.

证明 对 $a \in \mathbf{F}$，我们有

$$a0 = a(0 + 0) = a0 + a0.$$

在上面等式的两端都加上 $a0$ 的加法逆元，可得 $0 = a0$. ∎

现在我们来证明，若将 V 中元素与标量 -1 相乘，则得到该元素的加法逆元.

1.31 数 -1 乘以向量

对任意 $v \in V$ 都有 $(-1)v = -v$.

证明 对 $v \in V$，我们有

$$v + (-1)v = 1v + (-1)v = \big(1 + (-1)\big)v = 0v = 0.$$

这个等式说明，$(-1)v$ 与 v 相加得 0. 因此 $(-1)v$ 必为 v 的加法逆元. ∎

习题 1.B

1 证明对任意 $v \in V$ 都有 $-(-v) = v$.

2 设 $a \in \mathbf{F}, v \in V, av = 0$. 证明 $a = 0$ 或 $v = 0$.

3 设 $v, w \in V$. 说明为什么有唯一的 $x \in V$ 使得 $v + 3x = w$.

4 空集不是向量空间. 1.19 中列出的性质中只有一条是空集不满足的，请问是哪一条？

5 证明在向量空间的定义 1.19 中，关于加法逆元的那个条件可替换为

$$对所有 v \in V 都有 0v = 0.$$

这里，等式左端的 0 是数 0，右端的 0 是 V 的加法单位元.（在一个定义中，"某个条件可替换为另一个条件"是指把这个条件换成另一个条件后所定义的是同一类对象.）

6 设 ∞ 和 $-\infty$ 是两个不同的对象，它们都不属于 $\mathbf{R}$. 根据记号就能猜出如何在 $\mathbf{R} \cup \{\infty\} \cup \{-\infty\}$ 上定义加法和标量乘法. 具体来说，两个实数的加法和乘法按通常的实数运算法则定义，并且对 $t \in \mathbf{R}$ 定义

$$t\infty = \begin{cases} -\infty, & 若 t < 0, \\ 0, & 若 t = 0, \\ \infty, & 若 t > 0, \end{cases} \qquad t(-\infty) = \begin{cases} \infty, & 若 t < 0, \\ 0, & 若 t = 0, \\ -\infty, & 若 t > 0, \end{cases}$$

$$t + \infty = \infty + t = \infty, \qquad t + (-\infty) = (-\infty) + t = -\infty,$$

$$\infty + \infty = \infty, \qquad (-\infty) + (-\infty) = -\infty, \qquad \infty + (-\infty) = 0.$$

试问 $\mathbf{R} \cup \{\infty\} \cup \{-\infty\}$ 是否为 $\mathbf{R}$ 上的向量空间？说明理由.

1.C 子空间

通过考虑子空间，我们可以大量地扩充向量空间的例子.

1.32 定义 子空间（subspace）

如果 V 的子集 U（采用与 V 相同的加法和标量乘法）也是向量空间，则称 U 是 V 的**子空间**.

1.33 例 $\{(x_1, x_2, 0) : x_1, x_2 \in \mathbf{F}\}$ 是 $\mathbf{F}^3$ 的子空间.

下面的结果给出了判断向量空间的一个子集是否为子空间的最简单的方法.

> 有些数学家采用**线性子空间**这个术语，意思与子空间一样.

1.34 子空间的条件

V 的子集 U 是 V 的子空间当且仅当 U 满足以下三个条件:

加法单位元(additive identity)

$\qquad 0 \in U$;

加法封闭性(closed under addition)

$\qquad u, w \in U$ 蕴涵 $u + w \in U$;

标量乘法封闭性(closed under scalar multiplication)

$\qquad a \in \mathbf{F}$ 和 $u \in U$ 蕴涵 $au \in U$.

上述关于加法单位元的条件可以替换为条件 "U 非空"(因为此时取 $u \in U$,用数 0 乘以 u,利用 U 在标量乘法下封闭可得到 $0 \in U$).然而,若 U 的确是 V 的子空间,则证明 U 非空的最简单的方法还是证明 $0 \in U$.

证明 若 U 是 V 的子空间,则由向量空间的定义,U 满足上述三个条件.

反之,假定 U 满足上述三个条件. 那么第一个条件保证了 V 的加法单位元在 U 中.

第二个条件保证了加法在 U 上是有意义的. 第三个条件保证了标量乘法在 U 上是有意义的.

若 $u \in U$,则由上述的第三个条件知 $-u$(由 1.31 知其等于 $(-1)u$)也在 U 中. 因此 U 的每个元素在 U 中都有加法逆元.

向量空间定义中的其余部分(例如结合性和交换性)在 U 上自然成立,因为它们在更大的空间 V 上成立. 所以 U 是一个向量空间,从而是 V 的子空间. ∎

上面的三个条件通常可以使我们快速判定 V 的一个子集是否为 V 的子空间. 请验证下面例子中的所有结论.

1.35 例 子空间

(a) 若 $b \in \mathbf{F}$,则 $\{(x_1, x_2, x_3, x_4) \in \mathbf{F}^4 : x_3 = 5x_4 + b\}$ 是 $\mathbf{F}^4$ 的子空间当且仅当 $b = 0$.

(b) 区间 $[0,1]$ 上的全体实值连续函数的集合是 $\mathbf{R}^{[0,1]}$ 的子空间.

(c) $\mathbf{R}$ 上的全体实值可微函数的集合是 $\mathbf{R}^{\mathbf{R}}$ 的子空间.

(d) 区间 $(0,3)$ 上满足条件 $f'(2) = b$ 的实值可微函数的集合是 $\mathbf{R}^{(0,3)}$ 的子空间当且仅当 $b = 0$.

(e) 极限为 0 的复数序列组成的集合是 $\mathbf{C}^{\infty}$ 的子空间.

上述某些结论的验证表明，线性结构以微积分为基础. 例如，证明上述第二个结论需要"两个连续函数的和仍为连续函数"这一结果. 再如，证明上述第四个结论需要下面的结果：对于常数 c, cf 的导数等于 c 乘以 f 的导数.

> 显然，$\{0\}$ 是 V 的最小的子空间，V 自身是 V 的最大的子空间. 空集不是 V 的子空间，因为子空间必须是向量空间，而向量空间至少要包含一个元素，即加法单位元.

$\mathbf{R}^2$ 的子空间恰为 $\{0\}$、$\mathbf{R}^2$ 以及 $\mathbf{R}^2$ 中所有过原点的直线. $\mathbf{R}^3$ 的子空间恰为 $\{0\}$、$\mathbf{R}^3$、$\mathbf{R}^3$ 中所有过原点的直线以及 $\mathbf{R}^3$ 中所有过原点的平面. 容易证明这些对象确实都是子空间，而难点在于证明它们是 $\mathbf{R}^2$ 或 $\mathbf{R}^3$ 仅有的子空间. 当我们在下一章引进更多的工具之后，证明这些结论会变得容易一些.

子空间的和

在研究向量空间时，我们感兴趣的通常只是子空间，而不是任意子集. 子空间的和的概念是非常有用的.

> 子空间的并一般不是子空间（见习题 12），这就是我们通常讨论子空间的和而不讨论子空间的并的原因.

1.36 定义 子集的和（sum of subsets）

设 $U_1, \ldots, U_m$ 都是 V 的子集，则 $U_1, \ldots, U_m$ 的和定义为 $U_1, \ldots, U_m$ 中元素所有可能的和所构成的集合，记作 $U_1 + \cdots + U_m$. 更确切地说，

$$U_1 + \cdots + U_m = \{u_1 + \cdots + u_m : u_1 \in U_1, \ldots, u_m \in U_m\}.$$

我们来看子空间和的一些例子.

1.37 例 设 U 是 $\mathbf{F}^3$ 中第二个和第三个坐标均为 0 的那些元素构成的集合，W 是 $\mathbf{F}^3$ 中第一个和第三个坐标均为 0 的那些元素构成的集合：

$$U = \{(x, 0, 0) \in \mathbf{F}^3 : x \in \mathbf{F}\}, \quad W = \{(0, y, 0) \in \mathbf{F}^3 : y \in \mathbf{F}\}.$$

请验证

$$U + W = \{(x, y, 0) : x, y \in \mathbf{F}\}.$$

1.38 例 设

$$U = \{(x, x, y, y) \in \mathbf{F}^4 : x, y \in \mathbf{F}\}, \quad W = \{(x, x, x, y) \in \mathbf{F}^4 : x, y \in \mathbf{F}\}.$$

请验证

$$U + W = \{(x, x, y, z) \in \mathbf{F}^4 : x, y, z \in \mathbf{F}\}.$$

以下结果表明子空间的和是子空间,并且它是包含这些子空间的最小的子空间.

1.39 子空间的和是包含这些子空间的最小子空间

设 $U_1, \ldots, U_m$ 都是 V 的子空间,则 $U_1 + \cdots + U_m$ 是 V 的包含 $U_1, \ldots, U_m$ 的最小子空间.

在向量空间理论中,子空间的和类似于集合论中子集的并.给定一个向量空间的两个子空间,包含它们的最小子空间是它们的和.类似地,给定一个集合的两个子集,包含它们的最小集是它们的并集.

证明 容易看出 $0 \in U_1 + \cdots + U_m$,并且 $U_1 + \cdots + U_m$ 在加法和标量乘法下是封闭的.因此,1.34 意味着 $U_1 + \cdots + U_m$ 是 V 的子空间.

显然 $U_1, \ldots, U_m$ 都含于 $U_1 + \cdots + U_m$(为说明这一点,考虑和 $u_1 + \cdots + u_m$,其中除一项之外的其余项均为 0).反之,V 中任何包含 $U_1, \ldots, U_m$ 的子空间一定都包含 $U_1 + \cdots + U_m$(因为子空间包含其中元素的所有有限和).于是,$U_1 + \cdots + U_m$ 是 V 中包含 $U_1, \ldots, U_m$ 的最小的子空间. ∎

直和

设 $U_1, \ldots, U_m$ 都是 V 的子空间,则 $U_1 + \cdots + U_m$ 的每个元素都可写成

$$u_1 + \cdots + u_m$$

的形式,其中每个 u_j 属于 U_j.我们特别感兴趣的是 $U_1 + \cdots + U_m$ 中每个向量都可以唯一地表示成上述形式的情形,这种情形非常重要,所以给它起一个特殊的名字:直和.

1.40 定义 直和(direct sum)

设 $U_1, \ldots, U_m$ 都是 V 的子空间.

- 和 $U_1 + \cdots + U_m$ 称为**直和**,如果 $U_1 + \cdots + U_m$ 中的每个元素都可以唯一地表示成 $u_1 + \cdots + u_m$,其中每个 u_j 属于 U_j.
- 若 $U_1 + \cdots + U_m$ 是直和,则用 $U_1 \oplus \cdots \oplus U_m$ 来表示 $U_1 + \cdots + U_m$,这里符号 $\oplus$ 表明此处的和是一个直和.

1.41 例 设 U 是 $\mathbf{F}^3$ 中最后一个坐标为 0 的那些向量组成的子空间,W 是 $\mathbf{F}^3$ 中前两个坐标为 0 的那些向量组成的子空间:

$$U = \{(x, y, 0) \in \mathbf{F}^3 : x, y \in \mathbf{F}\}, \quad W = \{(0, 0, z) \in \mathbf{F}^3 : z \in \mathbf{F}\}.$$

请验证 $\mathbf{F}^3 = U \oplus W$.

1.42 例 设 U_j 是 $\mathbf{F}^n$ 中除第 j 个坐标以外其余坐标全是 0 的那些向量所组成的子空间（例如，$U_2 = \{(0, x, 0, \ldots, 0) \in \mathbf{F}^n : x \in \mathbf{F}\}$）. 请验证 $\mathbf{F}^n = U_1 \oplus \cdots \oplus U_n$.

反面的例子有时能像正面的例子那样加深我们的理解.

1.43 例 设
$$U_1 = \{(x, y, 0) \in \mathbf{F}^3 : x, y \in \mathbf{F}\},$$
$$U_2 = \{(0, 0, z) \in \mathbf{F}^3 : z \in \mathbf{F}\},$$
$$U_3 = \{(0, y, y) \in \mathbf{F}^3 : y \in \mathbf{F}\}.$$
证明 $U_1 + U_2 + U_3$ 不是直和.

证明 显然 $\mathbf{F}^3 = U_1 + U_2 + U_3$，这是因为每个向量 $(x, y, z) \in \mathbf{F}^3$ 都可以写成
$$(x, y, z) = (x, y, 0) + (0, 0, z) + (0, 0, 0),$$
右端第一个向量属于 U_1，第二个向量属于 U_2，第三个向量属于 U_3.

然而 $\mathbf{F}^3$ 不是 U_1, U_2, U_3 的直和，这是因为向量 $(0, 0, 0)$ 能用两种不同方式写成和 $u_1 + u_2 + u_3$ 使得每个 u_j 属于 U_j. 具体来说，我们有
$$(0, 0, 0) = (0, 1, 0) + (0, 0, 1) + (0, -1, -1),$$
当然也有
$$(0, 0, 0) = (0, 0, 0) + (0, 0, 0) + (0, 0, 0),$$
其中每个等式右端的第一个向量属于 U_1，第二个向量属于 U_2，第三个向量属于 U_3.

直和的定义要求和空间中的每个向量都能唯一地表示成一个适当的和. 以下结果表明，在确定子空间的和是否为直和时，只需考虑 0 是否可以唯一地写成一个适当的和.

> 符号 $\oplus$ 由一个圈和一个位于其内的加号组成，提醒我们正在处理子空间的一种特殊类型的和：直和的每个元素都可以唯一地表示成这些给定的子空间中元素的和.

1.44 直和的条件

设 $U_1, \ldots, U_n$ 都是 V 的子空间. "$U_1 + \cdots + U_m$ 是直和" 当且仅当 "0 表示成 $u_1 + \cdots + u_n$（其中每个 $u_j \in U_j$）的唯一方式是每个 u_j 都等于 0".

证明 首先假设 $U_1 + \cdots + U_m$ 是直和. 那么直和的定义表明：如果 $0 = u_1 + \cdots + u_m$（其中每个 $u_j \in U_j$），则必有每个 u_j 都等于 0.

现在假设：如果 $0 = u_1 + \cdots + u_m$（其中每个 $u_j \in U_j$），则每个 u_j 都等于 0. 为了证明 $U_1 + \cdots + U_m$ 是直和，设 $v \in U_1 + \cdots + U_m$. 把 v 写成

$$v = u_1 + \cdots + u_m$$

其中 $u_1 \in U_1, \ldots, u_m \in U_m$. 为证明这个表示法唯一, 假设还有一个表示

$$v = v_1 + \cdots + v_m,$$

其中 $v_1 \in U_1, \ldots, v_m \in U_m$. 两式相减, 我们有

$$0 = (u_1 - v_1) + \cdots + (u_m - v_m).$$

由于 $u_1 - v_1 \in U_1, \ldots, u_m - v_m \in U_m$, 上式表明每个 $u_j - v_j$ 都等于 0. 于是, $u_1 = v_1, \ldots, u_m = v_m$. ■

下面的结果给出了验证两个子空间可以做直和的一个简单条件.

1.45 两个子空间的直和

设 U 和 W 都是 V 的子空间, 则 $U + W$ 是直和当且仅当 $U \cap W = \{0\}$.

证明 首先假设 $U+W$ 是直和. 若 $v \in U \cap W$, 则 $0 = v + (-v)$, 其中 $v \in U, -v \in W$. 由于 0 可唯一地表示成 U 中向量与 W 中向量的和, 我们有 $v = 0$. 于是 $U \cap W = \{0\}$, 这就证明了定理的一个方面.

另一方面, 假设 $U \cap W = \{0\}$. 为证明 $U + W$ 是直和, 假设 $u \in U, w \in W$, $0 = u + w$. 为完成证明, 只需证明 $u = w = 0$ (由于 1.44). 由上面的等式可得 $u = -w \in W$. 于是 $u \in U \cap W$. 因此 $u = 0$, 由此及上面的等式可得 $w = 0$, 这就完成了证明. ■

子空间的和类似于子集的并. 同样, 子空间的直和类似于子集的不交并. 任意两子空间都相交, 因为它们都包含 0. 因此要用交为 $\{0\}$ 代替不相交, 至少在两个子空间的情形如此.

上面的结果只考虑了两个子空间的情形. 在考虑多于两个的子空间的和是否为直和时, 只验证任意两个子空间的交为 $\{0\}$ 是不够的. 为了看出这一点, 考虑例 1.43, 在那个非直和的例子中, 我们有 $U_1 \cap U_2 = U_1 \cap U_3 = U_2 \cap U_3 = \{0\}$.

习题 1.C

1 判断 $\mathbf{F}^3$ 的下列子集是不是 $\mathbf{F}^3$ 的子空间:
  (a) $\{(x_1, x_2, x_3) \in \mathbf{F}^3 : x_1 + 2x_2 + 3x_3 = 0\}$;
  (b) $\{(x_1, x_2, x_3) \in \mathbf{F}^3 : x_1 + 2x_2 + 3x_3 = 4\}$;
  (c) $\{(x_1, x_2, x_3) \in \mathbf{F}^3 : x_1 x_2 x_3 = 0\}$;
  (d) $\{(x_1, x_2, x_3) \in \mathbf{F}^3 : x_1 = 5x_3\}$.

2 验证例 1.35 中的所有结论.

3 证明区间 $(-4,4)$ 上满足 $f'(-1) = 3f(2)$ 的可微的实值函数 f 构成的集合是 $\mathbf{R}^{(-4,4)}$ 的子空间.

4 设 $b \in \mathbf{R}$. 证明区间 $[0,1]$ 上满足 $\int_0^1 f(x)\,\mathrm{d}x = b$ 的实值连续函数 f 构成的集合是 $\mathbf{R}^{[0,1]}$ 的子空间当且仅当 $b = 0$.

5 $\mathbf{R}^2$ 是复向量空间 $\mathbf{C}^2$ 的子空间吗?

6 (a) $\{(a,b,c) \in \mathbf{R}^3 : a^3 = b^3\}$ 是 $\mathbf{R}^3$ 的子空间吗?

(b) $\{(a,b,c) \in \mathbf{C}^3 : a^3 = b^3\}$ 是 $\mathbf{C}^3$ 的子空间吗?

7 给出 $\mathbf{R}^2$ 的一个非空子集 U 的例子,使得 U 对于加法和加法逆元是封闭的(后者意味着若 $u \in U$ 则 $-u \in U$),但 U 不是 $\mathbf{R}^2$ 的子空间.

8 给出 $\mathbf{R}^2$ 的一个非空子集 U 的例子,使得 U 在标量乘法下是封闭的,但 U 不是 $\mathbf{R}^2$ 的子空间.

9 函数 $f\colon \mathbf{R} \to \mathbf{R}$ 称为**周期的**,如果有正数 p 使得对任意 $x \in \mathbf{R}$ 有 $f(x) = f(x+p)$. $\mathbf{R}$ 到 $\mathbf{R}$ 的周期函数构成的集合是 $\mathbf{R}^{\mathbf{R}}$ 的子空间吗?说明理由.

10 设 U_1 和 U_2 均为 V 的子空间. 证明 $U_1 \cap U_2$ 是 V 的子空间.

11 证明 V 的任意一族子空间的交是 V 的子空间.

12 证明 V 的两个子空间的并是 V 的子空间当且仅当其中一个子空间包含另一个子空间.

13 证明 V 的三个子空间的并是 V 的子空间当且仅当其中一个子空间包含另两个子空间.

令人惊讶的是,本题比上题难得多,或许是因为若将 $\mathbf{F}$ 换成只包含两个元素的域则本题的结论不再成立.

14 验证例 1.38 的结论.

15 设 U 是 V 的子空间,求 $U + U$.

16 V 的子空间加法运算具有交换性吗?也就是说,如果 U 和 W 都是 V 的子空间,那么是否有 $U + W = W + U$?

17 V 的子空间加法运算具有结合性吗?也就是说,如果 U_1, U_2, U_3 是 V 的子空间,那么是否有 $(U_1 + U_2) + U_3 = U_1 + (U_2 + U_3)$?

18 V 的子空间加法运算有单位元吗?哪些子空间有加法逆元?

19 证明或给出反例:如果 U_1, U_2, W 是 V 的子空间,使得 $U_1 + W = U_2 + W$,则 $U_1 = U_2$.

20 设 $U = \{(x,x,y,y) \in \mathbf{F}^4 : x,y \in \mathbf{F}\}$,找出 $\mathbf{F}^4$ 的一个子空间 W 使得 $\mathbf{F}^4 = U \oplus W$.

21 设 $U = \{(x,y,x+y,x-y,2x) \in \mathbf{F}^5 : x,y \in \mathbf{F}\}$,找出 $\mathbf{F}^5$ 的一个子空间 W 使得 $\mathbf{F}^5 = U \oplus W$.

22 设 $U = \{(x, y, x+y, x-y, 2x) \in \mathbf{F}^5 : x, y \in \mathbf{F}\}$，找出 $\mathbf{F}^5$ 的三个非 $\{0\}$ 子空间 W_1, W_2, W_3 使得 $\mathbf{F}^5 = U \oplus W_1 \oplus W_2 \oplus W_3$.

23 证明或给出反例：如果 U_1, U_2, W 是 V 的子空间，使得 $V = U_1 \oplus W$ 且 $V = U_2 \oplus W$，则 $U_1 = U_2$.

24 函数 $f\colon \mathbf{R} \to \mathbf{R}$ 称为**偶函数**，如果对所有 $x \in \mathbf{R}$ 均有 $f(-x) = f(x)$. 函数 $f\colon \mathbf{R} \to \mathbf{R}$ 称为**奇函数**，如果对所有 $x \in \mathbf{R}$ 均有 $f(-x) = -f(x)$. 用 U_e 表示 $\mathbf{R}$ 上实值偶函数的集合，用 U_o 表示 $\mathbf{R}$ 上实值奇函数的集合. 证明 $\mathbf{R}^{\mathbf{R}} = U_e \oplus U_o$.

第2章

美国数学家保罗·哈尔莫斯（1916—2006），他于1942年发表了第一本现代的线性代数著作. 该书与本章同名.

有限维向量空间

回顾一下，我们总是采用如下假定：

2.1 记号 F、V

- **F** 表示 **R** 或 **C**.
- V 表示 **F** 上的向量空间.

上一章我们学习了向量空间. 线性代数所关注的并不是任意的向量空间，而是本章介绍的有限维向量空间.

本章的学习目标

- 张成空间
- 线性无关
- 基
- 维数

2.A 张成空间与线性无关

我们一直用圆括号将一组数括起来表示数组，对于 $\mathbf{F}^n$ 中的元素我们将沿用这一记号．例如，$(2,-7,8) \in \mathbf{F}^3$．但是现在需要考虑向量组（这里的向量可以是 $\mathbf{F}^n$ 的元素或其他向量空间的元素）．为避免混淆，我们在表示向量组时通常不用括号括起来．例如，$(4,1,6),(9,5,7)$ 表示 $\mathbf{R}^3$ 中的一个长度为 2 的向量组．

2.2 记号 向量组（list of vectors）

我们表示向量组时，通常不用括号括起来．

线性组合与张成空间

将一个向量组中的向量做标量乘法后相加，即得到该向量组的一个所谓的线性组合．下面是正式的定义：

2.3 定义 线性组合（linear combination）

V 中的一组向量 $v_1,\ldots,v_m$ 的**线性组合**是指形如

$$a_1 v_1 + \cdots + a_m v_m$$

的向量，其中 $a_1,\ldots,a_m \in \mathbf{F}$．

2.4 例 在 $\mathbf{F}^3$ 中，

- $(17,-4,2)$ 是 $(2,1,-3),(1,-2,4)$ 的线性组合，因为

$$(17,-4,2) = 6(2,1,-3) + 5(1,-2,4).$$

- $(17,-4,5)$ 不是 $(2,1,-3),(1,-2,4)$ 的线性组合，因为不存在数 $a_1,a_2 \in \mathbf{F}$ 使得

$$(17,-4,5) = a_1(2,1,-3) + a_2(1,-2,4).$$

也就是说，方程组

$$\begin{cases} 17 = 2a_1 + a_2, \\ -4 = a_1 - 2a_2, \\ 5 = -3a_1 + 4a_2 \end{cases}$$

无解（请自行验证）．

2.5 定义 张成空间（span）

V 中一组向量 $v_1, \ldots, v_m$ 的所有线性组合所构成的集合称为 $v_1, \ldots, v_m$ 的**张成空间**，记为 $\operatorname{span}(v_1, \ldots, v_m)$. 也就是说，

$$\operatorname{span}(v_1, \ldots, v_m) = \{a_1 v_1 + \cdots + a_m v_m : a_1, \ldots, a_m \in \mathbf{F}\}.$$

空向量组 ( ) 的张成空间定义为 $\{0\}$.

2.6 例 前面的例子表明在 $\mathbf{F}^3$ 中，

- $(17, -4, 2) \in \operatorname{span}\big((2, 1, -3), (1, -2, 4)\big)$；
- $(17, -4, 5) \notin \operatorname{span}\big((2, 1, -3), (1, -2, 4)\big)$.

有些数学家采用术语**线性张成空间**，意思与张成空间一样.

2.7 张成空间是包含这组向量的最小子空间

V 中一组向量的张成空间是包含这组向量的最小子空间.

证明 设 $v_1, \ldots, v_m$ 是 V 中的一组向量.

先证明 $\operatorname{span}(v_1, \ldots, v_m)$ 是 V 的子空间. 加法单位元属于 $\operatorname{span}(v_1, \ldots, v_m)$，因为

$$0 = 0v_1 + \cdots + 0v_m.$$

其次，$\operatorname{span}(v_1, \ldots, v_m)$ 在加法下封闭，因为

$$(a_1 v_1 + \cdots + a_m v_m) + (c_1 v_1 + \cdots + c_m v_m) = (a_1 + c_1)v_1 + \cdots + (a_m + c_m)v_m.$$

再次，$\operatorname{span}(v_1, \ldots, v_m)$ 在标量乘法下封闭，因为

$$\lambda(a_1 v_1 + \cdots + a_m v_m) = \lambda a_1 v_1 + \cdots + \lambda a_m v_m.$$

于是 $\operatorname{span}(v_1, \ldots, v_m)$ 是 V 的子空间（由于 1.34）.

每个 v_j 都是 $v_1, \ldots, v_m$ 的线性组合（为了证明这一点，在 2.3 中令 $a_j = 1$ 并令其他 a 都等于 0）. 于是 $\operatorname{span}(v_1, \ldots, v_m)$ 包含每一个 v_j. 反之，由于子空间对加法和标量乘法都封闭，从而 V 的包含所有 v_j 的子空间必定都包含 $\operatorname{span}(v_1, \ldots, v_m)$. 因此 $\operatorname{span}(v_1, \ldots, v_m)$ 是 V 的包含所有向量 $v_1, \ldots, v_m$ 的最小子空间. ∎

2.8 定义 张成（spans）

若 $\operatorname{span}(v_1, \ldots, v_m)$ 等于 V，则称 $v_1, \ldots, v_m$ **张成** V.

2.9 例 设 n 是正整数. 证明

$$(1, 0, \ldots, 0), (0, 1, 0, \ldots, 0), \ldots, (0, \ldots, 0, 1)$$

张成 $\mathbf{F}^n$. 上面向量组中的第 j 个向量是第 j 个元素为 1 其余元素均为 0 的 n 元组.

证明　设 $(x_1,\ldots,x_n) \in \mathbf{F}^n$. 则

$$(x_1,\ldots,x_n) = x_1(1,0,\ldots,0) + x_2(0,1,0,\ldots,0) + \cdots + x_n(0,\ldots,0,1).$$

于是 $(x_1,\ldots,x_n) \in \mathrm{span}\big((1,0,\ldots,0),(0,1,0,\ldots,0),\ldots,(0,\ldots,0,1)\big)$.

现在我们给出线性代数中的一个关键定义:

2.10 定义　有限维向量空间（finite-dimensional vector space）

如果一个向量空间可以由该空间中的某个向量组张成, 则称这个向量空间是**有限维的**.

回想一下, 根据定义, 每个组都具有有限长度.

上面的例 2.9 表明对任意正整数 n, $\mathbf{F}^n$ 是有限维向量空间.

多项式的定义对我们来说无疑是很熟悉的.

2.11 定义　多项式（polynomial）, $\mathcal{P}(\mathbf{F})$

- 对于函数 $p\colon \mathbf{F} \to \mathbf{F}$, 若存在 $a_0,\ldots,a_m \in \mathbf{F}$ 使得对任意 $z \in \mathbf{F}$ 均有
  $$p(z) = a_0 + a_1 z + a_2 z^2 + \cdots + a_m z^m,$$
  则称 p 为系数属于 $\mathbf{F}$ 的**多项式**.
- $\mathcal{P}(\mathbf{F})$ 是系数属于 $\mathbf{F}$ 的全体多项式所组成的集合.

在通常的（多项式）加法和标量乘法下, $\mathcal{P}(\mathbf{F})$ 是 $\mathbf{F}$ 上的向量空间（请自行验证）. 也就是说, $\mathcal{P}(\mathbf{F})$ 是 $\mathbf{F}^{\mathbf{F}}$（$\mathbf{F}$ 到 $\mathbf{F}$ 的全体函数构成的向量空间）的子空间.

如果一个多项式（视为 $\mathbf{F}$ 到 $\mathbf{F}$ 的函数）可用两组系数来表示, 将这两个表达式相减得到一个多项式, 该多项式作为 $\mathbf{F}$ 上的函数是恒等于零的函数, 因此该多项式的系数均为 0（如果你不熟悉这一事实, 先承认它, 我们后面会给出证明: 见 4.7）. **结论**: 一个多项式的系数由该多项式唯一确定. 因此, 下面定义的多项式的次数是唯一确定的.

2.12 定义　多项式的次数（degree of a polynomial）, $\deg p$

- 对于多项式 $p \in \mathcal{P}(\mathbf{F})$, 若存在标量 $a_0, a_1, \ldots, a_m \in \mathbf{F}$, 其中 $a_m \neq 0$, 使得对任意 $z \in \mathbf{F}$ 有
  $$p(z) = a_0 + a_1 z + \cdots + a_m z^m,$$
  则说 p 的**次数**为 m. 若 p 的次数为 m, 则记 $\deg p = m$.
- 规定恒等于 0 的多项式的次数为 $-\infty$.

在下面的定义中，我们约定 $-\infty < m$，这意味着恒等于 0 的多项式属于 $\mathcal{P}_m(\mathbf{F})$.

2.13 定义 $\mathcal{P}_m(\mathbf{F})$

对于非负整数 m，用 $\mathcal{P}_m(\mathbf{F})$ 表示系数在 $\mathbf{F}$ 中且次数不超过 m 的所有多项式构成的集合.

要验证下面的例子，只需注意到 $\mathcal{P}_m(\mathbf{F}) = \operatorname{span}(1, z, \ldots, z^m)$. 此处我们用 z^k 表示函数，这有点滥用记号.

2.14 例 对每个非负整数 m，$\mathcal{P}_m(\mathbf{F})$ 是有限维向量空间.

2.15 定义 无限维向量空间（infinite-dimensional vector space）

一个向量空间如果不是有限维的，则称为**无限维的**.

2.16 例 证明 $\mathcal{P}(\mathbf{F})$ 是无限维的.

证明 考虑 $\mathcal{P}(\mathbf{F})$ 中任意一组元素. 记 m 为这组多项式的最高次数. 则这个组的张成空间中的每个多项式的次数最多为 m. 因此 z^{m+1} 不属于这个组的张成空间. 从而没有组能够张成 $\mathcal{P}(\mathbf{F})$. 所以 $\mathcal{P}(\mathbf{F})$ 是无限维的.

线性无关

设 $v_1, \ldots, v_m \in V$ 且 $v \in \operatorname{span}(v_1, \ldots, v_m)$. 由张成空间的定义，有 $a_1, \ldots, a_m \in \mathbf{F}$ 使得

$$v = a_1 v_1 + \cdots + a_m v_m.$$

考虑上式中标量选取的唯一性问题. 假设 $c_1, \ldots, c_m$ 是另一组标量也使得

$$v = c_1 v_1 + \cdots + c_m v_m.$$

两式相减得

$$0 = (a_1 - c_1) v_1 + \cdots + (a_m - c_m) v_m.$$

于是我们把 0 写成了 $v_1, \ldots, v_m$ 的线性组合. 如果 0 只能用显然的方式（每个标量都取零）写成 $v_1, \ldots, v_m$ 的线性组合，则每个 $a_j - c_j$ 都等于 0，即每个 a_j 都等于 c_j（因此标量的取法确实是唯一的）. 这种情况很重要，所以我们给它起一个特殊的名字——线性无关，这正是我们现在要定义的.

2.17 定义　线性无关（linearly independent）

- V 中一组向量 $v_1, \ldots, v_m$ 称为**线性无关**，如果使得 $a_1 v_1 + \cdots + a_m v_m$ 等于 0 的 $a_1, \ldots, a_m \in \mathbf{F}$ 只有 $a_1 = \cdots = a_m = 0$.
- 规定空组 ( ) 是线性无关的.

上一段的推导表明，$v_1, \ldots, v_m$ 是线性无关的当且仅当 $\mathrm{span}(v_1, \ldots, v_m)$ 中每个向量都可以唯一地表示成 $v_1, \ldots, v_m$ 的线性组合.

2.18 例　线性无关组

(a) V 中一个向量 v 所构成的向量组 v 是线性无关的当且仅当 $v \neq 0$.

(b) V 中两个向量构成的向量组线性无关当且仅当每个向量都不能写成另一个向量的标量倍.

(c) $\mathbf{F}^4$ 中的组 $(1, 0, 0, 0), (0, 1, 0, 0), (0, 0, 1, 0)$ 线性无关.

(d) 对每个非负整数 m，$\mathcal{P}(\mathbf{F})$ 中的组 $1, z, \ldots, z^m$ 线性无关.

一个线性无关组中去掉一些向量后，余下的向量构成的向量组仍线性无关，请自行验证.

2.19 定义　线性相关（linearly dependent）

- V 中的一组向量如果不是线性无关的，则称为**线性相关**.
- 也就是说，V 中一组向量 $v_1, \ldots, v_m$ 线性相关当且仅当存在不全为零的 $a_1, \ldots, a_m \in \mathbf{F}$ 使得 $a_1 v_1 + \cdots + a_m v_m = 0$.

2.20 例　线性相关组

- $\mathbf{F}^3$ 中的向量组 $(2, 3, 1), (1, -1, 2), (7, 3, 8)$ 线性相关，因为
$$2(2, 3, 1) + 3(1, -1, 2) + (-1)(7, 3, 8) = (0, 0, 0).$$
- 请验证，$\mathbf{F}^3$ 中的向量组 $(2, 3, 1), (1, -1, 2), (7, 3, c)$ 线性相关当且仅当 $c = 8$.
- 若 V 中的一组向量中的某个向量是其余向量的线性组合，则这个向量组线性相关.（证明：先将这个向量写成其余向量的线性组合，然后将这个向量移到等式的另一端，并乘以 -1.）
- 包含 0 向量的向量组线性相关.（这是前一条的特殊情形.）

下面的引理以后会经常用到. 它是说，给定一组线性相关的向量，那么其中必有一个向量包含于它前面诸向量的张成空间，进而我们可以扔掉这个向量而不改变原来这组向量的张成空间.

> **2.21 线性相关性引理**
>
> 设 $v_1, \ldots, v_m$ 是 V 中的一个线性相关的向量组. 则有 $j \in \{1, 2, \ldots, m\}$ 使得:
>
> (a) $v_j \in \mathrm{span}(v_1, \ldots, v_{j-1})$;
>
> (b) 若从 $v_1, \ldots, v_m$ 中去掉第 j 项, 则剩余组的张成空间等于 $\mathrm{span}(v_1, \ldots, v_m)$.

证明 由于向量组 $v_1, \ldots, v_m$ 线性相关, 存在不全为 0 的数 $a_1, \ldots, a_m \in \mathbf{F}$ 使得

$$a_1 v_1 + \cdots + a_m v_m = 0.$$

设 j 是 $\{1, \ldots, m\}$ 中使得 $a_j \neq 0$ 的最大者, 则

2.22
$$v_j = -\frac{a_1}{a_j} v_1 - \cdots - \frac{a_{j-1}}{a_j} v_{j-1},$$

这样就证明了 (a).

为了证明 (b), 设 $u \in \mathrm{span}(v_1, \ldots, v_m)$. 则存在 $c_1, \ldots, c_m \in \mathbf{F}$ 使得

$$u = c_1 v_1 + \cdots + c_m v_m.$$

把 2.22 代入上式可知, u 包含于从 $v_1, \ldots, v_m$ 中去掉第 j 项所得到的组的张成空间. 因此 (b) 成立. ∎

在线性相关性引理中取 $j = 1$, 则有 $v_1 = 0$, 因为若 $j = 1$ 则条件 (a) 应理解成 $v_1 \in \mathrm{span}(\ )$ (回想一下, $\mathrm{span}(\ ) = \{0\}$). 还要注意, 若 $v_1 = 0$ 且 $j = 1$, 则 (b) 的证明需要做一些显而易见的改动.

一般情况下, 在本书后面的证明中我们将不再强调一些特殊情形, 尽管这些特殊情形是必须要想到的, 包括空组、长度为 1 的组、子空间 $\{0\}$ 或其他一些平凡的情形. 在这些特殊情形下结果往往明显是正确的, 只是证明稍有不同. 请务必自己验证一下这些特殊情形.

现在来看一个重要的结果: 线性无关组的长度一定不会大于张成组的长度.

> **2.23 线性无关组的长度 $\leq$ 张成组的长度**
>
> 在有限维向量空间中, 线性无关向量组的长度小于等于向量空间的每一个张成组的长度.

证明 设 $u_1, \ldots, u_m$ 在 V 中是线性无关的, 并设 $w_1, \ldots, w_n$ 张成 V. 我们需要证明 $m \leq n$. 我们通过以下步骤来证明. 注意每一步都添加了某个 u, 而去掉了某个 w.

第 1 步

> 设 B 表示 V 的张成组 $w_1, \ldots, w_n$. 则在该组上再添加任何向量都会得到一个线性相关组 (因为新添加的向量可以写成该向量组的线性组合). 特别地, 组
>
> $$u_1, w_1, \ldots, w_n$$
>
> 是线性相关的. 因此利用线性相关性引理 2.21, 我们可以去掉某个 w 而使得由 u_1 和余下的那些 w 构成的新组 B (长度为 n) 张成 V.

第 j 步

第 $j-1$ 步中的组 B（长度为 n）张成 V，从而再添加任何向量都会得到一个线性相关组. 特别地，在 B 中添加 u_j 于 $u_1, \ldots, u_{j-1}$ 之后，那么所得组的长度为 $(n+1)$，所以是线性相关的. 利用线性相关性引理 2.21，该组中有一个向量包含于它前面向量的张成空间，又因为 $u_1, \ldots, u_j$ 是线性无关的，所以这个向量一定是某个 w，而不是某个 u. 我们可以从 B 中去掉这个 w，那么由 $u_1, \ldots, u_j$ 和余下的那些 w 构成的新组 B（长度为 n）仍张成 V.

经过 m 步，我们已经添加了所有的 u，程序结束. 每一步，我们在 B 中添加了某个 u，而线性相关性引理意味着可以去掉某个 w. 因此诸 w 至少和诸 u 一样多. ∎

下面两个例子告诉我们如何使用上面的结果来证明（不需要具体计算），某些组不是线性无关的以及某些组不能张成给定的向量空间.

2.24 例 证明组 $(1,2,3), (4,5,8), (9,6,7), (-3,2,8)$ 在 $\mathbf{R}^3$ 中不是线性无关的.

证明 组 $(1,0,0), (0,1,0), (0,0,1)$ 张成 $\mathbf{R}^3$. 所以 $\mathbf{R}^3$ 中不存在长度大于 3 的线性无关组.

2.25 例 证明组 $(1,2,3,-5), (4,5,8,3), (9,6,7,-1)$ 不能张成 $\mathbf{R}^4$.

证明 组 $(1,0,0,0), (0,1,0,0), (0,0,1,0), (0,0,0,1)$ 在 $\mathbf{R}^4$ 中是线性无关的. 所以长度小于 4 的组不能张成 $\mathbf{R}^4$.

直觉告诉我们，有限维向量空间的任何子空间一定也是有限维的. 现在来证明这种直觉是对的.

2.26 有限维子空间

有限维向量空间的子空间都是有限维的.

证明 设 V 是有限维向量空间，U 是 V 的子空间. 只需证明 U 是有限维的. 我们通过以下步骤来证明.

第 1 步

若 $U = \{0\}$，则 U 是有限维的，得证. 若 $U \neq \{0\}$，则取非零向量 $v_1 \in U$.

第 j 步

若 $U = \mathrm{span}(v_1, \ldots, v_{j-1})$，则 U 是有限维的，得证. 若 $U \neq \mathrm{span}(v_1, \ldots, v_{j-1})$，则取一个向量 $v_j \in U$ 使得 $v_j \notin \mathrm{span}(v_1, \ldots, v_{j-1})$.

经过每一步，只要这个程序还在继续，我们都构造了一个向量组，使得其中每一个向量都不在它前面向量的张成空间中. 因此，由线性相关性引理 2.21，每一步我们都构造了一个线性无关组. 这一线性无关组不能比 V 的任何张成组长（由于 2.23）. 因此这个程序最终一定会停止，这表明 U 是有限维的. ∎

习题 2.A

1 设 v_1, v_2, v_3, v_4 张成 V. 证明组 $v_1 - v_2, v_2 - v_3, v_3 - v_4, v_4$ 也张成 V.

2 证明例 2.18 的结论.

3 求数 t 使得 $(3, 1, 4), (2, -3, 5), (5, 9, t)$ 在 $\mathbf{R}^3$ 中不是线性无关的.

4 证明例 2.20 的第 2 条结论.

5 (a) 证明：若将 $\mathbf{C}$ 视为 $\mathbf{R}$ 上的向量空间，则组 $1 + i, 1 - i$ 是线性无关的.

    (b) 证明：若将 $\mathbf{C}$ 视为 $\mathbf{C}$ 上的向量空间，则组 $1 + i, 1 - i$ 是线性相关的.

6 设 v_1, v_2, v_3, v_4 在 V 中是线性无关的. 证明组 $v_1 - v_2, v_2 - v_3, v_3 - v_4, v_4$ 也是线性无关的.

7 证明或给出反例：若 $v_1, v_2, \ldots, v_m$ 在 V 中线性无关，则 $5v_1 - 4v_2, v_2, v_3, \ldots, v_m$ 是线性无关的.

8 证明或给出反例：设 $v_1, v_2, \ldots, v_m$ 在 V 中线性无关，并设 $\lambda \in \mathbf{F}$ 且 $\lambda \neq 0$，则 $\lambda v_1, \lambda v_2, \ldots, \lambda v_m$ 是线性无关的.

9 证明或给出反例：若 $v_1, \ldots, v_m$ 和 $w_1, \ldots, w_m$ 都是 V 中的线性无关组，则 $v_1 + w_1, \ldots, v_m + w_m$ 是线性无关的.

10 设 $v_1, \ldots, v_m$ 在 V 中线性无关，并设 $w \in V$. 证明：若 $v_1 + w, \ldots, v_m + w$ 线性相关，则 $w \in \mathrm{span}(v_1, \ldots, v_m)$.

11 设 $v_1, \ldots, v_m$ 在 V 中线性无关，并设 $w \in V$. 证明：$v_1, \ldots, v_m, w$ 线性无关当且仅当 $w \notin \mathrm{span}(v_1, \ldots, v_m)$.

12 说明为什么在 $\mathcal{P}_4(\mathbf{F})$ 中不存在由 6 个多项式构成的线性无关组.

13 说明为什么 4 个多项式构成的组不能张成 $\mathcal{P}_4(\mathbf{F})$.

14 证明：V 是无限维的当且仅当 V 中存在一个向量序列 $v_1, v_2, \ldots$ 使得当 m 是任意正整数时 $v_1, \ldots, v_m$ 都是线性无关的.

15 证明 $\mathbf{F}^\infty$ 是无限维的.

16 证明区间 $[0, 1]$ 上的所有实值连续函数构成的实向量空间是无限维的.

17 设 $p_0, p_1, \ldots, p_m$ 是 $\mathcal{P}_m(\mathbf{F})$ 中的多项式使得对每个 j 都有 $p_j(2) = 0$. 证明 $p_0, p_1, \ldots, p_m$ 在 $\mathcal{P}_m(\mathbf{F})$ 中不是线性无关的.

2.B 基

上一节讨论了线性无关组和张成组. 现在我们将这两个概念结合在一起.

2.27 定义 基（basis）

若 V 中的一个向量组既线性无关又张成 V，则称为 V 的**基**.

2.28 例 基

(a) 组 $(1,0,\dots,0),(0,1,0,\dots,0),\dots,(0,\dots,0,1)$ 是 $\mathbf{F}^n$ 的基，称为 $\mathbf{F}^n$ 的**标准基**.

(b) 组 $(1,2),(3,5)$ 是 $\mathbf{F}^2$ 的基.

(c) 组 $(1,2,-4),(7,-5,6)$ 在 $\mathbf{F}^3$ 中线性无关，但不是 $\mathbf{F}^3$ 的基，因为它不能张成 $\mathbf{F}^3$.

(d) 组 $(1,2),(3,5),(4,13)$ 张成 $\mathbf{F}^2$，但不是 $\mathbf{F}^2$ 的基，因为它不是线性无关的.

(e) 组 $(1,1,0),(0,0,1)$ 是 $\{(x,x,y) \in \mathbf{F}^3 : x,y \in \mathbf{F}\}$ 的基.

(f) 组 $(1,-1,0),(1,0,-1)$ 是 $\{(x,y,z) \in \mathbf{F}^3 : x+y+z = 0\}$ 的基.

(g) 组 $1,z,\dots,z^m$ 是 $\mathcal{P}_m(\mathbf{F})$ 的基.

$\mathbf{F}^n$ 还有许多标准基以外的基. 例如 $(7,5),(-4,9)$ 和 $(1,2),(3,5)$ 都是 $\mathbf{F}^2$ 的基.

以下命题说明了为什么基非常有用. 回想一下"唯一"是指"只能用一种方式".

2.29 基的判定准则

V 中的向量组 $v_1,\dots,v_n$ 是 V 的基当且仅当每个 $v \in V$ 都能唯一地写成以下形式

2.30
$$v = a_1 v_1 + \cdots + a_n v_n,$$

其中 $a_1,\dots,a_n \in \mathbf{F}$.

> 这个证明本质上重复了我们定义线性无关性时所采用的思想.

证明 设 $v_1,\dots,v_n$ 是 V 的基，并设 $v \in V$. 因为 $v_1,\dots,v_n$ 张成 V，所以存在 $a_1,\dots,a_n \in \mathbf{F}$ 使得 2.30 成立. 为证明 2.30 中的表示是唯一的，设标量 $c_1,\dots,c_n$ 使得

$$v = c_1 v_1 + \cdots + c_n v_n.$$

用 2.30 减上式可得

$$0 = (a_1 - c_1)v_1 + \cdots + (a_n - c_n)v_n.$$

这说明每个 $a_j - c_j = 0$（因为 $v_1,\dots,v_n$ 线性无关），因此 $a_1 = c_1,\dots,a_n = c_n$. 这就证明了唯一性，完成证明的一个方面.

要证明另一方面, 设每个 $v \in V$ 都可以唯一地写成 2.30 的形式. 显然, 这说明 $v_1, \ldots, v_n$ 张成 V. 要证明 $v_1, \ldots, v_n$ 线性无关, 设 $a_1, \ldots, a_n \in \mathbf{F}$ 使得

$$0 = a_1 v_1 + \cdots + a_n v_n.$$

由 2.30 中 (取 $v = 0$) 表示的唯一性可得 $a_1 = \cdots = a_n = 0$. 因此 $v_1, \ldots, v_n$ 线性无关, 从而是 V 的基. ∎

向量空间的张成组不一定是基, 因为它可能不是线性无关的. 下面的命题表明: 任给一个张成组, 可以去掉其中的一些向量使得剩余组是线性无关的并且仍张成这个向量空间.

例如在向量空间 $\mathbf{F}^2$ 中, 如果将下面的证明过程应用于组 $(1, 2), (3, 6), (4, 7),$ $(5, 9)$, 则第二个和第四个向量将被去掉, 剩下的 $(1, 2), (4, 7)$ 构成了 $\mathbf{F}^2$ 的一个基.

2.31 张成组含有基

在向量空间中, 每个张成组都可以化简成一个基.

证明 设 $v_1, \ldots, v_n$ 张成 V, 我们要从 $v_1, \ldots, v_n$ 中去掉一些向量使得其余向量构成 V 的基. 我们通过以下步骤来完成证明. 暂用 B 表示组 $v_1, \ldots, v_n$, 现在就从 B 开始.

第 1 步

若 $v_1 = 0$, 则从 B 中去掉 v_1. 若 $v_1 \neq 0$, 则保持 B 不变.

第 j 步

若 $v_j \in \operatorname{span}(v_1, \ldots, v_{j-1})$, 则从 B 中去掉 v_j.

若 $v_j \notin \operatorname{span}(v_1, \ldots, v_{j-1})$, 则保持 B 不变.

经过 n 步以后程序终止, 得到一个组, 仍用 B 表示. 因为最初的组张成 V, 而去掉的向量都已经包含于其前面诸向量的张成空间, 所以这个新组 B 也张成 V. 这一程序确保 B 中向量都不包含于它前面诸向量的张成空间. 由线性相关性引理 2.21 可知 B 是线性无关的. 于是 B 是 V 的一个基. ∎

下面的命题是上述命题的简单推论, 它说明每个有限维向量空间都有基.

2.32 有限维向量空间的基

每个有限维向量空间都有基.

证明 根据定义, 有限维向量空间都有张成组. 前面的命题告诉我们, 任意张成组都可以化简成一个基. ∎

在某种意义上说, 下面的命题是 2.31 的对偶. 2.31 说的是每个张成组都可以化简成基. 现在我们来证明, 对于任意给定的线性无关组, 都可以添加 (也可能不需要添加) 一些向量使得扩充后的组仍然是线性无关的, 并且还张成整个空间.

2.33 线性无关组可扩充为基

在有限维向量空间中，每个线性无关的向量组都可以扩充成向量空间的基.

证明 设 V 是有限维的，$u_1,\ldots,u_m$ 在 V 中线性无关. 设 $w_1,\ldots,w_n$ 是 V 的一个基. 则组 $u_1,\ldots,u_m,w_1,\ldots,w_n$ 张成 V. 应用 2.31 的证明过程将这个组化简成 V 的一个基，这个基包含了向量 $u_1,\ldots,u_m$（因为 $u_1,\ldots,u_m$ 是线性无关的，这些 u 都没有被去掉）和某些 w. ∎

例如在 $\mathbf{F}^3$ 中，假定我们从线性无关组 $(2,3,4),(9,6,8)$ 出发. 如果我们在上面的证明中把 w_1,w_2,w_3 取为 $\mathbf{F}^3$ 的标准基，则按照上面的证明过程我们将得到组 $(2,3,4),(9,6,8),(0,1,0)$，这是 $\mathbf{F}^3$ 的一个基.

> 即使不假设 V 是有限维的，利用同样的基本思想和更高级的工具也可以证明下面的命题.

作为上述命题的一个应用，我们现在来证明，对于有限维向量空间的每个子空间，都可以找到另一个子空间，使得整个空间是这两个子空间的直和.

2.34 V 的每个子空间都是 V 的直和项

设 V 是有限维的，U 是 V 的子空间，则存在 V 的子空间 W 使得 $V=U\oplus W$.

证明 因为 V 是有限维的，所以 U 也是有限维的（参见 2.26），从而 U 有一个基 $u_1,\ldots,u_m$（参见 2.32）. 当然，$u_1,\ldots,u_m$ 是 V 中的一个线性无关组，因此可以扩充成 V 的一个基 $u_1,\ldots,u_m,w_1,\ldots,w_n$（参见 2.33）. 令 $W=\mathrm{span}(w_1,\ldots,w_n)$.

要证明 $V=U\oplus W$，根据 1.45，只需证明

$$V=U+W \quad 和 \quad U\cap W=\{0\}.$$

要证明上述第一个等式，设 $v\in V$. 因为组 $u_1,\ldots,u_m,w_1,\ldots,w_n$ 张成 V，所以存在标量 $a_1,\ldots,a_m,b_1,\ldots,b_n\in\mathbf{F}$ 使得

$$v=\underbrace{a_1u_1+\cdots+a_mu_m}_{u}+\underbrace{b_1w_1+\cdots+b_nw_n}_{w}.$$

这就是说 $v=u+w$，其中 $u\in U,w\in W$ 定义如上. 因此 $v\in U+W$，这就证明了 $V=U+W$.

要证明 $U\cap W=\{0\}$，设 $v\in U\cap W$. 存在标量 $a_1,\ldots,a_m,b_1,\ldots,b_n\in\mathbf{F}$ 使得

$$v=a_1u_1+\cdots+a_mu_m=b_1w_1+\cdots+b_nw_n.$$

因此

$$a_1u_1+\cdots+a_mu_m-b_1w_1-\cdots-b_nw_n=0.$$

因为 $u_1,\ldots,u_m,w_1,\ldots,w_n$ 是线性无关的，所以 $a_1=\cdots=a_m=b_1=\cdots=b_n=0$，从而 $v=0$，这就证明了 $U\cap W=\{0\}$. ∎

习题 2.B

1 找出只含一个基的所有向量空间.

2 证明例 2.28 的所有结论.

3 (a) 设 U 是 $\mathbf{R}^5$ 的子空间, $U = \{(x_1, x_2, x_3, x_4, x_5) \in \mathbf{R}^5 : x_1 = 3x_2,\ x_3 = 7x_4\}$, 求 U 的一个基.

   (b) 将 (a) 中的基扩充成 $\mathbf{R}^5$ 的基.

   (c) 找出 $\mathbf{R}^5$ 的一个子空间 W 使得 $\mathbf{R}^5 = U \oplus W$.

4 (a) 设 U 是 $\mathbf{C}^5$ 的子空间, $U = \{(z_1, z_2, z_3, z_4, z_5) \in \mathbf{C}^5 : 6z_1 = z_2,\ z_3 + 2z_4 + 3z_5 = 0\}$, 求 U 的一个基.

   (b) 将 (a) 中的基扩充成 $\mathbf{C}^5$ 的基.

   (c) 找出 $\mathbf{C}^5$ 的一个子空间 W 使得 $\mathbf{C}^5 = U \oplus W$.

5 证明或反驳: $\mathcal{P}_3(\mathbf{F})$ 有一个基 p_0, p_1, p_2, p_3 使得多项式 p_0, p_1, p_2, p_3 的次数都不等于 2.

6 设 v_1, v_2, v_3, v_4 是 V 的基. 证明 $v_1 + v_2, v_2 + v_3, v_3 + v_4, v_4$ 也是 V 的基.

7 证明或给出反例: 若 v_1, v_2, v_3, v_4 是 V 的基, 且 U 是 V 的子空间使得 $v_1, v_2 \in U$, $v_3 \notin U, v_4 \notin U$, 则 v_1, v_2 是 U 的基.

8 设 U 和 W 是 V 的子空间使得 $V = U \oplus W$. 并设 $u_1, \ldots, u_m$ 是 U 的基, $w_1, \ldots, w_n$ 是 W 的基. 证明 $u_1, \ldots, u_m, w_1, \ldots, w_n$ 是 V 的基.

2.C 维数

    虽然我们一直在讨论有限维向量空间, 但还没有定义有限维向量空间的维数. 维数该怎样定义呢? 合理的定义应该保证 $\mathbf{F}^n$ 的维数等于 n. 注意到 $\mathbf{F}^n$ 的标准基

$$(1, 0, \ldots, 0), (0, 1, 0, \ldots, 0), \ldots, (0, \ldots, 0, 1)$$

的长度为 n, 因此我们想把维数定义成基的长度. 但一般来说, 一个给定的有限维向量空间可能有很多不同的基, 而只有当所有基都具有相同长度时, 我们所期望的定义才有意义. 幸好情况就是这样, 现在就给出证明.

2.35 基的长度不依赖于基的选取

有限维向量空间的任意两个基的长度都相同.

证明 设 V 是有限维的, B_1 和 B_2 是 V 的任意两个基, 则 B_1 在 V 中是线性无关的, 并且 B_2 张成 V, 故 B_1 的长度不超过 B_2 的长度 (由于 2.23). 互换 B_1 和 B_2 的角色, 可知 B_2 的长度也不超过 B_1 的长度. 因此 B_1 的长度一定等于 B_2 的长度. ∎

　　既然有限维向量空间的任意两个基都具有相同的长度，我们就可以正式地定义有限维向量空间的维数了.

2.36 定义 维数（dimension），dim V

- 有限维向量空间的任意基的长度称为这个向量空间的**维数**.
- 若 V 是有限维的，则 V 的维数记为 $\dim V$.

2.37 例 维数

- $\dim \mathbf{F}^n = n$，因为 $\mathbf{F}^n$ 的标准基的长度为 n.
- $\dim \mathcal{P}_m(\mathbf{F}) = m+1$，因为 $\mathcal{P}_m(\mathbf{F})$ 的基 $1, z, \ldots, z^m$ 的长度为 $m+1$.

　　有限维向量空间的每个子空间都是有限维的（由于 2.26），因此都有维数. 下面的命题所给出的子空间维数的不等式也就在预料之中了.

2.38 子空间的维数

若 V 是有限维的，U 是 V 的子空间，则 $\dim U \leqslant \dim V$.

证明 设 V 是有限维的，U 是 V 的子空间. U 的基是 V 中的线性无关的向量组，而 V 的基是 V 的张成组. 利用 2.23 可知 $\dim U \leq \dim V$. ■

> 实向量空间 $\mathbf{R}^2$ 的维数是 2，复向量空间 $\mathbf{C}$ 的维数是 1. 作为集合，$\mathbf{R}^2$ 可以和 $\mathbf{C}$ 等同起来（并且两个空间上的加法是相同的，用实数来作标量乘法也一样）. 因此，在讨论向量空间的维数时，$\mathbf{F}$ 所扮演的角色是不能忽视的.

　　要验证 V 中的一个向量组是 V 的基，按照定义我们必须证明这个向量组满足两个性质：它必须是线性无关的，并且张成 V. 下面两个命题表明，如果所讨论的组具有适当的长度，则只需要验证它满足所要求的两个性质之一. 我们先证明每个具有适当长度的线性无关组都是基.

2.39 具有适当长度的线性无关组是基

若 V 是有限维的，则 V 中每个长度为 $\dim V$ 的线性无关向量组都是 V 的基.

证明 设 $\dim V = n$ 且 $v_1, \ldots, v_n$ 在 V 中是线性无关的，则组 $v_1, \ldots, v_n$ 可以扩充成 V 的基（由于 2.33）. 然而 V 的每个基的长度都是 n，所以此处的扩充是平凡的，即 $v_1, \ldots, v_n$ 没有添加任何元素. 这就证明了 $v_1, \ldots, v_n$ 是 V 的基. ■

2.40 例 证明组 $(5, 7), (4, 3)$ 是 $\mathbf{F}^2$ 的基.

证明 $\mathbf{F}^2$ 中的组 $(5, 7), (4, 3)$ 显然是线性无关的（因为其中每个向量都不是另外一个向量的标量倍）. 注意到 $\mathbf{F}^2$ 的维数为 2，命题 2.39 表明长度为 2 的线性无关组 $(5, 7), (4, 3)$ 是 $\mathbf{F}^2$ 的基（不必再验证这个组张成 $\mathbf{F}^2$）.

2.41 例 证明 $1, (x-5)^2, (x-5)^3$ 是 $\mathcal{P}_3(\mathbf{R})$ 的子空间 U 的一个基，其中 U 定义为

$$U = \{p \in \mathcal{P}_3(\mathbf{R}) : p'(5) = 0\}.$$

证明 显然多项式 $1, (x-5)^2, (x-5)^3$ 都属于 U.

设 $a, b, c \in \mathbf{R}$ 且对任意 $x \in \mathbf{R}$ 有

$$a + b(x-5)^2 + c(x-5)^3 = 0.$$

即使不把上述方程左端完全展开也可以看出左端含有项 cx^3. 由于右端没有 x^3 项，所以 $c = 0$. 由 $c = 0$ 可知左端含有项 bx^2，这表明 $b = 0$. 由 $b = c = 0$ 可知 $a = 0$.

所以上述方程蕴涵 $a = b = c = 0$，从而 $1, (x-5)^2, (x-5)^3$ 在 U 中线性无关.

于是 $\dim U \geq 3$. 由于 U 是 $\mathcal{P}_3(\mathbf{R})$ 的子空间，故有 $\dim U \leq \dim \mathcal{P}_3(\mathbf{R}) = 4$（由于 2.38）. 然而 $\dim U$ 不能等于 4，若不然当我们将 U 的基扩充为 $\mathcal{P}_3(\mathbf{R})$ 的基时，将得到长度大于 4 的组，故 $\dim U = 3$. 命题 2.39 表明线性无关组 $1, (x-5)^2, (x-5)^3$ 是 U 的基.

现在我们来证明具有适当长度的张成组都是基.

2.42 具有适当长度的张成组是基

若 V 是有限维的，则 V 中每个长度为 $\dim V$ 的张成向量组都是 V 的基.

证明 设 $\dim V = n$ 且 $v_1, \ldots, v_n$ 张成 V，则组 $v_1, \ldots, v_n$ 可化简成 V 的基（由于 2.31）. 然而 V 的每个基的长度都是 n，所以此处的化简是平凡的，即 $v_1, \ldots, v_n$ 中没有任何元素被去掉. 这就证明了 $v_1, \ldots, v_n$ 是 V 的基. ∎

下面的命题给出了有限维向量空间的两个子空间之和的维数公式. 这个公式类似于一个熟知的计数公式：两个有限集合的并集的元素个数等于第一个集合的元素个数，加上第二个集合的元素个数，再减去这两个集合的交集的元素个数.

2.43 和空间的维数

如果 U_1 和 U_2 是有限维向量空间的两个子空间，则
$$\dim(U_1 + U_2) = \dim U_1 + \dim U_2 - \dim(U_1 \cap U_2).$$

证明 设 $u_1,\ldots,u_m$ 是 $U_1 \cap U_2$ 的基，则 $\dim(U_1 \cap U_2) = m$. 因为 $u_1,\ldots,u_m$ 是 $U_1 \cap U_2$ 的基，所以它在 U_1 中线性无关，因此可以扩充成 U_1 的基 $u_1,\ldots,u_m,v_1,\ldots,v_j$（由于 2.33）. 于是 $\dim U_1 = m+j$. 再将 $u_1,\ldots,u_m$ 扩充成 U_2 的基 $u_1,\ldots,u_m,w_1,\ldots,w_k$，于是 $\dim U_2 = m+k$.

为完成证明，我们只需证明 $u_1,\ldots,u_m,v_1,\ldots,v_j,w_1,\ldots,w_k$ 是 U_1+U_2 的基，因为由此可得

$$\dim(U_1 + U_2) = m+j+k$$
$$= (m+j) + (m+k) - m$$
$$= \dim U_1 + \dim U_2 - \dim(U_1 \cap U_2).$$

显然 $\mathrm{span}(u_1,\ldots,u_m,v_1,\ldots,v_j,w_1,\ldots,w_k)$ 包含 U_1 和 U_2，故等于 $U_1 + U_2$. 因此为了证明这个组是 $U_1 + U_2$ 的基，只需证明它是线性无关的. 为此，假设

$$a_1 u_1 + \cdots + a_m u_m + b_1 v_1 + \cdots + b_j v_j + c_1 w_1 + \cdots + c_k w_k = 0,$$

其中所有的 a, b, c 都是标量. 往证所有的标量 a, b, c 都等于 0. 上式可以写成

$$c_1 w_1 + \cdots + c_k w_k = -a_1 u_1 - \cdots - a_m u_m - b_1 v_1 - \cdots - b_j v_j,$$

即 $c_1 w_1 + \cdots + c_k w_k \in U_1$. 因为所有的 w 都属于 U_2，所以 $c_1 w_1 + \cdots + c_k w_k \in U_1 \cap U_2$. 又因为 $u_1,\ldots,u_m$ 是 $U_1 \cap U_2$ 的基，所以有标量 $d_1,\ldots,d_m$ 使得

$$c_1 w_1 + \cdots + c_k w_k = d_1 u_1 + \cdots + d_m u_m.$$

但是 $u_1,\ldots,u_m,w_1,\ldots,w_k$ 是线性无关的，故由上式可知所有的 c（和 d）都等于 0. 因此最初的那个包含这些 a, b, c 的等式变成

$$a_1 u_1 + \cdots + a_m u_m + b_1 v_1 + \cdots + b_j v_j = 0.$$

因为组 $u_1,\ldots,u_m,v_1,\ldots,v_j$ 是线性无关的，所以由这个等式可知所有的 a, b 都是 0. 这就证明了所有的 a, b, c 都等于 0. ∎

习题 2.C

1 设 V 是有限维的，U 是 V 的子空间使得 $\dim U = \dim V$. 证明 $U = V$.

2 证明 $\mathbf{R}^2$ 的子空间恰为：$\{0\}$、$\mathbf{R}^2$、$\mathbf{R}^2$ 中过原点的所有直线.

3 证明 $\mathbf{R}^3$ 的子空间恰为：$\{0\}$、$\mathbf{R}^3$、$\mathbf{R}^3$ 中过原点的所有直线、$\mathbf{R}^3$ 中过原点的所有平面.

4 (a) 设 $U = \{p \in \mathcal{P}_4(\mathbf{F}) : p(6) = 0\}$，求 U 的一个基.

  (b) 将 (a) 中求得的基扩充为 $\mathcal{P}_4(\mathbf{F})$ 的基.

  (c) 求 $\mathcal{P}_4(\mathbf{F})$ 的一个子空间 W 使得 $\mathcal{P}_4(\mathbf{F}) = U \oplus W$.

5 (a) 设 $U = \{p \in \mathcal{P}_4(\mathbf{R}) : p''(6) = 0\}$，求 U 的一个基.

  (b) 将 (a) 中求得的基扩充为 $\mathcal{P}_4(\mathbf{R})$ 的基.

  (c) 求 $\mathcal{P}_4(\mathbf{R})$ 的一个子空间 W 使得 $\mathcal{P}_4(\mathbf{R}) = U \oplus W$.

6 (a) 设 $U = \{p \in \mathcal{P}_4(\mathbf{F}) : p(2) = p(5)\}$，求 U 的一个基.

(b) 将 (a) 中求得的基扩充为 $\mathcal{P}_4(\mathbf{F})$ 的基.

(c) 求 $\mathcal{P}_4(\mathbf{F})$ 的一个子空间 W 使得 $\mathcal{P}_4(\mathbf{F}) = U \oplus W$.

7 (a) 设 $U = \{p \in \mathcal{P}_4(\mathbf{F}) : p(2) = p(5) = p(6)\}$，求 U 的一个基.

(b) 将 (a) 中求得的基扩充为 $\mathcal{P}_4(\mathbf{F})$ 的基.

(c) 求 $\mathcal{P}_4(\mathbf{F})$ 的一个子空间 W 使得 $\mathcal{P}_4(\mathbf{F}) = U \oplus W$.

8 (a) 设 $U = \{p \in \mathcal{P}_4(\mathbf{R}) : \int_{-1}^{1} p = 0\}$，求 U 的一个基.

(b) 将 (a) 中求得的基扩充为 $\mathcal{P}_4(\mathbf{R})$ 的基.

(c) 求 $\mathcal{P}_4(\mathbf{R})$ 的一个子空间 W 使得 $\mathcal{P}_4(\mathbf{R}) = U \oplus W$.

9 设 $v_1, \dots, v_m$ 在 V 中是线性无关的，并设 $w \in V$. 证明
$$\dim \operatorname{span}(v_1 + w, \dots, v_m + w) \geq m - 1.$$

10 假设 $p_0, p_1, \dots, p_m \in \mathcal{P}(\mathbf{F})$ 使得每个 p_j 的次数为 j. 证明 $p_0, p_1, \dots, p_m$ 是 $\mathcal{P}_m(\mathbf{F})$ 的基.

11 设 U 和 W 是 $\mathbf{R}^8$ 的子空间使得 $\dim U = 3, \dim W = 5, U + W = \mathbf{R}^8$. 证明 $\mathbf{R}^8 = U \oplus W$.

12 设 U 和 W 均为 $\mathbf{R}^9$ 的 5 维子空间. 证明 $U \cap W \neq \{0\}$.

13 设 U 和 W 均为 $\mathbf{C}^6$ 的 4 维子空间. 证明在 $U \cap W$ 中存在两个向量使得其中任何一个都不是另一个的标量倍.

14 设 $U_1, \dots, U_m$ 均为 V 的有限维子空间. 证明 $U_1 + \cdots + U_m$ 是有限维的且
$$\dim(U_1 + \cdots + U_m) \leq \dim U_1 + \cdots + \dim U_m.$$

15 设 V 是有限维的且 $\dim V = n \geq 1$. 证明存在 V 的 1 维子空间 $U_1, \dots, U_n$ 使得
$$V = U_1 \oplus \cdots \oplus U_n.$$

16 设 $U_1, \dots, U_m$ 均为 V 的有限维子空间，使得 $U_1 + \cdots + U_m$ 是直和. 证明 $U_1 \oplus \cdots \oplus U_m$ 是有限维的且
$$\dim U_1 \oplus \cdots \oplus U_m = \dim U_1 + \cdots + \dim U_m.$$

本题深化了子空间的直和与子集的不交并这两个概念之间的类比. 特别地，把本题与下面的明显陈述比较一下：如果一个集合写成了有限子集的不交并，那么这个集合的元素个数等于这些不相交子集的元素个数之和.

17 通过与有限集合中三个子集之并的元素个数公式相类比，我们可能猜测，如果 U_1, U_2, U_3 是有限维向量空间的子空间，那么
$$\dim(U_1 + U_2 + U_3) = \dim U_1 + \dim U_2 + \dim U_3$$
$$- \dim(U_1 \cap U_2) - \dim(U_1 \cap U_3) - \dim(U_2 \cap U_3)$$
$$+ \dim(U_1 \cap U_2 \cap U_3).$$

证明它或给出反例.

第**3**章

德国数学家卡尔·弗里德里希·高斯（1777—1855），他于 1809 年发表了求解线性方程组的一种方法，现在称为高斯消元法. 早在 1600 多年前，中国的一本书中就已经使用这种方法了.

线性映射

迄今我们所关注的都是向量空间，这并不怎么让人兴奋. 线性代数真正让人感兴趣的部分是我们现在要讨论的主题——线性映射.

在这一章，我们还经常需要 V 之外的另一个向量空间 W，所以从现在开始我们总采用如下假定:

3.1 记号 F、V、W

- **F** 表示 **R** 或 **C**.
- V 和 W 表示 **F** 上的向量空间.

本章的学习目标

- 线性映射基本定理
- 线性映射关于给定基的矩阵
- 同构的向量空间
- 积空间
- 商空间
- 向量空间的对偶空间与线性映射的对偶映射

3.A 向量空间的线性映射

线性映射的定义和例子

现在给出线性代数中的一个重要概念.

3.2 定义 线性映射（linear map）

从 V 到 W 的**线性映射**是具有下列性质的函数 $T: V \to W$:

加性（**additivity**）

    对所有 $u, v \in V$ 都有 $T(u + v) = Tu + Tv$;

齐性（**homogeneity**）

    对所有 $\lambda \in \mathbf{F}$ 和 $v \in V$ 都有 $T(\lambda v) = \lambda(Tv)$.

注意，对于线性映射，我们经常使用记号 Tv，也使用更标准的函数记号 $T(v)$.

> 有些数学家使用**线性变换**这个术语，意思与线性映射相同.

3.3 记号 $\mathcal{L}(V, W)$

从 V 到 W 的所有线性映射构成的集合记为 $\mathcal{L}(V, W)$.

我们来看看线性映射的一些例子. 务必验证下面定义的函数确实是线性映射.

3.4 例 线性映射

零（**zero**）

除做其他用途，我们也用符号 0 表示一个函数，它把某个向量空间的每个元素都映成另一个向量空间的加法单位元. 确切地说，$0 \in \mathcal{L}(V, W)$ 定义如下:
$$0v = 0.$$
等式左边的 0 是从 V 到 W 的函数，而右边的 0 是 W 的加法单位元. 一般来说，通过上下文可以辨别符号 0 的各种用法.

恒等（**identity**）

恒等映射是某个向量空间上的函数，记为 I，它把每个元素都映成自身. 确切地说，$I \in \mathcal{L}(V, V)$ 定义如下:
$$Iv = v.$$

微分（**differentiation**）

定义 $D \in \mathcal{L}\big(\mathcal{P}(\mathbf{R}), \mathcal{P}(\mathbf{R})\big)$ 如下:
$$Dp = p'.$$

这个函数是线性的，此结论只是把关于微分的下述基本结果换了一种说法：对任意可微函数 f, g 和常数 λ 都有 $(f+g)' = f' + g'$, $(\lambda f)' = \lambda f'$.

积分（integration）

定义 $T \in \mathcal{L}(\mathcal{P}(\mathbf{R}), \mathbf{R})$ 如下：

$$Tp = \int_0^1 p(x)\,\mathrm{d}x.$$

这个函数是线性的，此结论只是把关于积分的下述基本结果换了一种说法：两个函数之和的积分等于这两个函数积分的和，常数与函数乘积的积分等于常数乘以函数的积分.

乘以 x^2（multiplication by x^2）

定义 $T \in \mathcal{L}(\mathcal{P}(\mathbf{R}), \mathcal{P}(\mathbf{R}))$ 如下：对所有 $x \in \mathbf{R}$
$$(Tp)(x) = x^2 p(x).$$

向后移位（backward shift）

回忆一下，$\mathbf{F}^\infty$ 表示 $\mathbf{F}$ 中元素的无穷序列构成的向量空间. 定义 $T \in \mathcal{L}(\mathbf{F}^\infty, \mathbf{F}^\infty)$ 如下：

$$T(x_1, x_2, x_3, \dots) = (x_2, x_3, \dots).$$

从 $\mathbf{R}^3$ 到 $\mathbf{R}^2$（from $\mathbf{R}^3$ to $\mathbf{R}^2$）

定义 $T \in \mathcal{L}(\mathbf{R}^3, \mathbf{R}^2)$ 如下：

$$T(x, y, z) = (2x - y + 3z, 7x + 5y - 6z).$$

从 $\mathbf{F}^n$ 到 $\mathbf{F}^m$（from $\mathbf{F}^n$ to $\mathbf{F}^m$）

把前一个例子推广一下，设 m 和 n 都是正整数，$A_{j,k} \in \mathbf{F}$, $j = 1, \dots, m$, $k = 1, \dots, n$, 定义 $T \in \mathcal{L}(\mathbf{F}^n, \mathbf{F}^m)$ 如下：

$$T(x_1, \dots, x_n) = (A_{1,1}x_1 + \cdots + A_{1,n}x_n, \dots, A_{m,1}x_1 + \cdots + A_{m,n}x_n).$$

事实上从 $\mathbf{F}^n$ 到 $\mathbf{F}^m$ 的每个线性映射都是这种形式的.

以下命题的存在性部分表明线性映射可根据其在一个基上的取值来构造，而唯一性部分表明一个线性映射完全由其在基上的取值确定.

> **3.5 线性映射与定义域的基**
>
> 设 $v_1, \dots, v_n$ 是 V 的基，$w_1, \dots, w_n \in W$. 则存在唯一一个线性映射 $T: V \to W$ 使得对任意 $j = 1, \dots, n$ 都有
>
> $$Tv_j = w_j.$$

证明 首先我们证明存在满足上述性质的线性映射 T. 定义 $T: V \to W$ 如下:

$$T(c_1 v_1 + \cdots + c_n v_n) = c_1 w_1 + \cdots + c_n w_n,$$

其中 $c_1, \ldots, c_n$ 是 $\mathbf{F}$ 的任意元素. 由于组 $v_1, \ldots, v_n$ 是 V 的基, 所以上面的等式的确定义了从 V 到 W 的函数 T(因为 V 的每个元素都可唯一地写成 $c_1 v_1 + \cdots + c_n v_n$ 的形式).

在上述等式中, 对每个 j, 取 $c_j = 1$ 并取其他的 c 为 0, 则有 $Tv_j = w_j$.

若 $u, v \in V$, 其中 $u = a_1 v_1 + \cdots + a_n v_n$, $v = c_1 v_1 + \cdots + c_n v_n$, 则

$$
\begin{aligned}
T(u + v) &= T\big((a_1 + c_1)v_1 + \cdots + (a_n + c_n)v_n\big) \\
&= (a_1 + c_1)w_1 + \cdots + (a_n + c_n)w_n \\
&= (a_1 w_1 + \cdots + a_n w_n) + (c_1 w_1 + \cdots + c_n w_n) \\
&= Tu + Tv.
\end{aligned}
$$

类似地, 若 $\lambda \in \mathbf{F}$, $v = c_1 v_1 + \cdots + c_n v_n$, 则

$$
\begin{aligned}
T(\lambda v) &= T(\lambda c_1 v_1 + \cdots + \lambda c_n v_n) \\
&= \lambda c_1 w_1 + \cdots + \lambda c_n w_n \\
&= \lambda(c_1 w_1 + \cdots + c_n w_n) \\
&= \lambda Tv.
\end{aligned}
$$

因此 T 是 V 到 W 的线性映射.

为了证明唯一性, 现在假设 $T \in \mathcal{L}(V, W)$ 且 $Tv_j = w_j$, $j = 1, \ldots, n$. 设 $c_1, \ldots, c_n \in \mathbf{F}$. 由 T 的齐次性, 有 $T(c_j v_j) = c_j w_j$, $j = 1, \ldots, n$. 由 T 的加性, 有

$$T(c_1 v_1 + \cdots + c_n v_n) = c_1 w_1 + \cdots + c_n w_n.$$

故 T 在 $\mathrm{span}(v_1, \ldots, v_n)$ 上由上式唯一确定. 由于 $v_1, \ldots, v_n$ 是 V 的基, 故 T 在 V 上是唯一确定的. ∎

$\mathcal{L}(V, W)$ 上的代数运算

我们先在 $\mathcal{L}(V, W)$ 上定义加法和标量乘法.

3.6 定义 $\mathcal{L}(V, W)$ *上的加法和标量乘法*
(addition and scalar multipication on $\mathcal{L}(V, W)$)

设 $S, T \in \mathcal{L}(V, W)$, $\lambda \in \mathbf{F}$. 定义**和** $S + T$ 与**积** λT 是 V 到 W 的两个线性映射: 对所有 $v \in V$ 都有

$$(S + T)(v) = Sv + Tv, \quad (\lambda T)(v) = \lambda(Tv).$$

尽管线性映射在整个数学中是广泛存在的，但并不是像某些学生想象的那样无处不在. 这些呆萌的学生写下 $\cos 2x = 2\cos x$ 和 $\cos(x+y) = \cos x + \cos y$，似乎认为 $\cos$ 是 $\mathbf{R}$ 到 $\mathbf{R}$ 的线性映射.

请自行验证如上定义的 $S+T$ 和 λT 的确是线性映射. 也就是说，若 $S, T \in \mathcal{L}(V, W)$，$\lambda \in \mathbf{F}$，则 $S+T \in \mathcal{L}(V, W)$，$\lambda T \in \mathcal{L}(V, W)$.

由于我们已经定义了 $\mathcal{L}(V, W)$ 上的加法和标量乘法，下面的结果就不足为奇了.

3.7 $\mathcal{L}(V, W)$ 是向量空间

按照上面定义的加法和标量乘法，$\mathcal{L}(V, W)$ 是一个向量空间.

请自行证明上述命题. 注意 $\mathcal{L}(V, W)$ 的加法单位元就是本节早先定义的零映射.

一般来说，向量空间中的两个元素相乘是没有意义的，但是对于一对适当的线性映射却存在一种有用的乘积. 我们还需要第三个向量空间，所以现在假设 U 是 $\mathbf{F}$ 上的向量空间.

3.8 定义 线性映射的乘积（product of linear maps）

若 $T \in \mathcal{L}(U, V)$，$S \in \mathcal{L}(V, W)$，则定义乘积 $ST \in \mathcal{L}(U, W)$ 如下：
$$\text{对任意 } u \in U, \quad (ST)(u) = S(Tu).$$

也就是说，ST 恰为通常的函数复合 $S \circ T$. 但是，若两个函数都是线性的，则大多数数学家都写成 ST 而不是 $S \circ T$. 请验证当 $T \in \mathcal{L}(U, V)$，$S \in \mathcal{L}(V, W)$ 时 ST 的确是从 U 到 W 的线性映射.

注意，只有当 T 映到 S 的定义域内时 ST 才有定义.

3.9 线性映射乘积的代数性质

结合性（associativity）
$$(T_1 T_2) T_3 = T_1 (T_2 T_3)$$
这里 T_1, T_2, T_3 都是线性映射，并且乘积都有意义（即 T_3 必须映到 T_2 的定义域内，T_2 必须映到 T_1 的定义域内）.

单位元（identity）
$$TI = IT = T$$
这里 $T \in \mathcal{L}(V, W)$（第一个 I 是 V 上的恒等映射，而第二个 I 是 W 上的恒等映射）.

分配性质（distributive properties）
$$(S_1 + S_2)T = S_1 T + S_2 T \quad \text{和} \quad S(T_1 + T_2) = ST_1 + ST_2$$
这里 $T, T_1, T_2 \in \mathcal{L}(U, V)$，$S, S_1, S_2 \in \mathcal{L}(V, W)$.

上述结果的证明留给读者.

线性映射的乘法不是交换的. 也就是说, $ST = TS$ 未必成立, 即使这个等式的两边都有意义.

3.10 例 设 $D \in \mathcal{L}(\mathcal{P}(\mathbf{R}), \mathcal{P}(\mathbf{R}))$ 是例 3.4 定义的微分映射, $T \in \mathcal{L}(\mathcal{P}(\mathbf{R}), \mathcal{P}(\mathbf{R}))$ 是本节前面定义的乘 x^2 映射, 证明 $TD \neq DT$.

证明 我们有

$$((TD)p)(x) = x^2 p'(x) \quad 但 \quad ((DT)p)(x) = x^2 p'(x) + 2xp(x).$$

也就是说, 先乘以 x^2 再微分和先微分再乘以 x^2 是不同的.

> **3.11 线性映射将 0 映为 0**
>
> 设 T 是 V 到 W 的线性映射. 则 $T(0) = 0$.

证明 利用加性, 我们有

$$T(0) = T(0 + 0) = T(0) + T(0).$$

在上式两端都加上 $T(0)$ 的加法逆元, 即得 $T(0) = 0$. ∎

习题 3.A

1 设 $b, c \in \mathbf{R}$. 定义 $T\colon \mathbf{R}^3 \to \mathbf{R}^2$ 如下:

$$T(x, y, z) = (2x - 4y + 3z + b, 6x + cxyz).$$

证明 T 是线性的当且仅当 $b = c = 0$.

2 设 $b, c \in \mathbf{R}$. 定义 $T\colon \mathcal{P}(\mathbf{R}) \to \mathbf{R}^2$ 如下:

$$Tp = \left(3p(4) + 5p'(6) + bp(1)p(2), \int_{-1}^{2} x^3 p(x)\, \mathrm{d}x + c\sin p(0)\right).$$

证明 T 是线性的当且仅当 $b = c = 0$.

3 设 $T \in \mathcal{L}(\mathbf{F}^n, \mathbf{F}^m)$. 证明存在标量 $A_{j,k} \in \mathbf{F}$ （其中 $j = 1, \ldots, m$, $k = 1, \ldots, n$）使得对任意 $(x_1, \ldots, x_n) \in \mathbf{F}^n$ 都有

$$T(x_1, \ldots, x_n) = (A_{1,1}x_1 + \cdots + A_{1,n}x_n, \ldots, A_{m,1}x_1 + \cdots + A_{m,n}x_n).$$

本题表明 T 具有在例 3.4 的最后一条中提及的那种形式.

4 设 $T \in \mathcal{L}(V, W)$ 且 $v_1, \ldots, v_m$ 是 V 中的向量组, 使得 $Tv_1, \ldots, Tv_m$ 在 W 中是线性无关的. 证明 $v_1, \ldots, v_m$ 是线性无关的.

5 证明 3.7 中的结论.

6 证明 3.9 中的结论.

7 证明每个从一维向量空间到其自身的线性映射都是乘以某个标量. 准确地说, 证明: 若 $\dim V = 1$ 且 $T \in \mathcal{L}(V,V)$, 则有 $\lambda \in \mathbf{F}$ 使得对所有 $v \in V$ 都有 $Tv = \lambda v$.

8 给出一个函数 $\varphi \colon \mathbf{R}^2 \to \mathbf{R}$, 使得对所有 $a \in \mathbf{R}$ 和所有 $v \in \mathbf{R}^2$ 有

$$\varphi(av) = a\varphi(v),$$

但 φ 不是线性的.

本题和下题表明齐性并不蕴涵线性, 加性也不蕴涵线性.

9 给出一个函数 $\varphi \colon \mathbf{C} \to \mathbf{C}$, 使得对所有 $w, z \in \mathbf{C}$ 都有

$$\varphi(w + z) = \varphi(w) + \varphi(z),$$

但 φ 不是线性的. （这里 $\mathbf{C}$ 视为一个复向量空间.）

也存在函数 $\varphi \colon \mathbf{R} \to \mathbf{R}$ 使得 φ 满足上述加性条件但 φ 不是线性的. 但是, 证明其存在性涉及更高等的工具.

10 设 U 是 V 的子空间且 $U \neq V$. 设 $S \in \mathcal{L}(U,W)$ 且 $S \neq 0$（这意味着对某个 $u \in U$ 有 $Su \neq 0$）. 定义 $T \colon V \to W$ 如下

$$Tv = \begin{cases} Sv, & \text{若 } v \in U, \\ 0, & \text{若 } v \in V \text{且} v \notin U. \end{cases}$$

证明 T 不是 V 上的线性映射.

11 设 V 是有限维的. 证明 V 的子空间上的线性映射可以扩张成 V 上的线性映射. 也就是说, 证明: 如果 U 是 V 的子空间, $S \in \mathcal{L}(U,W)$, 那么存在 $T \in \mathcal{L}(V,W)$ 使得对所有 $u \in U$ 都有 $Tu = Su$.

12 设 V 是有限维的且 $\dim V > 0$, 再设 W 是无限维的. 证明 $\mathcal{L}(V,W)$ 是无限维的.

13 设 $v_1, \ldots, v_m$ 是 V 中的一个线性相关的向量组, 并设 $W \neq \{0\}$. 证明存在 $w_1, \ldots, w_m \in W$ 使得没有 $T \in \mathcal{L}(V,W)$ 能满足 $Tv_k = w_k, k = 1, \ldots, m$.

14 设 V 是有限维的且 $\dim V \geq 2$. 证明存在 $S, T \in \mathcal{L}(V,V)$ 使得 $ST \neq TS$.

3.B 零空间与值域

零空间与单射性

本节我们将学习与每一个线性映射紧密联系的两个子空间. 先来看被映为 0 的向量构成的集合.

3.12 定义 零空间（null space），null T

对于 $T \in \mathcal{L}(V, W)$，T 的**零空间**（记为 null T）是指 V 中那些被 T 映为 0 的向量构成的子集：

$$\text{null } T = \{v \in V : Tv = 0\}.$$

3.13 例 零空间

- 若 T 是 V 到 W 的零映射，也就是说对每个 $v \in V$ 有 $Tv = 0$，则 null $T = V$.

- 设 $\varphi \in \mathcal{L}(\mathbf{C}^3, \mathbf{F})$ 定义为 $\varphi(z_1, z_2, z_3) = z_1 + 2z_2 + 3z_3$. 则 null $\varphi = \{(z_1, z_2, z_3) \in \mathbf{C}^3 : z_1 + 2z_2 + 3z_3 = 0\}$，并且 null φ 的一个基为 $(-2, 1, 0), (-3, 0, 1)$.

- 设 $D \in \mathcal{L}(\mathcal{P}(\mathbf{R}), \mathcal{P}(\mathbf{R}))$ 是微分映射 $Dp = p'$. 只有常函数的导数才能等于零函数. 于是，T 的零空间是常函数组成的集合.

- 设 $T \in \mathcal{L}(\mathcal{P}(\mathbf{R}), \mathcal{P}(\mathbf{R}))$ 是乘 x^2 映射 $(Tp)(x) = x^2 p(x)$. 在 $x \in \mathbf{R}$ 时满足 $x^2 p(x) = 0$ 的多项式 p 只有 0 多项式. 于是 null $T = \{0\}$.

- 设 $T \in \mathcal{L}(\mathbf{F}^\infty, \mathbf{F}^\infty)$ 是向后移位映射

$$T(x_1, x_2, x_3, \dots) = (x_2, x_3, \dots).$$

显然，$T(x_1, x_2, x_3, \dots)$ 等于 0 当且仅当 $x_2, x_3, \dots$ 都是 0. 于是 null $T = \{(a, 0, 0, \dots) : a \in \mathbf{F}\}$.

下面的命题证明了线性映射的零空间是定义域的子空间. 特别地，0 包含于每个线性映射的零空间.

> 有些数学家使用术语**核**而不是零空间. null 一词的意思是零. 术语"零空间"提醒我们这一概念与 0 有关.

3.14 零空间是子空间

设 $T \in \mathcal{L}(V, W)$，则 null T 是 V 的子空间.

证明 因为 T 是线性映射，我们知道 $T(0) = 0$（由于 3.11）. 所以 $0 \in \text{null } T$.

设 $u, v \in \text{null } T$. 则

$$T(u + v) = Tu + Tv = 0 + 0 = 0.$$

故 $u + v \in \text{null } T$. 于是 null T 对加法封闭.

设 $u \in \text{null } T$ 且 $\lambda \in \mathbf{F}$. 则

$$T(\lambda u) = \lambda Tu = \lambda 0 = 0.$$

故 $\lambda u \in \text{null } T$. 于是 null T 对标量乘法封闭.

再看一下例 3.13 中计算过的零空间，注意它们都是子空间.

我们已经证明了 null T 包含 0，并且对加法和标量乘法都封闭. 因此 null T 是 V 的子空间（由于 1.34）. ∎

我们将很快看到，对于线性映射，下面的定义与零空间联系密切.

3.15 定义 单的（injective）

如果当 $Tu = Tv$ 时必有 $u = v$，则称映射 $T : V \to W$ 是**单的**.

很多数学家使用"一对一的"这个术语，意思与"单的"相同.

上面的定义也可以重述为：称 T 是单的，若当 $u \neq v$ 时必有 $Tu \neq Tv$. 也就是说：T 是单的，若它将不同的输入映为不同的输出.

下面的命题说的是：为了验证线性映射是单的，只需验证 0 是唯一一个被映成 0 的向量. 作为这个命题的一个简单应用，我们看到 3.13 中的那些线性映射（其零空间已经算过了）只有乘 x^2 映射是单的（除了零映射在 $V = \{0\}$ 的特殊情形是单的之外）.

3.16 单射性等价于零空间为 $\{0\}$

设 $T \in \mathcal{L}(V, W)$，则 T 是单的当且仅当 null $T = \{0\}$.

证明 首先假设 T 是单的. 我们要证明 null $T = \{0\}$. 我们已经知道 $\{0\} \subset$ null T（由 3.11）. 为了证明另一个方向的包含关系，设 $v \in$ null T. 则

$$T(v) = 0 = T(0).$$

因为 T 是单的，故由上式可得 $v = 0$. 于是 null $T = \{0\}$.

为了证明另一方向的蕴涵关系，假设 null $T = \{0\}$. 我们要证明 T 是单的. 为此，设 $u, v \in V$ 且 $Tu = Tv$，那么

$$0 = Tu - Tv = T(u - v).$$

因此 $u - v$ 在 null T 中，这说明 $u - v = 0$，即 $u = v$. 于是 T 是单的. ∎

值域与满射性

现在我们给一个函数的输出集取个名字.

3.17 定义 值域（range）

对于 V 到 W 的映射 T，T 的**值域**是 W 中形如 Tv（其中 $v \in V$）的向量组成的子集：

$$\text{range } T = \{Tv : v \in V\}.$$

3.18 例 值域

- 若 T 是 V 到 W 的零映射，即对所有 $v \in V$ 都有 $Tv = 0$，则 $\operatorname{range} T = \{0\}$.

- 设 $T \in \mathcal{L}(\mathbf{R}^2, \mathbf{R}^3)$ 定义为 $T(x, y) = (2x, 5y, x + y)$，则
  $$\operatorname{range} T = \{(2x, 5y, x + y) : x, y \in \mathbf{R}\}.$$
  $\operatorname{range} T$ 的一个基为 $(2, 0, 1), (0, 5, 1)$.

- 设 $D \in \mathcal{L}(\mathcal{P}(\mathbf{R}), \mathcal{P}(\mathbf{R}))$ 是微分映射 $Dp = p'$. 由于对每个多项式 $q \in \mathcal{P}(\mathbf{R})$ 均存在多项式 $p \in \mathcal{P}(\mathbf{R})$ 使得 $p' = q$，故 D 的值域是 $\mathcal{P}(\mathbf{R})$.

下面的命题证明了线性映射的值域是目标空间的子空间.

> 有些数学家使用像这个词，意思与值域相同.

3.19 值域是一个子空间

若 $T \in \mathcal{L}(V, W)$，则 $\operatorname{range} T$ 是 W 的子空间.

证明 设 $T \in \mathcal{L}(V, W)$. 则 $T(0) = 0$（由 3.11），故 $0 \in \operatorname{range} T$.

若 $w_1, w_2 \in \operatorname{range} T$，则存在 $v_1, v_2 \in V$ 使得 $Tv_1 = w_1, Tv_2 = w_2$. 于是
$$T(v_1 + v_2) = Tv_1 + Tv_2 = w_1 + w_2.$$
故 $w_1 + w_2 \in \operatorname{range} T$. 因此 $\operatorname{range} T$ 对加法封闭.

若 $w \in \operatorname{range} T, \lambda \in \mathbf{F}$，则存在 $v \in V$ 使得 $Tv = w$. 于是
$$T(\lambda v) = \lambda Tv = \lambda w.$$
故 $\lambda w \in \operatorname{range} T$. 因此 $\operatorname{range} T$ 对标量乘法封闭

我们已经证明了 $\operatorname{range} T$ 包含 0，并且对加法和标量乘法都封闭，故 $\operatorname{range} T$ 是 W 的子空间（由于 1.34）. ∎

3.20 定义 满的（surjective）

如果函数 $T: V \to W$ 的值域等于 W，则称 T 为**满的**.

为了解释上述定义，注意到在 3.18 中计算过其值域的那些线性映射，只有微分映射是满的（除了零映射在 $W = \{0\}$ 的特殊情形下是满的之外）.

线性映射是不是满的与其映到哪个向量空间有关.

> 许多数学家采用**映上**这个术语，意思与满的相同.

3.21 例 定义为 $Dp = p'$ 的微分映射 $D \in \mathcal{L}(\mathcal{P}_5(\mathbf{R}), \mathcal{P}_5(\mathbf{R}))$ 不是满的，因为多项式 x^5 不包含于 T 的值域. 然而，定义为 $Sp = p'$ 微分映射 $S \in \mathcal{L}(\mathcal{P}_5(\mathbf{R}), \mathcal{P}_4(\mathbf{R}))$ 是满的，因为其值域等于 $\mathcal{P}_4(\mathbf{R})$，它就是 S 映到的向量空间.

线性映射基本定理

下面的结果非常重要，所以它有一个引人注目的名字.

3.22 线性映射基本定理

设 V 是有限维的，$T \in \mathcal{L}(V, W)$. 则 $\operatorname{range} T$ 是有限维的并且

$$\dim V = \dim \operatorname{null} T + \dim \operatorname{range} T.$$

证明 设 $u_1, \ldots, u_m$ 是 $\operatorname{null} T$ 的基，则 $\dim \operatorname{null} T = m$，且线性无关组 $u_1, \ldots, u_m$ 可以扩充成 V 的基 $u_1, \ldots, u_m, v_1, \ldots, v_n$（由于 2.33）. 于是 $\dim V = m + n$. 为完成证明，只需证明 $\operatorname{range} T$ 是有限维的，并且 $\dim \operatorname{range} T = n$. 为此，往证 $Tv_1, \ldots, Tv_n$ 是 $\operatorname{range} T$ 的基.

设 $v \in V$. 因为 $u_1, \ldots, u_m, v_1, \ldots, v_n$ 张成 V，所以

$$v = a_1 u_1 + \cdots + a_m u_m + b_1 v_1 + \cdots + b_n v_n,$$

其中的这些 a 和 b 都含于 $\mathbf{F}$. 用 T 作用上式两端可得

$$Tv = b_1 Tv_1 + \cdots + b_n Tv_n,$$

其中没有出现形如 Tu_j 的项，这是因为每个 $u_j \in \operatorname{null} T$. 上式表明 $Tv_1, \ldots, Tv_n$ 张成 $\operatorname{range} T$. 特别地，$\operatorname{range} T$ 是有限维的.

为了证明 $Tv_1, \ldots, Tv_n$ 是线性无关的，设 $c_1, \ldots, c_n \in \mathbf{F}$ 并且

$$c_1 Tv_1 + \cdots + c_n Tv_n = 0.$$

那么

$$T(c_1 v_1 + \cdots + c_n v_n) = 0.$$

因此

$$c_1 v_1 + \cdots + c_n v_n \in \operatorname{null} T.$$

由于 $u_1, \ldots, u_m$ 张成 $\operatorname{null} T$，我们有

$$c_1 v_1 + \cdots + c_n v_n = d_1 u_1 + \cdots + d_m u_m,$$

其中的这些 d 都含于 $\mathbf{F}$. 这个等式表明，所有的 c（和 d）都是 0（因为 $u_1, \ldots, u_m$, $v_1, \ldots, v_n$ 线性无关）. 于是 $Tv_1, \ldots, Tv_n$ 是线性无关的，故为 $\operatorname{range} T$ 的基. ∎

现在我们可以证明，从一个有限维向量空间到更小的向量空间的线性映射不可能是单的，这里"更小"是用维数来衡量的.

3.23 到更小维数向量空间的线性映射不是单的

如果 V 和 W 都是有限维向量空间，并且 $\dim V > \dim W$，那么 V 到 W 的线性映射一定不是单的.

证明 设 $T \in \mathcal{L}(V, W)$. 则

$$\dim \operatorname{null} T = \dim V - \dim \operatorname{range} T$$
$$\geq \dim V - \dim W$$
$$> 0,$$

其中等号成立是由于线性映射基本定理 3.22. 上述不等式表明 $\dim \operatorname{null} T > 0$. 这意味着 $\operatorname{null} T$ 包含非零向量. 因此 T 不是单的（由于 3.16）. ∎

下面的命题表明从一个有限维向量空间到更大的向量空间的线性映射不可能是满的，这里"更大"是用维数来衡量的.

3.24 到更大维数向量空间的线性映射不是满的

如果 V 和 W 都是有限维向量空间，并且 $\dim V < \dim W$，那么 V 到 W 的线性映射一定不是满的.

证明 设 $T \in \mathcal{L}(V, W)$. 则由线性映射基本定理 3.22 可得

$$\dim \operatorname{range} T = \dim V - \dim \operatorname{null} T$$
$$\leq \dim V$$
$$< \dim W,$$

上述不等式表明 $\dim \operatorname{range} T < \dim W$. 这意味着 $\operatorname{range} T$ 不等于 W. 因此 T 不是满的. ∎

我们马上就会看到 3.23 和 3.24 在线性方程组的理论中有重要的应用，其想法是用线性映射来表述线性方程组的问题.

3.25 例 用线性映射重述齐次线性方程组是否有非零解的问题.

解 取定正整数 m 和 n，设 $A_{j,k} \in \mathbf{F}$（其中 $j = 1, \ldots, m, k = 1, \ldots, n$）. 考虑齐次线性方程组

> 这里齐次的意思是每个方程右端的常数项都等于 0.

$$\begin{cases} \sum_{k=1}^{n} A_{1,k} x_k = 0, \\ \qquad\vdots \\ \sum_{k=1}^{n} A_{m,k} x_k = 0. \end{cases}$$

显然 $x_1 = \cdots = x_n = 0$ 是上述方程组的一个解. 问题是，是否还有其他解.

定义 $T: \mathbf{F}^n \to \mathbf{F}^m$ 如下:

$$T(x_1, \ldots, x_n) = \left(\sum_{k=1}^{n} A_{1,k} x_k, \ldots, \sum_{k=1}^{n} A_{m,k} x_k \right).$$

方程 $T(x_1, \ldots, x_n) = 0$（其中 0 是 $\mathbf{F}^m$ 的加法单位元，即，由 0 组成的长度为 m 的组）与上述齐次线性方程组是一样的.

我们想知道 null T 是否严格大于 $\{0\}$. 也就是说，可以将上述方程是否有非零解的问题重新陈述如下（由 3.16）：在什么条件下 T 不是单的？

3.26 齐次线性方程组

当变量多于方程时，齐次线性方程组必有非零解.

证明 使用上面例子中的记号和结果. 那么 T 是 $\mathbf{F}^n$ 到 $\mathbf{F}^m$ 的线性映射，并且我们有含有 n 个变量 $x_1, \ldots, x_n$ 和 m 个方程的齐次线性方程组. 由 3.23 可知，若 $n > m$ 则 T 不是单的. ∎

上述命题的一个例子：含有 5 个变量和 4 个方程的齐次线性方程组必有非零解.

3.27 例 考虑是否可以选取常数项使得非齐次线性方程组无解的问题，并用线性映射重述这一问题.

解 取定正整数 m 和 n，设 $A_{j,k} \in \mathbf{F}$（其中 $j = 1, \ldots, m$, $k = 1, \ldots, n$）. 对于 $c_1, \ldots, c_m \in \mathbf{F}$，考虑线性方程组

3.28
$$\begin{cases} \sum_{k=1}^{n} A_{1,k} x_k = c_1, \\ \qquad \vdots \\ \sum_{k=1}^{n} A_{m,k} x_k = c_m. \end{cases}$$

现在的问题是，是否存在某些常数 $c_1, \ldots, c_m \in \mathbf{F}$ 使得上述方程组无解.

定义 $T \colon \mathbf{F}^n \to \mathbf{F}^m$ 如下：

$$T(x_1, \ldots, x_n) = \left(\sum_{k=1}^{n} A_{1,k} x_k, \ldots, \sum_{k=1}^{n} A_{m,k} x_k \right).$$

方程 $T(x_1, \ldots, x_n) = (c_1, \ldots, c_m)$ 与方程组 3.28 是一样的. 于是我们想知道是否 range $T \ne \mathbf{F}^m$. 因此，是否有常数 $c_1, \ldots, c_m \in \mathbf{F}$ 使得方程组无解的问题可重述为：在什么条件下 T 不是满的？

3.29 非齐次线性方程组

当方程多于变量时，必有一组常数项使得相应的非齐次线性方程组无解.

变量多于方程的齐次线性方程组和方程多于变量的非齐次线性方程组的这些结果（3.26 和 3.29）通常都是用高斯消元法来证明的. 这里采用的抽象处理方法使证明更简洁.

证明 使用上面例子中的记号和结果. 那么 T 是 $\mathbf{F}^n$ 到 $\mathbf{F}^m$ 的线性映射，并且我们有含有 n 个变量 $x_1, \ldots, x_n$ 和 m 个方程的方程组. 由 3.24 可知，若 $n < m$ 则 T 不是满的. ∎

上述命题的一个例子：对于含有 4 个变量和 5 个方程的非齐次线性方程组，可以选取某些常数项使方程组无解.

习题 3.B

1 给出线性映射 T 使得 $\dim \operatorname{null} T = 3$ 且 $\dim \operatorname{range} T = 2$.

2 设 V 是向量空间，$S, T \in \mathcal{L}(V, V)$ 使得 $\operatorname{range} S \subset \operatorname{null} T$. 证明 $(ST)^2 = 0$.

3 设 $v_1, \ldots, v_m$ 是 V 中的向量组. 定义 $T \in \mathcal{L}(\mathbf{F}^m, V)$ 如下：

$$T(z_1, \ldots, z_m) = z_1 v_1 + \cdots + z_m v_m.$$

(a) T 的什么性质相当于 $v_1, \ldots, v_m$ 张成 V？

(b) T 的什么性质相当于 $v_1, \ldots, v_m$ 是线性无关的？

4 证明 $\{T \in \mathcal{L}(\mathbf{R}^5, \mathbf{R}^4) : \dim \operatorname{null} T > 2\}$ 不是 $\mathcal{L}(\mathbf{R}^5, \mathbf{R}^4)$ 的子空间.

5 给出线性映射 $T : \mathbf{R}^4 \to \mathbf{R}^4$ 使得 $\operatorname{range} T = \operatorname{null} T$.

6 证明不存在线性映射 $T : \mathbf{R}^5 \to \mathbf{R}^5$ 使得 $\operatorname{range} T = \operatorname{null} T$.

7 设 V 和 W 都是有限维的，且 $2 \leq \dim V \leq \dim W$. 证明 $\{T \in \mathcal{L}(V, W) : T \text{ 不是单的}\}$ 不是 $\mathcal{L}(V, W)$ 的子空间.

8 设 V 和 W 都是有限维的，且 $\dim V \geq \dim W \geq 2$. 证明 $\{T \in \mathcal{L}(V, W) : T \text{ 不是满的}\}$ 不是 $\mathcal{L}(V, W)$ 的子空间.

9 设 $T \in \mathcal{L}(V, W)$ 是单的，$v_1, \ldots, v_n$ 在 V 中线性无关. 证明 $Tv_1, \ldots, Tv_n$ 在 W 中线性无关.

10 设 $v_1, \ldots, v_n$ 张成 V，并设 $T \in \mathcal{L}(V, W)$. 证明组 $Tv_1, \ldots, Tv_n$ 张成 $\operatorname{range} T$.

11 设 $S_1, \ldots, S_n$ 均为单的线性映射且 $S_1 S_2 \cdots S_n$ 有意义. 证明 $S_1 S_2 \cdots S_n$ 是单射.

12 设 V 是有限维的，$T \in \mathcal{L}(V, W)$. 证明 V 有一个子空间 U 使得 $U \cap \operatorname{null} T = \{0\}$ 且 $\operatorname{range} T = \{Tu : u \in U\}$.

13 设 T 是从 $\mathbf{F}^4$ 到 $\mathbf{F}^2$ 的线性映射使得 $\operatorname{null} T = \{(x_1, x_2, x_3, x_4) \in \mathbf{F}^4 : x_1 = 5x_2, \ x_3 = 7x_4\}$. 证明 T 是满的.

14 设 U 是 $\mathbf{R}^8$ 的一个 3 维子空间，T 是 $\mathbf{R}^8$ 到 $\mathbf{R}^5$ 的一个线性映射使得 $\operatorname{null} T = U$. 证明 T 是满的.

15 证明不存在零空间等于 $\{(x_1, x_2, x_3, x_4, x_5) \in \mathbf{F}^5 : x_1 = 3x_2, \ x_3 = x_4 = x_5\}$ 的 $\mathbf{F}^5$ 到 $\mathbf{F}^2$ 的线性映射.

16 假设在 V 上存在一个线性映射，其零空间和值域都是有限维的. 证明 V 是有限维的.

17 设 V 和 W 都是有限维的. 证明存在一个 V 到 W 的单的线性映射当且仅当 $\dim V \leq \dim W$.

18 设 V 和 W 都是有限维的. 证明存在一个 V 到 W 的满的线性映射当且仅当 $\dim V \geq \dim W$.

19 设 V 和 W 都是有限维的，且 U 是 V 的子空间. 证明存在 $T \in \mathcal{L}(V, W)$ 使得 $\operatorname{null} T = U$ 当且仅当 $\dim U \geq \dim V - \dim W$.

20 设 W 是有限维的，$T \in \mathcal{L}(V, W)$. 证明 T 是单的当且仅当存在 $S \in \mathcal{L}(W, V)$ 使得 ST 是 V 上的恒等映射.

21 设 V 是有限维的，$T \in \mathcal{L}(V, W)$. 证明 T 是满的当且仅当存在 $S \in \mathcal{L}(W, V)$ 使得 TS 是 W 上的恒等映射.

22 设 U 和 V 都是有限维的向量空间，并设 $S \in \mathcal{L}(V, W), T \in \mathcal{L}(U, V)$. 证明

$$\dim \operatorname{null} ST \leq \dim \operatorname{null} S + \dim \operatorname{null} T.$$

23 设 U 和 V 都是有限维的向量空间，并设 $S \in \mathcal{L}(V, W), T \in \mathcal{L}(U, V)$. 证明

$$\dim \operatorname{range} ST \leq \min\{\dim \operatorname{range} S, \dim \operatorname{range} T\}.$$

24 设 W 是有限维的，并设 $T_1, T_2 \in \mathcal{L}(V, W)$. 证明 $\operatorname{null} T_1 \subset \operatorname{null} T_2$ 当且仅当存在 $S \in \mathcal{L}(W, W)$ 使得 $T_2 = ST_1$.

25 设 V 是有限维的，并设 $T_1, T_2 \in \mathcal{L}(V, W)$. 证明 $\operatorname{range} T_1 \subset \operatorname{range} T_2$ 当且仅当存在 $S \in \mathcal{L}(V, V)$ 使得 $T_1 = T_2 S$.

26 设 $D \in \mathcal{L}(\mathcal{P}(\mathbf{R}), \mathcal{P}(\mathbf{R}))$ 使得对每个非常数多项式 $p \in \mathcal{P}(\mathbf{R})$ 均有 $\deg Dp = (\deg p) - 1$. 证明 D 是满的.

这里采用 D 这个记号是想让你联想到微分映射，它将 p 变为 p'. 即使不知道多项式的求导公式（但知道它将多项式的次数降低 1 次），我们也可以使用这个习题来证明，对于每个多项式 $q \in \mathcal{P}(\mathbf{R})$，均存在多项式 $p \in \mathcal{P}(\mathbf{R})$ 使得 $p' = q$.

27 设 $p \in \mathcal{P}(\mathbf{R})$. 证明存在多项式 $q \in \mathcal{P}(\mathbf{R})$ 使 $5q'' + 3q' = p$.

本题可以不用线性代数的知识来做，不过用线性代数的知识做更有意思.

28 设 $T \in \mathcal{L}(V, W)$，并设 $w_1, \ldots, w_m$ 是 $\operatorname{range} T$ 的基. 证明存在 $\varphi_1, \ldots, \varphi_m \in \mathcal{L}(V, \mathbf{F})$ 使得对每个 $v \in V$ 均有 $Tv = \varphi_1(v)w_1 + \cdots + \varphi_m(v)w_m$.

29 设 $\varphi \in \mathcal{L}(V, \mathbf{F})$. 假定 $u \in V$ 不属于 $\operatorname{null} \varphi$. 证明 $V = \operatorname{null} \varphi \oplus \{au : a \in \mathbf{F}\}$.

30 设 φ_1 和 φ_2 都是 V 到 $\mathbf{F}$ 的线性映射，且具有相同的零空间. 证明存在常数 $c \in \mathbf{F}$ 使得 $\varphi_1 = c\varphi_2$.

31 给出 $\mathbf{R}^5$ 到 $\mathbf{R}^2$ 的两个线性映射 T_1 和 T_2，使得它们具有相同的零空间，但 T_1 不是 T_2 的标量倍.

3.C 矩阵

用矩阵表示线性映射

我们知道，若 $v_1, \ldots, v_n$ 是 V 的基，且 $T: V \to W$ 是线性的，则 $Tv_1, \ldots, Tv_n$ 的值确定了 T 在 V 的任意向量上的值（见 3.5）. 我们马上就会看到，利用 W 的基，矩阵可用以有效地记录这些 Tv_j 的值.

> **3.30 定义 矩阵**（matrix），$A_{j,k}$
>
> 设 m 和 n 都是正整数. $m \times n$ **矩阵** A 是由 $\mathbf{F}$ 的元素构成的 m 行 n 列的矩形阵列：
> $$A = \begin{pmatrix} A_{1,1} & \ldots & A_{1,n} \\ \vdots & & \vdots \\ A_{m,1} & \ldots & A_{m,n} \end{pmatrix}.$$
> 记号 $A_{j,k}$ 表示位于 A 的第 j 行第 k 列处的元素. 也就是说，第一个下标代表行，第二个下标代表列.

因此 $A_{2,3}$ 表示位于矩阵 A 的第 2 行第 3 列处的元素.

3.31 例 若 $A = \begin{pmatrix} 8 & 4 & 5-3i \\ 1 & 9 & 7 \end{pmatrix}$，则 $A_{2,3} = 7$.

下面是本节的一个关键定义：

> **3.32 定义 线性映射的矩阵**（matrix of a linear map），$\mathcal{M}(T)$
>
> 设 $T \in \mathcal{L}(V, W)$，并设 $v_1, \ldots, v_n$ 是 V 的基，$w_1, \ldots, w_m$ 是 W 的基. 规定 T **关于这些基的矩阵**为 $m \times n$ 矩阵 $\mathcal{M}(T)$，其中 $A_{j,k}$ 满足
> $$Tv_k = A_{1,k}w_1 + \cdots + A_{m,k}w_m.$$
> 如果这些基不是上下文自明的，则采用记号 $\mathcal{M}(T, (v_1, \ldots, v_n), (w_1, \ldots, w_m))$.

线性映射 $T \in \mathcal{L}(V, W)$ 的矩阵 $\mathcal{M}(T)$ 依赖于 V 的基 $v_1, \ldots, v_n$ 与 W 的基 $w_1, \ldots, w_m$ 以及 T. 然而，基在上下文中应当是自明的，因此通常将其从记号中省略掉.

为了记住如何从 T 构造 $\mathcal{M}(T)$，可以将定义域的基向量 $v_1, \ldots, v_n$ 横写在顶端，并将 T 映到的那个向量空间的基向量 $w_1, \ldots, w_m$ 竖写在左侧，如下所示：

$$v_1 \quad \dots \quad v_k \quad \dots \quad v_n$$

$$\mathcal{M}(T) = \begin{array}{c} w_1 \\ \vdots \\ w_m \end{array} \begin{pmatrix} & & A_{1,k} & & \\ & & \vdots & & \\ & & A_{m,k} & & \end{pmatrix}.$$

把 Tv_k 写成 $w_1, \dots, w_m$ 的线性组合: $Tv_k = \sum_{j=1}^{m} A_{j,k} w_j$, 其中的这些系数就组成了 $\mathcal{M}(T)$ 的第 k 列.

如果 T 是从 n 维向量空间到 m 维向量空间的一个线性映射, 则 $\mathcal{M}(T)$ 是一个 $m \times n$ 矩阵.

在上面的矩阵中, 只列出了第 k 列, 因此所列出的这些元素的第二个下标都是 k. 上图会让我们想到, Tv_k 也可以从矩阵 $\mathcal{M}(T)$ 计算出来: 将矩阵的第 k 列的每个元素与左侧的列中相应的 w 相乘, 然后再将所得向量相加.

如果 T 是 $\mathbf{F}^n$ 到 $\mathbf{F}^m$ 的线性映射, 那么除非特殊说明, 总设所考虑的基是标准基 (其中第 k 个基向量的第 k 个位置是 1, 其他位置都是 0). 如果把 $\mathbf{F}^m$ 中的元素看成由 m 个数组成的列, 那么可以把 $\mathcal{M}(T)$ 的第 k 列视为 T 对第 k 个标准基向量的作用.

3.33 例 设 $T \in \mathcal{L}(\mathbf{F}^2, \mathbf{F}^3)$ 定义如下:

$$T(x, y) = (x + 3y, 2x + 5y, 7x + 9y).$$

求 T 关于 $\mathbf{F}^2$ 和 $\mathbf{F}^3$ 的标准基的矩阵.

解 由于 $T(1,0) = (1,2,7), T(0,1) = (3,5,9)$, 所以 T 关于标准基的 3×2 矩阵如下:

$$\mathcal{M}(T) = \begin{pmatrix} 1 & 3 \\ 2 & 5 \\ 7 & 9 \end{pmatrix}.$$

在考虑 $\mathcal{P}_m(\mathbf{F})$ 时, 除非特别声明, 总使用标准基 $1, x, x^2, \dots, x^m$.

3.34 例 设 $D \in \mathcal{L}(\mathcal{P}_3(\mathbf{R}), \mathcal{P}_2(\mathbf{R}))$ 是微分映射 $Dp = p'$. 求 D 关于 $\mathcal{P}_3(\mathbf{R})$ 和 $\mathcal{P}_2(\mathbf{R})$ 的标准基的矩阵.

解 由于 $(x^n)' = nx^{n-1}$, 所以 D 关于标准基的 3×4 矩阵如下:

$$\mathcal{M}(D) = \begin{pmatrix} 0 & 1 & 0 & 0 \\ 0 & 0 & 2 & 0 \\ 0 & 0 & 0 & 3 \end{pmatrix}.$$

矩阵的加法与标量乘法

在本节的余下部分，总假定 V 和 W 是有限维的且已取定 V 和 W 的基．则对于每个从 V 到 W 的线性映射，我们都可以谈论它的矩阵（当然，是关于这些取定的基的）．两个线性映射之和的矩阵是否等于这两个映射的矩阵之和呢？

这个问题现在还没有意义，这是因为，尽管我们定义了两个线性映射的和，但是还没有定义两个矩阵的和．幸好矩阵的和有明显的定义，而且此定义恰好就有这样的性质．具体地，我们有如下定义．

3.35 定义 **矩阵加法**（matrix addition）

规定**两个同样大小的矩阵的和**是把矩阵中相对应的元素相加得到的矩阵：

$$
\begin{pmatrix} A_{1,1} & \dots & A_{1,n} \\ \vdots & & \vdots \\ A_{m,1} & \dots & A_{m,n} \end{pmatrix} + \begin{pmatrix} C_{1,1} & \dots & C_{1,n} \\ \vdots & & \vdots \\ C_{m,1} & \dots & C_{m,n} \end{pmatrix}
$$

$$
= \begin{pmatrix} A_{1,1}+C_{1,1} & \dots & A_{1,n}+C_{1,n} \\ \vdots & & \vdots \\ A_{m,1}+C_{m,1} & \dots & A_{m,n}+C_{m,n} \end{pmatrix}.
$$

也就是说，$(A+C)_{j,k} = A_{j,k} + C_{j,k}$．

在下面命题中，假设所有三个线性映射 $S+T$、S、T 都使用同样的基．

3.36 线性映射的和的矩阵

设 $S, T \in \mathcal{L}(V, W)$，则 $\mathcal{M}(S+T) = \mathcal{M}(S) + \mathcal{M}(T)$．

上述结果的证明留给读者．

仍然假设我们已经取定了某些基，标量与线性映射之积的矩阵是否等于标量与线性映射的矩阵之积？这个问题现在还没有意义，这是因为我们还没有定义矩阵的标量乘法．幸好矩阵的标量乘法有明显的定义，而且此定义恰好就有这样的性质．

3.37 定义 **矩阵的标量乘法**（scalar multiplication of a matrix）

标量与矩阵的乘积就是用该标量乘以矩阵的每个元素：

$$
\lambda \begin{pmatrix} A_{1,1} & \dots & A_{1,n} \\ \vdots & & \vdots \\ A_{m,1} & \dots & A_{m,n} \end{pmatrix} = \begin{pmatrix} \lambda A_{1,1} & \dots & \lambda A_{1,n} \\ \vdots & & \vdots \\ \lambda A_{m,1} & \dots & \lambda A_{m,n} \end{pmatrix}.
$$

也就是说，$(\lambda A)_{j,k} = \lambda A_{j,k}$．

在下面命题中，假设线性映射 λT 和 T 使用相同的基．

> **3.38 标量乘以线性映射的矩阵**
>
> 设 $\lambda \in \mathbf{F}, T \in \mathcal{L}(V, W)$，则 $\mathcal{M}(\lambda T) = \lambda \mathcal{M}(T)$.

这一结果的证明也留给读者.

由于已经定义了矩阵的加法和标量乘法，由此产生一个向量空间就不足为奇了，只需一个记号来表示这个新的向量空间.

> **3.39 记号 $\mathbf{F}^{m,n}$**
>
> 对于正整数 m 和 n，元素取自 $\mathbf{F}$ 的所有 $m \times n$ 矩阵的集合记为 $\mathbf{F}^{m,n}$.

> **3.40 $\dim \mathbf{F}^{m,n} = mn$**
>
> 设 m 和 n 均为正整数. 按照上面定义的矩阵加法和标量乘法，$\mathbf{F}^{m,n}$ 是 mn 维向量空间.

证明 证明 $\mathbf{F}^{m,n}$ 是向量空间留给读者. 注意 $\mathbf{F}^{m,n}$ 的加法单位元是元素均为 0 的 $m \times n$ 矩阵.

读者还应该证明某个位置为 1 其余元素均为 0 的全体 $m \times n$ 矩阵构成 $\mathbf{F}^{m,n}$ 的基. 共有 mn 个这样的矩阵，所以 $\mathbf{F}^{m,n}$ 的维数等于 mn. ∎

矩阵乘法

如前，设 $v_1, \ldots, v_n$ 是 V 的基，$w_1, \ldots, w_m$ 是 W 的基，并设 U 是另一个向量空间，$u_1, \ldots, u_p$ 是 U 的基.

考虑线性映射 $T: U \to V$ 和 $S: V \to W$，它们的复合映射 ST 是从 U 到 W 的线性映射. $\mathcal{M}(ST)$ 是否等于 $\mathcal{M}(S)\mathcal{M}(T)$? 这个问题没有意义，因为还没有定义矩阵乘法. 我们要定义一种矩阵乘法使上述问题有肯定的回答. 现在来看看该怎么做.

设 $\mathcal{M}(S) = A, \mathcal{M}(T) = C$. 对于 $1 \le k \le p$ 我们有

$$
\begin{aligned}
(ST)u_k &= S\left(\sum_{r=1}^{n} C_{r,k} v_r\right) \\
&= \sum_{r=1}^{n} C_{r,k} S v_r \\
&= \sum_{r=1}^{n} C_{r,k} \sum_{j=1}^{m} A_{j,r} w_j \\
&= \sum_{j=1}^{m} \left(\sum_{r=1}^{n} A_{j,r} C_{r,k}\right) w_j.
\end{aligned}
$$

因此 $\mathcal{M}(ST)$ 是 $m \times p$ 矩阵，它的第 j 行第 k 列元素等于

$$\sum_{r=1}^{n} A_{j,r} C_{r,k}.$$

现在来看看如何定义矩阵的乘法以使 $\mathcal{M}(ST) = \mathcal{M}(S)\mathcal{M}(T)$ 成立.

3.41 定义 矩阵乘法（matrix multiplication）

设 A 是 $m \times n$ 矩阵, C 是 $n \times p$ 矩阵. AC 定义为 $m \times p$ 矩阵, 其第 j 行第 k 列元素是

$$(AC)_{j,k} = \sum_{r=1}^{n} A_{j,r} C_{r,k}.$$

也就是说, 把 A 的第 j 行与 C 的第 k 列的对应元素相乘再求和, 就得到 AC 的第 j 行第 k 列元素.

注意, 只有当第一个矩阵的列数等于第二个矩阵的行数时, 我们才能定义这两个矩阵的乘积.

> 你可能在以前的课程中已经学过矩阵乘法的定义, 尽管当时你可能还不知道这么做的缘由.

3.42 例 现在我们把一个 3×2 矩阵与一个 2×4 矩阵相乘, 得到一个 3×4 矩阵:

$$\begin{pmatrix} 1 & 2 \\ 3 & 4 \\ 5 & 6 \end{pmatrix} \begin{pmatrix} 6 & 5 & 4 & 3 \\ 2 & 1 & 0 & -1 \end{pmatrix} = \begin{pmatrix} 10 & 7 & 4 & 1 \\ 26 & 19 & 12 & 5 \\ 42 & 31 & 20 & 9 \end{pmatrix}.$$

矩阵的乘法不满足交换律. 也就是说 AC 未必等于 CA, 即使两个乘积都有意义（见题 12）. 矩阵的乘法满足分配律和结合律（见习题 13 和习题 14）.

在下面的命题中, 假设在考虑 $T \in \mathcal{L}(U,V)$ 和 $S \in \mathcal{L}(V,W)$ 时使用 V 的同一基, 在考虑 $S \in \mathcal{L}(V,W)$ 和 $ST \in \mathcal{L}(U,W)$ 时使用 W 的同一基, 在考虑 $T \in \mathcal{L}(U,V)$ 和 $ST \in \mathcal{L}(U,W)$ 时使用 U 的同一基.

3.43 线性映射乘积的矩阵

若 $T \in \mathcal{L}(U,V), S \in \mathcal{L}(V,W)$, 则 $\mathcal{M}(ST) = \mathcal{M}(S)\mathcal{M}(T)$.

上述结果的证明就是在矩阵乘法定义之前解释缘由时所做的那些计算.

在下面的记号中, 和前面一样, 第一个下标代表行, 第二个下标代表列, 而小圆点 '·' 代表占位符.

3.44 记号 $A_{j,\cdot}$, $A_{\cdot,k}$

设 A 是 $m \times n$ 矩阵.

- 若 $1 \le j \le m$, 则 $A_{j,\cdot}$ 表示 A 的第 j 行组成的 $1 \times n$ 矩阵.
- 若 $1 \le k \le n$, 则 $A_{\cdot,k}$ 表示 A 的第 k 列组成的 $m \times 1$ 矩阵.

3.45 例 若 $A = \begin{pmatrix} 8 & 4 & 5 \\ 1 & 9 & 7 \end{pmatrix}$, 则 $A_{2,\cdot}$ 是 A 的第 2 行, 而 $A_{\cdot,2}$ 是 A 的第 2 列. 也就是说,

$$A_{2,\cdot} = \begin{pmatrix} 1 & 9 & 7 \end{pmatrix} \quad \text{和} \quad A_{\cdot,2} = \begin{pmatrix} 4 \\ 9 \end{pmatrix}.$$

$1 \times n$ 矩阵与 $n \times 1$ 矩阵的乘积是 1×1 矩阵. 然而, 我们经常把 1×1 矩阵和它的元素看成是一样的.

3.46 例 $\begin{pmatrix} 3 & 4 \end{pmatrix} \begin{pmatrix} 6 \\ 2 \end{pmatrix} = \begin{pmatrix} 26 \end{pmatrix}$, 因为 $3 \cdot 6 + 4 \cdot 2 = 26$. 然而, 我们可以将 $\begin{pmatrix} 26 \end{pmatrix}$ 和 26 看成是一样的, 写成 $\begin{pmatrix} 3 & 4 \end{pmatrix} \begin{pmatrix} 6 \\ 2 \end{pmatrix} = 26$.

下面的命题给出了理解矩阵乘法的另一种方式. AC 的第 j 行第 k 列元素等于 A 的第 j 行乘以 C 的第 k 列.

3.47 矩阵乘积的元素等于行乘以列

设 A 是 $m \times n$ 矩阵, C 是 $n \times p$ 矩阵. 则对于 $1 \le j \le m$ 和 $1 \le k \le p$,
$$(AC)_{j,k} = A_{j,\cdot}\, C_{\cdot,k}.$$

上述结果的证明由定义立得.

3.48 例 上述结果和例 3.46 说明了为什么例 3.42 中矩阵乘积的第 2 行第 1 列的元素等于 26.

下面的命题给出了理解矩阵乘法的另一种方式: 它是说 AC 的第 k 列等于 A 乘以 C 的第 k 列.

3.49 矩阵乘积的列等于矩阵乘以列

设 A 是 $m \times n$ 矩阵，C 是 $n \times p$ 矩阵. 则对于 $1 \le k \le p$,
$$(AC)_{.,k} = AC_{.,k}.$$

上述结果的证明依然可由定义立得，其证明留给读者.

3.50 例 利用上述结果以及等式
$$\begin{pmatrix} 1 & 2 \\ 3 & 4 \\ 5 & 6 \end{pmatrix} \begin{pmatrix} 5 \\ 1 \end{pmatrix} = \begin{pmatrix} 7 \\ 19 \\ 31 \end{pmatrix},$$
我们看到为什么 3.42 中矩阵乘积的第 2 列等于上式的右端.

再给出一种理解 $m \times n$ 矩阵与 $n \times 1$ 矩阵乘积的方式. 下例阐释了如何这样做.

3.51 例 在上面的例子中，3×2 矩阵与 2×1 矩阵的乘积是 3×2 矩阵的诸列的线性组合，线性组合中的标量取自那个 2×1 矩阵. 具体来说，
$$\begin{pmatrix} 7 \\ 19 \\ 31 \end{pmatrix} = 5 \begin{pmatrix} 1 \\ 3 \\ 5 \end{pmatrix} + 1 \begin{pmatrix} 2 \\ 4 \\ 6 \end{pmatrix}.$$

下面的命题推广了上述例子，其证明还是可由定义立得，留给读者.

3.52 列的线性组合

设 A 是 $m \times n$ 矩阵，$c = \begin{pmatrix} c_1 \\ \vdots \\ c_n \end{pmatrix}$ 是 $n \times 1$ 矩阵. 则
$$Ac = c_1 A_{.,1} + \cdots + c_n A_{.,n}.$$

也就是说，Ac 是 A 的诸列的线性组合，其中的标量来自 c.

习题 10 和习题 11 中还给出了理解矩阵乘法的另外两种方式.

习题 3.C

---

1 设 V 和 W 都是有限维的，$T \in \mathcal{L}(V, W)$. 证明对于 V 和 W 的任意基，T 的矩阵都至少有 $\dim \operatorname{range} T$ 个非零元.

2 设 $D \in \mathcal{L}\big(\mathcal{P}_3(\mathbf{R}), \mathcal{P}_2(\mathbf{R})\big)$ 是微分映射 $Dp = p'$. 求 $\mathcal{P}_3(\mathbf{R})$ 的一个基和 $\mathcal{P}_2(\mathbf{R})$ 的一个基, 使得 D 关于这些基的矩阵为

$$\begin{pmatrix} 1 & 0 & 0 & 0 \\ 0 & 1 & 0 & 0 \\ 0 & 0 & 1 & 0 \end{pmatrix}.$$

请比较本题与例 3.34. 下题推广了本题.

3 设 V 和 W 都是有限维的, $T \in \mathcal{L}(V, W)$. 证明存在 V 的一个基和 W 的一个基, 使得关于这些基, $\mathcal{M}(T)$ 除了第 j 行第 j 列（$1 \le j \le \dim \operatorname{range} T$）的元素等于 1 以外, 其余元素均为 0.

4 设 $v_1, \ldots, v_m$ 是 V 的基, 且 W 是有限维的. 设 $T \in \mathcal{L}(V, W)$. 证明存在 W 的一个基 $w_1, \ldots, w_n$ 使得, 在 T 关于基 $v_1, \ldots, v_m$ 和 $w_1, \ldots, w_n$ 的矩阵 $\mathcal{M}(T)$ 中, 除了第 1 行第 1 列处的元素可能为 1 之外, 第 1 列的其余元素均为 0.

与习题 3 不同, 本题给定了 V 的一个基, 而不是可以选取 V 的一个基.

5 设 $w_1, \ldots, w_n$ 是 W 的基, 且 V 是有限维的. 设 $T \in \mathcal{L}(V, W)$. 证明存在 V 的一个基 $v_1, \ldots, v_m$ 使得, 在 T 关于基 $v_1, \ldots, v_m$ 和 $w_1, \ldots, w_n$ 的矩阵 $\mathcal{M}(T)$ 中, 除了第 1 行第 1 列处的元素可能为 1 之外, 第 1 行的其余元素均为 0.

与习题 3 不同, 本题给定了 W 的一个基, 而不是可以选取 W 的一个基.

6 设 V 和 W 都是有限维的, $T \in \mathcal{L}(V, W)$. 证明 $\dim \operatorname{range} T = 1$ 当且仅当 V 和 W 各有一个基使得关于这些基 $\mathcal{M}(T)$ 的所有元素都等于 1.

7 验证 3.36.

8 验证 3.38.

9 证明 3.52.

10 设 A 是 $m \times n$ 矩阵, C 是 $n \times p$ 矩阵. 证明对于 $1 \le j \le m$,

$$(AC)_{j,\cdot} = A_{j,\cdot} C.$$

也就是说, 证明 AC 的第 j 行等于 A 的第 j 行乘以 C.

11 设 $a = \begin{pmatrix} a_1 & \cdots & a_n \end{pmatrix}$ 是 $1 \times n$ 矩阵, C 是 $n \times p$ 矩阵. 证明

$$aC = a_1 C_{1,\cdot} + \cdots + a_n C_{n,\cdot}.$$

也就是说, 证明 aC 是 C 的诸行的线性组合, 其中的标量来自 a.

12 举一个 2×2 矩阵的例子, 说明矩阵乘法不是交换的. 也就是说, 找两个 2×2 矩阵 A 和 C 使得 $AC \ne CA$.

13 证明矩阵的加法和乘法满足分配性质. 换言之, 设 A、B、C、D、E、F 均为矩阵, 且其大小使 $A(B+C)$ 和 $(D+E)F$ 都有意义. 证明: $AB + AC$ 和 $DF + EF$ 都有意义, 而且我们有 $A(B+C) = AB + AC$ 且 $(D+E)F = DF + EF$.

14 证明矩阵乘法是结合的. 也就是说, 设 A、B、C 是适当大小的矩阵使得 $(AB)C$ 有意义. 证明 $A(BC)$ 有意义且 $(AB)C = A(BC)$.

15 设 A 是 $n \times n$ 矩阵, $1 \le j, k \le n$. 证明 A^3（即 AAA）的第 j 行第 k 列的元素为

$$\sum_{p=1}^{n} \sum_{r=1}^{n} A_{j,p} A_{p,r} A_{r,k}.$$

3.D 可逆性与同构的向量空间

可逆的线性映射

我们先定义线性映射的可逆及逆.

3.53 定义 可逆（invertible）、逆（inverse）

- 线性映射 $T \in \mathcal{L}(V, W)$ 称为**可逆的**, 如果存在线性映射 $S \in \mathcal{L}(W, V)$ 使得 ST 等于 V 上的恒等映射且 TS 等于 W 上的恒等映射.
- 满足 $ST = I$ 和 $TS = I$ 的线性映射 $S \in \mathcal{L}(W, V)$ 称为 T 的**逆**（注意, 第一个 I 是 V 上的恒等映射, 第二个 I 是 W 上的恒等映射）.

3.54 逆是唯一的

可逆的线性映射有唯一的逆.

证明 设 $T \in \mathcal{L}(V, W)$ 可逆, 且 S_1 和 S_2 均为 T 的逆. 则

$$S_1 = S_1 I = S_1(T S_2) = (S_1 T) S_2 = I S_2 = S_2.$$

于是 $S_1 = S_2$. ∎

既然知道逆是唯一的, 我们可以给它一个记号.

3.55 记号 T^{-1}

若 T 可逆, 则它的逆记为 T^{-1}. 也就是说, 如果 $T \in \mathcal{L}(V, W)$ 可逆, 则 T^{-1} 是 $\mathcal{L}(W, V)$ 中唯一一个使得 $T^{-1}T = I$ 且 $TT^{-1} = I$ 的元素.

下面的命题刻画了可逆线性映射.

3.56 可逆性等价于单性和满性

一个线性映射是可逆的当且仅当它既是单的又是满的.

证明 设 $T \in \mathcal{L}(V, W)$. 我们需要证明, T 是可逆的当且仅当它既是单的又是满的.

首先假设 T 是可逆的. 为了证明 T 是单的, 设 $u, v \in V$ 且 $Tu = Tv$. 则

$$u = T^{-1}(Tu) = T^{-1}(Tv) = v,$$

所以 $u = v$. 因此 T 是单的.

仍设 T 是可逆的. 现在证明 T 是满的. 为此, 设 $w \in W$, 那么 $w = T(T^{-1}w)$, 这表明 w 含于 T 的值域. 于是 $\operatorname{range} T = W$, 所以 T 是满的. 这就完成了证明的一个方向.

现在假设 T 既是单的又是满的. 我们需要证明 T 是可逆的. 对于每个 $w \in W$, 定义 Sw 是 V 中唯一使得 $T(Sw) = w$ 的那个元素 (由 T 既单又满可得此元素的存在性和唯一性). 显然, $T \circ S$ 等于 W 上的恒等映射.

为了证明 $S \circ T$ 等于 V 上的恒等映射, 设 $v \in V$, 则

$$T\big((S \circ T)v\big) = (T \circ S)(Tv) = I(Tv) = Tv.$$

这个等式表明 $(S \circ T)v = v$ (因为 T 是单的), 因此 $S \circ T$ 等于 V 上的恒等映射.

为了完成证明, 还需要证明 S 是线性的. 为此设 $w_1, w_2 \in W$. 则

$$T(Sw_1 + Sw_2) = T(Sw_1) + T(Sw_2) = w_1 + w_2.$$

于是, $Sw_1 + Sw_2$ 是 V 中唯一被 T 映成 $w_1 + w_2$ 的那个元素. 再由 S 的定义可得 $S(w_1 + w_2) = Sw_1 + Sw_2$. 因此 S 满足加性. 齐性的证明是类似的. 具体来说, 如果 $w \in W, \lambda \in \mathbf{F}$, 则

$$T(\lambda Sw) = \lambda T(Sw) = \lambda w.$$

于是, λSw 是 V 中唯一被 T 映成 λw 的那个元素. 再由 S 的定义可得 $S(\lambda w) = \lambda Sw$. 因此 S 是线性的. ∎

3.57 例 不可逆的线性映射

- 从 $\mathcal{P}(\mathbf{R})$ 到 $\mathcal{P}(\mathbf{R})$ 的乘以 x^2 线性映射 (见 3.4) 不可逆, 因为它不是满的 (1 不在它的值域中).

- 从 $\mathbf{F}^\infty$ 到 $\mathbf{F}^\infty$ 的向后移位线性映射 (见 3.4) 不可逆, 因为它不是单的 $((1,0,0,0,\dots)$ 含于零空间).

同构的向量空间

下面的定义刻画了除元素的名字之外本质上相同的两个向量空间.

3.58 定义 同构 (isomorphism)、同构的 (isomorphic)

- **同构**就是可逆的线性映射.
- 若两个向量空间之间存在一个同构, 则称这两个向量空间是**同构的**.

同构 $T\colon V \to W$ 把 $v \in V$ 重新标记为 $Tv \in W$. 这个观点解释了为什么两个同构的向量空间具有相同的性质. "同构"和"可逆的线性映射"这两个术语的意思相同. "同构"这个术语用以强调两个空间本质上相同.

> 在希腊语中, isos 的意思是"相同", morph 的意思是"形状". 因此, isomorphic 的字面意思就是"同形".

3.59 维数反映了向量空间是否同构

$\mathbf{F}$ 上两个有限维向量空间同构当且仅当其维数相同.

证明 设 V 和 W 是同构的有限维向量空间, 则存在从 V 到 W 的同构 T. 因为 T 是可逆的, 所以 $\operatorname{null} T = \{0\}$ 且 $\operatorname{range} T = W$. 从而 $\dim \operatorname{null} T = 0$ 且 $\dim \operatorname{range} T = \dim W$. 于是公式

$$\dim V = \dim \operatorname{null} T + \dim \operatorname{range} T$$

(线性映射基本定理 3.22) 变成了等式 $\dim V = \dim W$, 这就证明了一个方面.

为了证明另一个方面, 假定 V 和 W 是维数相同的向量空间, 设 $v_1, \ldots, v_n$ 是 V 的基, $w_1, \ldots, w_n$ 是 W 的基, 设 $T \in \mathcal{L}(V, W)$ 定义如下:

$$T(c_1 v_1 + \cdots + c_n v_n) = c_1 w_1 + \cdots + c_n w_n.$$

则 T 是定义合理的线性映射, 因为 $v_1, \ldots, v_n$ 是 V 的基 (见 3.5). 因为 $w_1, \ldots, w_n$ 张成 W, 所以 T 是满的. 又因为 $w_1, \ldots, w_n$ 是线性无关的, 所以 $\operatorname{null} T = \{0\}$, 从而 T 是单的. 由于 T 既单又满, 从而是一个同构 (见 3.56). 因此 V 与 W 是同构的. ∎

上面的定理表明, 每个有限维向量空间都同构于 $\mathbf{F}^n$, 其中 $n = \dim V$. 如果 $v_1, \ldots, v_n$ 是 V 的基, $w_1, \ldots, w_m$ 是 W 的基, 那么每个 $T \in \mathcal{L}(V, W)$ 都有一个矩阵 $\mathcal{M}(T) \in \mathbf{F}^{m,n}$. 也就是说, 一旦选定了 V 和 W 的基, 那么 $\mathcal{M}$ 就是从 $\mathcal{L}(V, W)$ 到 $\mathbf{F}^{m,n}$ 的函数. 注意, 3.36 和 3.38 表明 $\mathcal{M}$ 是线性映射. 现在我们证明, 这个线性映射实际上还是可逆的.

> 既然每个有限维向量空间都同构于某个 $\mathbf{F}^n$, 那么为什么不只研究 $\mathbf{F}^n$ 而还要研究更一般的向量空间呢? 为了回答这个问题, 注意到 $\mathbf{F}^n$ 的研究立刻就会产生不等于 $\mathbf{F}^n$ 的向量空间. 例如, 我们会遇到线性映射的零空间和值域. 尽管这些向量空间都分别同构于某个 $\mathbf{F}^n$, 但是这样考虑问题往往只会增加复杂性而不会有新的见解.

3.60 $\mathcal{L}(V, W)$ 与 $\mathbf{F}^{m,n}$ 同构

设 $v_1, \ldots, v_n$ 是 V 的基, $w_1, \ldots, w_m$ 是 W 的基, 则 $\mathcal{M}$ 是 $\mathcal{L}(V, W)$ 与 $\mathbf{F}^{m,n}$ 之间的一个同构.

证明 已知 $\mathcal{M}$ 是线性的，故只需证明 $\mathcal{M}$ 既单又满. 这些都很容易. 先从单性开始. 如果 $T \in \mathcal{L}(V, W)$ 并且 $\mathcal{M}(T) = 0$，则 $Tv_k = 0$，$k = 1, \ldots, n$. 因为 $v_1, \ldots, v_n$ 是 V 的基，所以 $T = 0$. 于是 $\mathcal{M}$ 是单的（由于 3.16）.

为了证明 $\mathcal{M}$ 是满的，设 $A \in \mathbf{F}^{m,n}$. 设 T 是从 V 到 W 的线性映射使得

$$Tv_k = \sum_{j=1}^{m} A_{j,k} w_j,$$

其中 $k = 1, \ldots, n$（见 3.5）. 显然 $\mathcal{M}(T)$ 等于 A，所以 $\mathcal{M}$ 的值域等于 $\mathbf{F}^{m,n}$. ∎

现在可以确定从一个向量空间到另一个向量空间的所有线性映射构成的向量空间的维数.

3.61 $\dim \mathcal{L}(V, W) = (\dim V)(\dim W)$

设 V 和 W 都是有限维的，则 $\mathcal{L}(V, W)$ 是有限维的且

$$\dim \mathcal{L}(V, W) = (\dim V)(\dim W).$$

证明 由 3.60、3.59 和 3.40 证得. ∎

将线性映射视为矩阵乘

前面定义了线性映射的矩阵. 现在来定义向量的矩阵.

3.62 定义 向量的矩阵（matrix of a vector），$\mathcal{M}(v)$

设 $v \in V$，并设 $v_1, \ldots, v_n$ 是 V 的基. 则规定 v **关于这个基的矩阵**是 $n \times 1$ 矩阵

$$\mathcal{M}(v) = \begin{pmatrix} c_1 \\ \vdots \\ c_n \end{pmatrix},$$

这里 $c_1, \ldots, c_n$ 是使得下式成立的标量：

$$v = c_1 v_1 + \cdots + c_n v_n.$$

向量 $v \in V$ 的矩阵 $\mathcal{M}(v)$ 与 V 的基 $v_1, \ldots, v_n$ 有关，也与向量 v 有关. 然而，基通常是上下文自明的，所以就不把基包括在记号中了.

3.63 例 向量的矩阵

- $2 - 7x + 5x^3$ 关于 $\mathcal{P}_3(\mathbf{R})$ 的标准基的矩阵为

$$\begin{pmatrix} 2 \\ -7 \\ 0 \\ 5 \end{pmatrix}.$$

- 向量 $x \in \mathbf{F}^n$ 关于标准基的矩阵就是以 x 的坐标为元素而得到的 $n \times 1$ 矩阵. 也就是说, 若 $x = (x_1, \ldots, x_n) \in \mathbf{F}^n$, 则

$$\mathcal{M}(x) = \begin{pmatrix} x_1 \\ \vdots \\ x_n \end{pmatrix}.$$

有时我们想把 V 中的元素视为 $n \times 1$ 矩阵. 一旦选定了 $v_1, \ldots, v_n$, 函数 $\mathcal{M}$ 将 $v \in V$ 变为 $\mathcal{M}(v)$, 就是 V 到 $\mathbf{F}^{n,1}$ 的同构, 这就实现了上述想法.

回想一下, 若 A 是 $m \times n$ 矩阵, 则 $A_{\cdot,k}$ 表示 A 的第 k 列, 看作一个 $m \times 1$ 矩阵. 下面的命题计算 $\mathcal{M}(Tv_k)$ 关于 W 的基 $w_1, \ldots, w_m$ 的矩阵.

3.64 $\mathcal{M}(T)_{\cdot,k} = \mathcal{M}(Tv_k)$.

设 $T \in \mathcal{L}(V, W)$, $v_1, \ldots, v_n$ 是 V 的基, $w_1, \ldots, w_m$ 是 W 的基. 设 $1 \le k \le n$. 则 $\mathcal{M}(T)$ 的第 k 列 (记为 $\mathcal{M}(T)_{\cdot,k}$) 等于 $\mathcal{M}(Tv_k)$.

证明 由 $\mathcal{M}(T)$ 和 $\mathcal{M}(v_k)$ 的定义立得. ∎

下面的命题表明线性映射的矩阵、向量的矩阵以及矩阵乘法是如何联系到一起的.

3.65 线性映射的作用类似于矩阵乘

设 $T \in \mathcal{L}(V, W)$, $v \in V$. 设 $v_1, \ldots, v_n$ 是 V 的基, $w_1, \ldots, w_m$ 是 W 的基. 则

$$\mathcal{M}(Tv) = \mathcal{M}(T)\mathcal{M}(v).$$

证明 设 $v = c_1 v_1 + \cdots + c_n v_n$, 其中 $c_1, \ldots, c_n \in \mathbf{F}$. 则

3.66 $$Tv = c_1 Tv_1 + \cdots + c_n Tv_n.$$

因此

$$\begin{aligned}
\mathcal{M}(Tv) &= c_1 \mathcal{M}(Tv_1) + \cdots + c_n \mathcal{M}(Tv_n) \\
&= c_1 \mathcal{M}(T)_{\cdot,1} + \cdots + c_n \mathcal{M}(T)_{\cdot,n} \\
&= \mathcal{M}(T)\mathcal{M}(v),
\end{aligned}$$

这里第一个等号由 3.66 以及 $\mathcal{M}$ 的线性得出, 第二个等号由 3.64 得出, 最后一个等号由 3.52 得出. ∎

每个 $m \times n$ 矩阵 A 诱导一个从 $\mathbf{F}^{n,1}$ 到 $\mathbf{F}^{m,1}$ 的线性映射, 即将 $x \in \mathbf{F}^{n,1}$ 变为 $Ax \in \mathbf{F}^{m,1}$ 的矩阵乘. 由上述命题, 通过同构 $\mathcal{M}$, 我们可以把 (从有限维向量空间到有限维向量空间的) 线性映射当作矩阵乘映射. 具体来说, 若 $T \in \mathcal{L}(V, W)$, 并将 $v \in V$ 等同于 $\mathcal{M}(v) \in \mathbf{F}^{n,1}$, 则上述命题说, 我们可以将 Tv 等同于 $\mathcal{M}(T)\mathcal{M}(v)$.

因为上一个结果允许我们（通过同构）将一个线性映射视为 $\mathbf{F}^{n,1}$ 上某个矩阵 A 的矩阵乘，所以要牢记这个矩阵 A 不仅依赖于线性映射也依赖于基的选取. 后续章节中很多最重要结果的主旨之一就是如何选取基以使矩阵 A 尽可能简单.

本书关注的是线性映射而不是矩阵. 不过，有时将线性映射想象为矩阵（或者将矩阵想象为线性映射）会提供重要的直觉，我们将会发现这种直觉非常有用.

算子

向量空间到其自身的线性映射非常重要，所以它们拥有特别的名字和记号.

> **3.67 定义 算子（operator），$\mathcal{L}(V)$**
>
> - 向量空间到其自身的线性映射称为**算子**.
> - 记号 $\mathcal{L}(V)$ 表示 V 上全体算子所组成的集合. 即 $\mathcal{L}(V) = \mathcal{L}(V,V)$.

在线性代数中，也在本书剩余章节中，最深刻最重要的内容就是研究算子.

若一个线性映射既单又满则可逆. 对于一个算子，我们想知道，仅由单性或满性之一是否可以推出可逆性？对于无限维向量空间，这两个条件中的任何一个都不能单独推出可逆性. 例如下面的例子，其中使用了例 3.4 中的两个算子.

3.68 例 单或满都不蕴涵可逆

- $\mathcal{P}(\mathbf{R})$ 上乘以 x^2 的映射是单的，但不是满的.
- $\mathbf{F}^\infty$ 上的向后移位算子是满的，但不是单的.

从上面的例子来看，下面的命题很不寻常. 它说的是，对于有限维向量空间上的算子，单性和满性中的每一个都能推出另一个. 通常检验有限维向量空间上的算子是单的要更容易，而由单性可自然得到满性.

> **3.69 在有限维的情形，单性等价于满性**
>
> 设 V 是有限维的，并设 $T \in \mathcal{L}(V)$，则以下陈述等价：
> (a) T 是可逆的；
> (b) T 是单的；
> (c) T 是满的.

证明 (a) 显然蕴涵 (b).

现在假设 (b) 成立，T 是单的，从而 $\operatorname{null} T = \{0\}$（由于 3.16）. 由线性映射基本定理 3.22，

$$\dim \operatorname{range} T = \dim V - \dim \operatorname{null} T = \dim V.$$

于是 $\operatorname{range} T = V$. 从而 T 是满的. 因此 (b) 蕴涵 (c).

现在假设 (c) 成立, T 是满的, 从而 $\operatorname{range} T = V$. 由线性映射基本定理 3.22,

$$\dim \operatorname{null} T = \dim V - \dim \operatorname{range} T = 0.$$

于是 $\operatorname{null} T = \{0\}$. 故 T 是单的（由于 3.16）, 从而 T 是可逆的（已知 T 是满的）. 因此 (c) 蕴涵 (a). ∎

下面的例子展示了上述命题的用处. 虽然下面例子的结果也可以不用线性代数证明, 但是用线性代数来证明更为简洁容易.

3.70 例 证明对每个多项式 $q \in \mathcal{P}(\mathbf{R})$ 都存在一个多项式 $p \in \mathcal{P}(\mathbf{R})$ 使得

$$\left((x^2 + 5x + 7)p\right)'' = q.$$

证明 例 3.68 表明 3.69 之妙法不能用于无限维向量空间 $\mathcal{P}(\mathbf{R})$. 然而每个非零多项式 q 都有次数 m. 仅考虑 $\mathcal{P}_m(\mathbf{R})$, 我们就可以在有限维向量空间上做了.

设 $q \in \mathcal{P}_m(\mathbf{R})$. 定义 $T : \mathcal{P}_m(\mathbf{R}) \to \mathcal{P}_m(\mathbf{R})$ 为 $Tp = \left((x^2 + 5x + 7)p\right)''$.

用 $(x^2 + 5x + 7)$ 去乘一个非零多项式, 将使这个多项式的次数增加 2, 然后做两次微分次数又降低 2, 所以 T 的确是 $\mathcal{P}_m(\mathbf{R})$ 上的算子.

二阶导数为 0 的多项式形如 $ax + b$, 其中 $a, b \in \mathbf{R}$. 于是 $\operatorname{null} T = \{0\}$. 因此 T 是单的.

现在 3.69 表明 T 是满的. 因此有多项式 $p \in \mathcal{P}_m(\mathbf{R})$ 使得 $\left((x^2+5x+7)p\right)'' = q$.

6.A 节的习题 30 给出了 3.69 的一个类似但更炫的应用. 这个习题中的结果不使用线性代数很难证明.

习题 3.D

1 设 $T \in \mathcal{L}(U,V)$ 和 $S \in \mathcal{L}(V,W)$ 都是可逆的线性映射. 证明 $ST \in \mathcal{L}(U,W)$ 可逆且 $(ST)^{-1} = T^{-1}S^{-1}$.

2 设 V 是有限维的且 $\dim V > 1$. 证明 V 上不可逆的算子构成的集合不是 $\mathcal{L}(V)$ 的子空间.

3 设 V 是有限维的, U 是 V 的子空间, 且 $S \in \mathcal{L}(U,V)$. 证明: 存在可逆的算子 $T \in \mathcal{L}(V)$ 使得对每个 $u \in U$ 均有 $Tu = Su$ 当且仅当 S 是单射.

4 设 W 是有限维的, $T_1, T_2 \in \mathcal{L}(V,W)$. 证明: $\operatorname{null} T_1 = \operatorname{null} T_2$ 当且仅当存在可逆的算子 $S \in \mathcal{L}(W)$ 使得 $T_1 = ST_2$.

5 设 V 是有限维的, $T_1, T_2 \in \mathcal{L}(V,W)$. 证明: $\operatorname{range} T_1 = \operatorname{range} T_2$ 当且仅当存在可逆的算子 $S \in \mathcal{L}(V)$ 使得 $T_1 = T_2 S$.

6 设 V 和 W 是有限维的，$T_1, T_2 \in \mathcal{L}(V, W)$. 证明：存在可逆的算子 $R \in \mathcal{L}(V)$ 和 $S \in \mathcal{L}(W)$ 使得 $T_1 = ST_2R$ 当且仅当 $\dim \operatorname{null} T_1 = \dim \operatorname{null} T_2$.

7 设 V 和 W 是有限维的，$v \in V$，$E = \{T \in \mathcal{L}(V, W) : Tv = 0\}$.

(a) 证明 E 是 $\mathcal{L}(V, W)$ 的子空间.

(b) 假设 $v \neq 0$，则 $\dim E$ 等于多少？

8 设 V 是有限维的，$T : V \to W$ 是 V 到 W 的满的线性映射. 证明存在 V 的子空间 U 使得 $T|_U$ 是 U 到 W 的同构.（这里 $T|_U$ 表示函数 T 限制在 U 上. 也就是说，$T|_U$ 是一个函数，其定义域为 U，且对任意 $u \in U$ 有 $T|_U(u) = Tu$. ）

9 设 V 是有限维的，$S, T \in \mathcal{L}(V)$. 证明 ST 可逆当且仅当 S 和 T 都可逆.

10 设 V 是有限维的，$S, T \in \mathcal{L}(V)$. 证明 $ST = I$ 当且仅当 $TS = I$.

11 设 V 是有限维的，$S, T, U \in \mathcal{L}(V)$ 且 $STU = I$. 证明 T 可逆且 $T^{-1} = US$.

12 说明上题的结果在 V 不是有限维时未必成立.

13 设 V 是有限维的，并设 $R, S, T \in \mathcal{L}(V)$ 使得 RST 是满射. 证明 S 是单射.

14 设 $v_1, \ldots, v_n$ 是 V 的基. 映射 $T : V \to \mathbf{F}^{n,1}$ 定义为 $Tv = \mathcal{M}(v)$，这里 $\mathcal{M}(v)$ 是 $v \in V$ 关于基 $v_1, \ldots, v_n$ 的矩阵. 证明 T 是 V 到 $\mathbf{F}^{n,1}$ 的同构.

15 证明 $\mathbf{F}^{n,1}$ 到 $\mathbf{F}^{m,1}$ 的每个线性映射都是矩阵乘. 也就是说，若 $T \in \mathcal{L}(\mathbf{F}^{n,1}, \mathbf{F}^{m,1})$，则存在 $m \times n$ 矩阵 A 使得对每个 $x \in \mathbf{F}^{n,1}$ 都有 $Tx = Ax$.

16 设 V 是有限维的，$T \in \mathcal{L}(V)$. 证明：T 是标量乘以恒等映射当且仅当对每个 $S \in \mathcal{L}(V)$ 均有 $ST = TS$.

17 设 V 是有限维的，且 $\mathcal{E}$ 是 $\mathcal{L}(V)$ 的子空间使得对所有 $S \in \mathcal{L}(V)$ 和所有 $T \in \mathcal{E}$ 均有 $ST \in \mathcal{E}$ 和 $TS \in \mathcal{E}$. 证明 $\mathcal{E} = \{0\}$ 或 $\mathcal{E} = \mathcal{L}(V)$.

18 证明 V 和 $\mathcal{L}(\mathbf{F}, V)$ 是同构的向量空间.

19 设 $T \in \mathcal{L}\big(\mathcal{P}(\mathbf{R})\big)$ 是单的，且对每个非零多项式 $p \in \mathcal{P}(\mathbf{R})$ 均有 $\deg Tp \leq \deg p$.

(a) 证明 T 是满的.

(b) 证明对每个非零的 $p \in \mathcal{P}(\mathbf{R})$ 均有 $\deg Tp = \deg p$.

20 设 n 是正整数，$A_{i,j} \in \mathbf{F}$，$i, j = 1, \ldots, n$. 证明下面两个陈述等价（注意：以下方程组中方程的数目都等于变量的数目）：

(a) 平凡解 $x_1 = \cdots = x_n = 0$ 是下面的齐次方程组的唯一解：

$$\begin{cases} \sum_{k=1}^n A_{1,k} x_k = 0, \\ \qquad\qquad \vdots \\ \sum_{k=1}^n A_{n,k} x_k = 0. \end{cases}$$

(b) 对每组 $c_1, \ldots, c_n \in \mathbf{F}$ 下面的方程组都有解:

$$
\begin{cases}
\sum_{k=1}^{n} A_{1,k} x_k = c_1\,, \\
\qquad\qquad \vdots \\
\sum_{k=1}^{n} A_{n,k} x_k = c_n\,.
\end{cases}
$$

3.E 向量空间的积与商

向量空间的积

通常在处理多个向量空间时, 这些向量空间都应当在同一个域上.

3.71 定义 向量空间的积（product of vector spaces）

设 $V_1, \ldots, V_m$ 均为 $\mathbf{F}$ 上的向量空间.

- 规定积 $V_1 \times \cdots \times V_m$ 为
$$
V_1 \times \cdots \times V_m = \{(v_1, \ldots, v_m) : v_1 \in V_1, \ldots, v_m \in V_m\}.
$$
- 规定 $V_1 \times \cdots \times V_m$ 上的加法为
$$
(u_1, \ldots, u_m) + (v_1, \ldots, v_m) = (u_1 + v_1, \ldots, u_m + v_m).
$$
- 规定 $V_1 \times \cdots \times V_m$ 上的标量乘法为
$$
\lambda(v_1, \ldots, v_m) = (\lambda v_1, \ldots, \lambda v_m).
$$

3.72 例 $\mathcal{P}_2(\mathbf{R}) \times \mathbf{R}^3$ 中的元素是长度为 2 的组, 组的第一项是 $\mathcal{P}_2(\mathbf{R})$ 中的元素, 第二项是 $\mathbf{R}^3$ 中的元素. 例如 $\left(5 - 6x + 4x^2, (3,8,7)\right) \in \mathcal{P}_2(\mathbf{R}) \times \mathbf{R}^3$.

以下命题表明向量空间的积按上面定义的加法和标量乘法构成向量空间.

3.73 向量空间的积是向量空间

设 $V_1, \ldots, V_m$ 均为 $\mathbf{F}$ 上的向量空间, 则 $V_1 \times \cdots \times V_m$ 是 $\mathbf{F}$ 上的向量空间.

上述结果的证明留给读者. 注意 $V_1 \times \cdots \times V_m$ 的加法单位元是 $(0, \ldots, 0)$, 这里第 j 个位置的 0 是 V_j 的加法单位元. $(v_1, \ldots, v_m) \in V_1 \times \cdots \times V_m$ 的加法逆元是 $(-v_1, \ldots, -v_m)$.

3.74 例 $\mathbf{R}^2 \times \mathbf{R}^3$ 等于 $\mathbf{R}^5$ 吗? $\mathbf{R}^2 \times \mathbf{R}^3$ 同构于 $\mathbf{R}^5$ 吗?

解 $\mathbf{R}^2 \times \mathbf{R}^3$ 的元素是组 $\left((x_1, x_2), (x_3, x_4, x_5)\right)$, 其中 $x_1, x_2, x_3, x_4, x_5 \in \mathbf{R}$.
$\mathbf{R}^5$ 的元素是组 $(x_1, x_2, x_3, x_4, x_5)$, 其中 $x_1, x_2, x_3, x_4, x_5 \in \mathbf{R}$.

虽然它们看起来几乎一样，但并不是同一种对象. $\mathbf{R}^2 \times \mathbf{R}^3$ 的元素是长度为 2 的组（该组的第一项是长度为 2 的组，第二项是长度为 3 的组），$\mathbf{R}^5$ 的元素是长度为 5 的组. 所以 $\mathbf{R}^2 \times \mathbf{R}^3$ 不等于 $\mathbf{R}^5$.

将向量 $((x_1, x_2), (x_3, x_4, x_5)) \in \mathbf{R}^2 \times \mathbf{R}^3$ 变为 $(x_1, x_2, x_3, x_4, x_5) \in \mathbf{R}^5$ 的线性映射显然是 $\mathbf{R}^2 \times \mathbf{R}^3$ 到 $\mathbf{R}^5$ 的同构. 所以这两个向量空间是同构的.

这个同构非常自然，只是把元素换了种写法. 有些人甚至通俗地说 $\mathbf{R}^2 \times \mathbf{R}^3$ 等于 $\mathbf{R}^5$，这种说法严格来说是不正确的，但却抓住了通过改变写法就可使二者等同这一本质.

下面的例子说明了 3.76 的证明思想.

3.75 例　求 $\mathcal{P}_2(\mathbf{R}) \times \mathbf{R}^2$ 的一个基.

解　考虑 $\mathcal{P}_2(\mathbf{R}) \times \mathbf{R}^2$ 中元素构成的长度为 5 的组：

$$(1, (0, 0)), (x, (0, 0)), (x^2, (0, 0)), (0, (1, 0)), (0, (0, 1)).$$

上述组是线性无关的且张成 $\mathcal{P}_2(\mathbf{R}) \times \mathbf{R}^2$，因此是 $\mathcal{P}_2(\mathbf{R}) \times \mathbf{R}^2$ 的基.

> **3.76 积的维数等于维数的和**
>
> 设 $V_1, \ldots, V_m$ 均为有限维向量空间. 则 $V_1 \times \cdots \times V_m$ 是有限维的，且
> $$\dim(V_1 \times \cdots \times V_m) = \dim V_1 + \cdots + \dim V_m.$$

证明　选取每个 V_j 的一个基. 对于每个 V_j 的每个基向量，考虑 $V_1 \times \cdots \times V_m$ 的如下元素：第 j 个位置为此基向量，其余位置为 0. 所有这些向量构成的组是线性无关的，且张成 $V_1 \times \cdots \times V_m$，因此是 $V_1 \times \cdots \times V_m$ 的基. 这个基的长度是 $\dim V_1 + \cdots + \dim V_m$. ∎

积与直和

在以下命题中，由 $U_1 + \cdots + U_m$ 的定义，映射 Γ 是满的. 所以这个命题中的最后一个词"单射"可以改为"满射".

> **3.77 积与直和**
>
> 设 $U_1, \ldots, U_m$ 均为 V 的子空间. 线性映射 $\Gamma : U_1 \times \cdots \times U_m \to U_1 + \cdots + U_m$ 定义为 $\Gamma(u_1, \ldots, u_m) = u_1 + \cdots + u_m$. 则 $U_1 + \cdots + U_m$ 是直和当且仅当 Γ 是单射.

证明　线性映射 Γ 是单的当且仅当将 0 表示为 U_j 的元素之和 $u_1 + \cdots + u_m$ 时只能取每个 u_j 等于 0. 于是 1.44 表明 Γ 是单的当且仅当 $U_1 + \cdots + U_m$ 是直和. ∎

3.78 和为直和当且仅当维数相加

设 V 是有限维的，且 $U_1, \ldots, U_m$ 均为 V 的子空间. 则 $U_1 + \cdots + U_m$ 是直和当且仅当 $\dim(U_1 + \cdots + U_m) = \dim U_1 + \cdots + \dim U_m$.

证明 3.77 中的映射 Γ 是满的. 所以由线性映射基本定理 3.22, Γ 是单的当且仅当

$$\dim(U_1 + \cdots + U_m) = \dim(U_1 \times \cdots \times U_m).$$

利用 3.77 和 3.76 可知，$U_1 + \cdots + U_m$ 是直和当且仅当

$$\dim(U_1 + \cdots + U_m) = \dim U_1 + \cdots + \dim U_m. \qquad \blacksquare$$

当 $m = 2$ 时，$U_1 + U_2$ 是直和当且仅当 $\dim(U_1 + U_2) = \dim U_1 + \dim U_2$. 利用 1.45 和 2.43 可以给出这一结果的另一个证明.

向量空间的商

我们先定义向量与子空间的和，以便引入商空间.

3.79 定义 $v + U$

设 $v \in V$, U 是 V 的子空间. 则 $v + U$ 是 V 的子集，定义如下：
$$v + U = \{v + u : u \in U\}.$$

3.80 例 设
$$U = \{(x, 2x) \in \mathbf{R}^2 : x \in \mathbf{R}\}.$$
则 U 是 $\mathbf{R}^2$ 中过原点的斜率为 2 的直线.
于是

$$(17, 20) + U$$

是 $\mathbf{R}^2$ 中包含点 $(17, 20)$ 的斜率为 2 的直线.

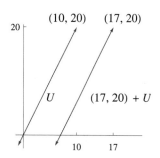

3.81 定义 仿射子集（affine subset）、**平行**（parallel）

- V 的**仿射子集**是 V 的形如 $v + U$ 的子集，其中 $v \in V$, U 是 V 的子空间.
- 对于 $v \in V$ 和 V 的子空间 U, 称仿射子集 $v + U$ **平行**于 U.

3.82 例 平行的仿射子集

- 在上面的例 3.80 中，$\mathbf{R}^2$ 中所有斜率为 2 的直线均平行于 U.

- 若 $U = \{(x,y,0) \in \mathbf{R}^3 : x,y \in \mathbf{R}\}$，则 $\mathbf{R}^3$ 的平行于 U 的仿射子集是 $\mathbf{R}^3$ 中在通常意义下平行于 xy 平面 U 的那些平面.

  重要：按照 3.81 所给出的**平行**的定义，$\mathbf{R}^3$ 中的直线都不是平行于平面 U 的仿射子集.

3.83 定义 商空间（quotient space），V/U

设 U 是 V 的子空间. 则**商空间** V/U 是指 V 的所有平行于 U 的仿射子集的集合. 也就是说，

$$V/U = \{v + U : v \in V\}.$$

3.84 例 商空间

- 若 $U = \{(x,2x) \in \mathbf{R}^2 : x \in \mathbf{R}\}$，则 $\mathbf{R}^2/U$ 是 $\mathbf{R}^2$ 中所有斜率为 2 的直线的集合.
- 若 U 是 $\mathbf{R}^3$ 中包含原点的直线，则 $\mathbf{R}^3/U$ 是 $\mathbf{R}^3$ 中所有平行于 U 的直线的集合.
- 若 U 是 $\mathbf{R}^3$ 中包含原点的平面，则 $\mathbf{R}^3/U$ 是 $\mathbf{R}^3$ 中所有平行于 U 的平面的集合.

接下来的目标是使 V/U 成为向量空间. 为此我们需要下面的命题.

3.85 平行于 U 的两个仿射子集或相等或不相交

设 U 是 V 的子空间，$v,w \in V$. 则以下陈述等价：

(a) $v - w \in U$；

(b) $v + U = w + U$；

(c) $(v + U) \cap (w + U) \neq \varnothing$.

证明 首先假设 (a) 成立，$v - w \in U$. 若 $u \in U$，则

$$v + u = w + \big((v - w) + u\big) \in w + U.$$

于是 $v + U \subset w + U$. 类似地，$w + U \subset v + U$. 因此 $v + U = w + U$，这就证明了 (a) 蕴涵 (b).

(b) 显然蕴涵 (c).

现在假设 (c) 成立，$(v + U) \cap (w + U) \neq \varnothing$. 于是存在 $u_1, u_2 \in U$ 使得

$$v + u_1 = w + u_2.$$

则 $v - w = u_2 - u_1$. 因此 $v - w \in U$，这就证明了 (c) 蕴涵 (a)，从而完成证明. ∎

现在我们可以在 V/U 上定义加法和标量乘法了.

> **3.86 定义 V/U 上的加法和标量乘法**（addition and scalar multiplication on V/U）
>
> 设 U 是 V 的子空间. 则 V/U 上的**加法**和**标量乘法**定义为：对任意 $v, w \in V$ 和 $\lambda \in \mathbf{F}$,
> $$(v + U) + (w + U) = (v + w) + U,$$
> $$\lambda(v + U) = (\lambda v) + U.$$

作为以下命题证明的一部分，我们将证明上述定义是有意义的.

> **3.87 商空间是向量空间**
>
> 设 U 是 V 的子空间. 则 V/U 按照上面定义的加法和标量乘法构成向量空间.

证明 在上面定义的 V/U 上的加法和标量乘法中，一个潜在的问题是平行于 U 的仿射子集的表示并不是唯一的. 具体来说，设 $v, w \in V$, 假设 $\hat{v}, \hat{w} \in V$ 使得 $v + U = \hat{v} + U$ 和 $w + U = \hat{w} + U$. 要证明上面给出的 V/U 上的加法是有意义的，必须证明 $(v + w) + U = (\hat{v} + \hat{w}) + U$.

由 3.85 有
$$v - \hat{v} \in U, \quad w - \hat{w} \in U.$$

因为 U 是 V 的子空间，所以在加法下封闭，这说明 $(v - \hat{v}) + (w - \hat{w}) \in U$. 于是 $(v + w) - (\hat{v} + \hat{w}) \in U$. 再使用 3.85 可得
$$(v + w) + U = (\hat{v} + \hat{w}) + U.$$
因此 V/U 上的加法定义是合理的.

类似地，设 $\lambda \in \mathbf{F}$. 因为 U 是 V 的子空间，所以在标量乘法下封闭，从而有 $\lambda(v - \hat{v}) \in U$. 于是 $\lambda v - \lambda \hat{v} \in U$. 因此 3.85 表明 $(\lambda v) + U = (\lambda \hat{v}) + U$. 所以 V/U 上的标量乘法的定义是有意义的.

既然我们已经在 V/U 上定义了加法和标量乘法，验证这些运算使得 V/U 成为向量空间就是简单的事了，留给读者. 注意 V/U 上的加法单位元是 $0 + U$（等于 U），$v + U$ 的加法逆元是 $(-v) + U$. ∎

下面的概念将给出计算 V/U 的维数的简单方法.

> **3.88 定义 商映射**（quotient map），π
>
> 设 U 是 V 的子空间. **商映射** π 是如下定义的线性映射 $\pi: V \to V/U$：对任意 $v \in V$,
> $$\pi(v) = v + U.$$

读者应当验证 π 的确是线性映射. 虽然 π 同时依赖于 U 和 V, 但它们并未出现在记号中, 这是因为它们在上下文中是自明的.

3.89 商空间的维数

设 V 是有限维的, U 是 V 的子空间. 则

$$\dim V/U = \dim V - \dim U.$$

证明 设 π 是 V 到 V/U 的商映射. 由 3.85 我们有 $\operatorname{null} \pi = U$. 显然 $\operatorname{range} \pi = V/U$. 于是线性映射基本定理 3.22 表明

$$\dim V = \dim U + \dim V/U,$$

由此可得要证明的结果. ∎

V 上的每个线性映射 T 都诱导 $V/(\operatorname{null} T)$ 上的一个线性映射 $\tilde{T}$, 现在就来定义它.

3.90 定义 $\tilde{T}$

设 $T \in \mathcal{L}(V, W)$. 定义 $\tilde{T} \colon V/(\operatorname{null} T) \to W$ 如下:

$$\tilde{T}(v + \operatorname{null} T) = Tv.$$

为了证明 $\tilde{T}$ 的定义是有意义的, 设 $u, v \in V$ 使得 $u + \operatorname{null} T = v + \operatorname{null} T$. 由 3.85 有 $u - v \in \operatorname{null} T$. 于是 $T(u - v) = 0$. 所以 $Tu = Tv$. 因此 $\tilde{T}$ 的定义是有意义的.

3.91 $\tilde{T}$ 的零空间与值域

设 $T \in \mathcal{L}(V, W)$. 则

(a) $\tilde{T}$ 是 $V/(\operatorname{null} T)$ 到 W 的线性映射;

(b) $\tilde{T}$ 是单的;

(c) $\operatorname{range} \tilde{T} = \operatorname{range} T$;

(d) $V/(\operatorname{null} T)$ 同构于 $\operatorname{range} T$.

证明

(a) 验证 $\tilde{T}$ 是线性的留给读者.

(b) 设 $v \in V$, $\tilde{T}(v + \operatorname{null} T) = 0$. 则 $Tv = 0$. 于是 $v \in \operatorname{null} T$. 所以 3.85 说明 $v + \operatorname{null} T = 0 + \operatorname{null} T$. 这表明 $\operatorname{null} \tilde{T} = \{0\}$, 因此 $\tilde{T}$ 是单的.

(c) $\tilde{T}$ 的定义表明 $\operatorname{range} \tilde{T} = \operatorname{range} T$.

(d) (b) 和 (c) 表明, 若将 $\tilde{T}$ 视为到 $\operatorname{range} T$ 的映射, 则 $\tilde{T}$ 是 $V/(\operatorname{null} T)$ 到 $\operatorname{range} T$ 的同构. ∎

习题 3.E

1 设 T 是 V 到 W 的函数. 定义 T 的图为 $V \times W$ 的如下子集:

$$T \text{ 的图} = \{(v, Tv) \in V \times W : v \in V\}.$$

证明 T 是线性映射当且仅当 T 的图是 $V \times W$ 的子空间.

正式地讲, V 到 W 的函数 T 是 $V \times W$ 的一个子集 T, 使得对每个 $v \in V$ 都恰有一个元素 $(v, w) \in T$. 也就是说, 函数正式地讲就是上面所谓的图. 我们通常并不把函数看成上面的这种正式形式. 然而, 如果采用上面的正式形式, 则本题可以重述为: 证明 V 到 W 的函数 T 是线性映射当且仅当 T 是 $V \times W$ 的子空间.

2 设 $V_1, \ldots, V_m$ 均为向量空间使得 $V_1 \times \cdots \times V_m$ 是有限维的. 证明对每个 $j = 1, \ldots, m$ 来说 V_j 都是有限维的.

3 给出一个向量空间 V 与它的两个子空间 U_1 和 U_2 的例子, 使得 $U_1 \times U_2$ 同构于 $U_1 + U_2$, 但 $U_1 + U_2$ 不是直和.

提示: 向量空间 V 一定是无限维的.

4 设 $V_1, \ldots, V_m$ 均为向量空间. 证明 $\mathcal{L}(V_1 \times \cdots \times V_m, W)$ 和 $\mathcal{L}(V_1, W) \times \cdots \times \mathcal{L}(V_m, W)$ 是同构的向量空间.

5 设 $W_1, \ldots, W_m$ 均为向量空间. 证明 $\mathcal{L}(V, W_1 \times \cdots \times W_m)$ 和 $\mathcal{L}(V, W_1) \times \cdots \times \mathcal{L}(V, W_m)$ 是同构的向量空间.

6 对于正整数 n, 定义 V^n 如下:

$$V^n = \underbrace{V \times \cdots \times V}_{n \uparrow V}.$$

证明 V^n 和 $\mathcal{L}(\mathbf{F}^n, V)$ 是同构的向量空间.

7 设 v 和 x 均为 V 中的向量, U 和 W 均为 V 的子空间, $v + U = x + W$. 证明 $U = W$.

8 证明: V 的非空子集 A 是 V 的仿射子集当且仅当对于所有的 $v, w \in A$ 和 $\lambda \in \mathbf{F}$ 均有 $\lambda v + (1 - \lambda)w \in A$.

9 设 A_1 和 A_2 均为 V 的仿射子集. 证明交 $A_1 \cap A_2$ 是 V 的仿射子集或者空集.

10 证明 V 的任意一族仿射子集的交是 V 的仿射子集或者空集.

11 设 $v_1, \ldots, v_m \in V$. 令

$$A = \{\lambda_1 v_1 + \cdots + \lambda_m v_m : \lambda_1, \ldots, \lambda_m \in \mathbf{F} \text{ 且 } \lambda_1 + \cdots + \lambda_m = 1\}.$$

(a) 证明 A 是 V 的仿射子集.

(b) 证明 V 的每个包含 $v_1, \ldots, v_m$ 的仿射子集均包含 A.

(c) 证明有某个 $v \in V$ 及 V 的某个子空间 U 使得 $A = v + U$ 且 $\dim U \leq m - 1$.

12 设 U 是 V 的子空间使得 V/U 是有限维的. 证明 V 同构于 $U \times (V/U)$.

13 设 U 是 V 的子空间，$v_1 + U, \ldots, v_m + U$ 是 V/U 的基，$u_1, \ldots, u_n$ 是 U 的基. 证明 $v_1, \ldots, v_m, u_1, \ldots, u_n$ 是 V 的基.

14 设 $U = \{(x_1, x_2, \ldots) \in \mathbf{F}^\infty : $ 只有有限多个 j 使得 $x_j \neq 0\}$.

(a) 证明 U 是 $\mathbf{F}^\infty$ 的子空间.

(b) 证明 $\mathbf{F}^\infty/U$ 是无限维的.

15 设 $\varphi \in \mathcal{L}(V, \mathbf{F}), \varphi \neq 0$. 证明 $\dim V/(\operatorname{null} \varphi) = 1$.

16 设 U 是 V 的子空间使得 $\dim V/U = 1$. 证明存在 $\varphi \in \mathcal{L}(V, \mathbf{F})$ 使得 $\operatorname{null} \varphi = U$.

17 设 U 是 V 的子空间使得 V/U 是有限维的. 证明存在 V 的子空间 W 使得 $\dim W = \dim V/U$ 且 $V = U \oplus W$.

18 设 $T \in \mathcal{L}(V, W)$，并设 U 是 V 的子空间. 用 π 表示 V 到 V/U 的商映射. 证明：存在 $S \in \mathcal{L}(V/U, W)$ 使得 $T = S \circ \pi$ 当且仅当 $U \subset \operatorname{null} T$.

19 对有限集给出一个类比于 3.78 的恰当陈述，使得集合的并类比于子空间的和，不交并类比于直和.

20 设 U 是 V 的子空间. $\Gamma : \mathcal{L}(V/U, W) \to \mathcal{L}(V, W)$ 定义为 $\Gamma(S) = S \circ \pi$.

(a) 证明 Γ 是线性映射.

(b) 证明 Γ 是单的.

(c) 证明 $\operatorname{range} \Gamma = \{T \in \mathcal{L}(V, W) : $ 对所有 $u \in U$ 有 $Tu = 0\}$.

3.F 对偶

对偶空间与对偶映射

映到标量域 $\mathbf{F}$ 的线性映射在线性代数中扮演了重要角色，因此它们有一个特别的名字：

3.92 定义 线性泛函（linear functional）

V 上的**线性泛函**是从 V 到 $\mathbf{F}$ 的线性映射. 也就是说，线性泛函是 $\mathcal{L}(V, \mathbf{F})$ 中的元素.

3.93 例 线性泛函

- 定义 $\varphi \colon \mathbf{R}^3 \to \mathbf{R}$ 为 $\varphi(x, y, z) = 4x - 5y + 2z$. 则 φ 是 $\mathbf{R}^3$ 上的线性泛函.
- 取定 $(c_1, \ldots, c_n) \in \mathbf{F}^n$. 定义 $\varphi \colon \mathbf{F}^n \to \mathbf{F}$ 为 $\varphi(x_1, \ldots, x_n) = c_1 x_1 + \cdots + c_n x_n$. 则 φ 是 $\mathbf{F}^n$ 上的线性泛函.
- 定义 $\varphi \colon \mathcal{P}(\mathbf{R}) \to \mathbf{R}$ 为 $\varphi(p) = 3p''(5) + 7p(4)$. 则 φ 是 $\mathcal{P}(\mathbf{R})$ 上的线性泛函.
- 定义 $\varphi \colon \mathcal{P}(\mathbf{R}) \to \mathbf{R}$ 为 $\varphi(p) = \int_0^1 p(x) \, \mathrm{d}x$. 则 φ 是 $\mathcal{P}(\mathbf{R})$ 上的线性泛函.

向量空间 $\mathcal{L}(V, \mathbf{F})$ 也有一个特别的名字和一个特别的记号：

3.94 定义 对偶空间（dual space），V'

V 上的所有线性泛函构成的向量空间称为 V 的**对偶空间**，记为 V'. 也就是说，
$V' = \mathcal{L}(V, \mathbf{F})$.

3.95 $\dim V' = \dim V$

设 V 是有限维的. 则 V' 也是有限维的，且 $\dim V' = \dim V$.

证明 由 3.61 证得. ∎

前面的 3.5 表明，在下面的定义中每个 φ_j 都是合理定义的.

3.96 定义 对偶基（dual basis）

设 $v_1, \ldots, v_n$ 是 V 的基，则 $v_1, \ldots, v_n$ 的**对偶基**是 V' 中的元素组 $\varphi_1, \ldots, \varphi_n$，其中每个 φ_j 都是 V 上的线性泛函，使得

$$\varphi_j(v_k) = \begin{cases} 1, & \text{当 } k = j, \\ 0, & \text{当 } k \neq j. \end{cases}$$

3.97 例 求 $\mathbf{F}^n$ 的标准基 $e_1, \ldots, e_n$ 的对偶基.

解 对于 $1 \leq j \leq n$，定义 φ_j 是 $\mathbf{F}^n$ 上的线性泛函，它将 $\mathbf{F}^n$ 中的向量变为它的第 j 个坐标. 也就是说，对于 $(x_1, \ldots, x_n) \in \mathbf{F}^n$，

$$\varphi_j(x_1, \ldots, x_n) = x_j.$$

显然

$$\varphi_j(e_k) = \begin{cases} 1, & \text{当 } k = j, \\ 0, & \text{当 } k \neq j. \end{cases}$$

于是 $\varphi_1, \ldots, \varphi_n$ 是 $\mathbf{F}^n$ 的标准基 $e_1, \ldots, e_n$ 的对偶基.

以下命题表明对偶基的确是基. 所以"对偶基"这个术语名正言顺.

3.98 对偶基是对偶空间的基

设 V 是有限维的. 则 V 的一个基的对偶基是 V' 的基.

证明 设 $v_1, \ldots, v_n$ 是 V 的基. 用 $\varphi_1, \ldots, \varphi_n$ 表示其对偶基.

为了证明 $\varphi_1, \ldots, \varphi_n$ 是 V' 的一组线性无关的元素，设 $a_1, \ldots, a_n \in F$ 使得

$$a_1 \varphi_1 + \cdots + a_n \varphi_n = 0.$$

则对于 $j = 1,\ldots,n$ 有 $(a_1\varphi_1 + \cdots + a_n\varphi_n)(v_j) = a_j$. 上面的等式表明 $a_1 = \cdots = a_n = 0$. 所以 $\varphi_1,\ldots,\varphi_n$ 是线性无关的.

现在 2.39 和 3.95 表明 $\varphi_1,\ldots,\varphi_n$ 是 V' 的基. ∎

在下面的定义中，若 T 是 V 到 W 的线性映射，则 T' 是 W' 到 V' 的线性映射.

3.99 定义 对偶映射（dual map），T'

若 $T \in \mathcal{L}(V,W)$，则 T 的**对偶映射**是线性映射 $T' \in \mathcal{L}(W',V')$：对于 $\varphi \in W'$，$T'(\varphi) = \varphi \circ T$.

若 $T \in \mathcal{L}(V,W)$ 且 $\varphi \in W'$，则 $T'(\varphi)$ 被定义为线性映射 φ 与 T 的复合. 于是 $T'(\varphi)$ 的确是 V 到 $\mathbf{F}$ 的线性映射，也就是说，$T'(\varphi) \in V'$.

容易验证 T' 是 W' 到 V' 的线性映射：

- 若 $\varphi,\psi \in W'$，则 $T'(\varphi + \psi) = (\varphi + \psi) \circ T = \varphi \circ T + \psi \circ T = T'(\varphi) + T'(\psi)$.
- 若 $\lambda \in \mathbf{F}$，$\varphi \in W'$，则 $T'(\lambda\varphi) = (\lambda\varphi) \circ T = \lambda(\varphi \circ T) = \lambda T'(\varphi)$.

在下面的例子中，记号 ' 有两种毫不相关的意义：D' 表示线性映射 D 的对偶映射，而 p' 表示多项式 p 的导数.

3.100 例 定义 $D\colon \mathcal{P}(\mathbf{R}) \to \mathcal{P}(\mathbf{R})$ 为 $Dp = p'$.

- 设 φ 是 $\mathcal{P}(\mathbf{R})$ 上由 $\varphi(p) = p(3)$ 定义的线性泛函. 则 $D'(\varphi)$ 是 $\mathcal{P}(\mathbf{R})$ 上如下定义的线性泛函：
$$\big(D'(\varphi)\big)(p) = (\varphi \circ D)(p) = \varphi(Dp) = \varphi(p') = p'(3).$$
也就是说，$D'(\varphi)$ 是 $\mathcal{P}(\mathbf{R})$ 上将 p 变为 $p'(3)$ 的线性泛函.

- 设 φ 是 $\mathcal{P}(\mathbf{R})$ 上由 $\varphi(p) = \int_0^1 p(x)\,\mathrm{d}x$ 定义的线性泛函. 则 $D'(\varphi)$ 是 $\mathcal{P}(\mathbf{R})$ 上如下定义的线性泛函：
$$\big(D'(\varphi)\big)(p) = (\varphi \circ D)(p) = \varphi(Dp) = \varphi(p') = \int_0^1 p'(x)\,\mathrm{d}x = p(1) - p(0).$$
也就是说，$D'(\varphi)$ 是 $\mathcal{P}(\mathbf{R})$ 上将 p 变为 $p(1) - p(0)$ 的线性泛函.

下面结果的前两条表明将 T 变为 T' 的函数是 $\mathcal{L}(V,W)$ 到 $\mathcal{L}(W',V')$ 的线性映射.

在下面的第三条中，注意 ST 与 $T'S'$ 复合顺序是相反的（这里我们假定 U 是 $\mathbf{F}$ 上的向量空间）.

3.101 对偶映射的代数性质

- 对所有 $S,T \in \mathcal{L}(V,W)$ 有 $(S+T)' = S' + T'$.
- 对所有 $\lambda \in \mathbf{F}$ 和所有 $T \in \mathcal{L}(V,W)$ 有 $(\lambda T)' = \lambda T'$.
- 对所有 $T \in \mathcal{L}(U,V)$ 和所有 $S \in \mathcal{L}(V,W)$ 有 $(ST)' = T'S'$.

证明 前两条的证明留给读者.

为了证明第三条，设 $\varphi \in W'$. 则

$$(ST)'(\varphi) = \varphi \circ (ST) = (\varphi \circ S) \circ T = T'(\varphi \circ S) = T'(S'(\varphi)) = (T'S')(\varphi),$$

其中第一个、第三个和第四个等号成立是由于
对偶映射的定义，第二个等号成立是因为函数
的复合是结合的，最后一个等号是利用复合的
定义.

对所有 $\varphi \in W'$，上述等式的第一项都等于
最后一项，这表明 $(ST)' = T'S'$. ■

> 有些书用 V^* 和 T^* 来表示对偶空
> 间 V' 和对偶映射 T'. 然而，我们
> 将用 T^* 表示伴随，在第 7 章学习
> 内积空间的线性映射时将引入这一
> 概念.

线性映射的对偶的零空间和值域

本小节的目的是利用 $\operatorname{range} T$ 和 $\operatorname{null} T$ 来描述 $\operatorname{null} T'$ 和 $\operatorname{range} T'$. 为此我们需要
下面的定义.

> **3.102 定义 零化子（annihilator），U^0**
>
> 对于 $U \subset V$，U 的零化子（记为 U^0）定义如下：
> $$U^0 = \{\varphi \in V' : \text{对所有 } u \in U \text{ 都有 } \varphi(u) = 0\}.$$

3.103 例 设 U 是 $\mathcal{P}(\mathbf{R})$ 的用 x^2 乘以所有多项式所得到的子空间. 若 φ 是 $\mathcal{P}(\mathbf{R})$ 上
由 $\varphi(p) = p'(0)$ 定义的线性泛函，则 $\varphi \in U^0$.

对于 $U \subset V$，零化子 U^0 是对偶空间 V' 的子集. 于是 U^0 依赖于包含 U 的向量
空间，所以记号 U_V^0 应该更准确. 然而包含 U 的向量空间通常在上下文中是自明的，
所以我们采用更简单的记号 U^0.

3.104 例 用 e_1, e_2, e_3, e_4, e_5 表示 $\mathbf{R}^5$ 的标准基，用 $\varphi_1, \varphi_2, \varphi_3, \varphi_4, \varphi_5$ 表示 $(\mathbf{R}^5)'$ 的对
偶基. 设

$$U = \operatorname{span}(e_1, e_2) = \{(x_1, x_2, 0, 0, 0) \in \mathbf{R}^5 : x_1, x_2 \in \mathbf{R}\}.$$

证明 $U^0 = \operatorname{span}(\varphi_3, \varphi_4, \varphi_5)$.

证明 回想一下（见 3.97），φ_j 是 $\mathbf{R}^5$ 上将向量变为它的第 j 个坐标的线性泛函：

$$\varphi_j(x_1, x_2, x_3, x_4, x_5) = x_j.$$

设 $\varphi \in \operatorname{span}(\varphi_3, \varphi_4, \varphi_5)$. 则有 $c_3, c_4, c_5 \in \mathbf{R}$ 使得 $\varphi = c_3\varphi_3 + c_4\varphi_4 + c_5\varphi_5$. 若
$(x_1, x_2, 0, 0, 0) \in U$，则

$$\varphi(x_1, x_2, 0, 0, 0) = (c_3\varphi_3 + c_4\varphi_4 + c_5\varphi_5)(x_1, x_2, 0, 0, 0) = 0.$$

于是 $\varphi \in U^0$. 也就是说我们已证明了 $\mathrm{span}(\varphi_3, \varphi_4, \varphi_5) \subset U^0$.

为了证明另一个方向的包含, 设 $\varphi \in U^0$. 由于对偶基是 $(\mathbf{R}^5)'$ 的基, 存在 $c_1, c_2, c_3, c_4, c_5 \in \mathbf{R}$ 使得 $\varphi = c_1\varphi_1 + c_2\varphi_2 + c_3\varphi_3 + c_4\varphi_4 + c_5\varphi_5$. 由 $e_1 \in U$ 和 $\varphi \in U^0$ 可得

$$0 = \varphi(e_1) = (c_1\varphi_1 + c_2\varphi_2 + c_3\varphi_3 + c_4\varphi_4 + c_5\varphi_5)(e_1) = c_1.$$

类似地, $e_2 \in U$, 所以 $c_2 = 0$. 因此我们有 $\varphi = c_3\varphi_3 + c_4\varphi_4 + c_5\varphi_5$. 于是 $\varphi \in \mathrm{span}(\varphi_3, \varphi_4, \varphi_5)$, 这表明 $U^0 \subset \mathrm{span}(\varphi_3, \varphi_4, \varphi_5)$.

3.105 零化子是子空间

设 $U \subset V$, 则 U^0 是 V' 的子空间.

证明 显然 $0 \in U^0$ (这里 0 表示 V 上的零线性泛函), 因为零线性泛函将 U 中每个向量变为 0.

设 $\varphi, \psi \in U^0$. 则 $\varphi, \psi \in V'$ 且对每个 $u \in U$ 有 $\varphi(u) = \psi(u) = 0$. 若 $u \in U$, 则 $(\varphi + \psi)(u) = \varphi(u) + \psi(u) = 0 + 0 = 0$. 于是 $\varphi + \psi \in U^0$.

类似地, U^0 在标量乘法下封闭. 于是 1.34 表明 U^0 是 V' 的子空间. ∎

下面的命题表明 $\dim U^0$ 是 $\dim V$ 与 $\dim U$ 的差. 例如, 这意味着如果 U 是 $\mathbf{R}^5$ 的二维子空间, 则 U^0 是 $(\mathbf{R}^5)'$ 的三维子空间, 见例 3.104.

下面的命题可以仿照例 3.104 的方法来证明: 选择 U 的一个基 $u_1, \ldots, u_m$, 将其扩充为 V 的基 $u_1, \ldots, u_m, \ldots, u_n$. 设 $\varphi_1, \ldots, \varphi_m, \ldots, \varphi_n$ 是 V' 的对偶基, 然后证明 $\varphi_{m+1}, \ldots, \varphi_n$ 是 U^0 的基, 这就证明了想要的结果.

请读者按照上一段给出的证明梗概写出完整的证明, 尽管下面我们给出了一个更简洁的证明.

3.106 零化子的维数

设 V 是有限维的, U 是 V 的子空间. 则

$$\dim U + \dim U^0 = \dim V.$$

证明 设 $i \in \mathcal{L}(U, V)$ 是包含映射, 定义如下: 对 $u \in U$ 有 $i(u) = u$. 则 i' 是 V' 到 U' 的线性映射. 对 i' 应用线性映射基本定理 3.22 得

$$\dim \mathrm{range}\, i' + \dim \mathrm{null}\, i' = \dim V'.$$

而 $\mathrm{null}\, i' = U^0$ (可由定义得到) 且 $\dim V' = \dim V$ (由于 3.95), 故上述等式变为

$$\dim \mathrm{range}\, i' + \dim U^0 = \dim V.$$

若 $\varphi \in U'$, 则 φ 可以扩张为 V 上的线性泛函 ψ (例如, 见 3.A 节的习题 11). i' 的定义表明 $i'(\psi) = \varphi$. 所以 $\varphi \in \mathrm{range}\, i'$, 这表明 $\mathrm{range}\, i' = U'$. 因此 $\dim \mathrm{range}\, i' = \dim U' = \dim U$, 这就得到了想要的结论. ∎

下面结果中的 (a) 的证明并不需要用到 V 和 W 都是有限维的这一假设.

3.107 T' 的零空间

设 V 和 W 都是有限维，$T \in \mathcal{L}(V, W)$. 则

(a) $\operatorname{null} T' = (\operatorname{range} T)^0$;

(b) $\dim \operatorname{null} T' = \dim \operatorname{null} T + \dim W - \dim V$.

证明

(a) 首先设 $\varphi \in \operatorname{null} T'$. 则 $0 = T'(\varphi) = \varphi \circ T$. 故对任意 $v \in V$ 有
$$0 = (\varphi \circ T)(v) = \varphi(Tv).$$

于是 $\varphi \in (\operatorname{range} T)^0$. 这表明 $\operatorname{null} T' \subset (\operatorname{range} T)^0$.

为了证明反方向的包含关系，设 $\varphi \in (\operatorname{range} T)^0$. 则对任意向量 $v \in V$ 有 $\varphi(Tv) = 0$. 所以 $0 = \varphi \circ T = T'(\varphi)$. 也就是说 $\varphi \in \operatorname{null} T'$，这表明 $(\operatorname{range} T)^0 \subset \operatorname{null} T'$，这就证明了 (a).

(b) 我们有
$$\begin{aligned}
\dim \operatorname{null} T' &= \dim(\operatorname{range} T)^0 \\
&= \dim W - \dim \operatorname{range} T \\
&= \dim W - (\dim V - \dim \operatorname{null} T) \\
&= \dim \operatorname{null} T + \dim W - \dim V,
\end{aligned}$$

这里第一个等号是利用 (a)，第二个等号是利用 3.106，第三个等号是利用线性映射基本定理 3.22. ∎

下面的命题很有用，因为有时候证明 T' 是单的比直接证明 T 是满的要更容易.

3.108 T 是满的等价于 T' 是单的

设 V 和 W 都是有限维的，$T \in \mathcal{L}(V, W)$. 则 T 是满的当且仅当 T' 是单的.

证明 映射 $T \in \mathcal{L}(V, W)$ 是满的当且仅当 $\operatorname{range} T = W$，当且仅当 $(\operatorname{range} T)^0 = \{0\}$，当且仅当 $\operatorname{null} T' = \{0\}$（由于 3.107(a)），当且仅当 T' 是单的. ∎

3.109 T' 的值域

设 V 和 W 都是有限维的，$T \in \mathcal{L}(V, W)$. 则

(a) $\dim \operatorname{range} T' = \dim \operatorname{range} T$;

(b) $\operatorname{range} T' = (\operatorname{null} T)^0$.

证明

(a) 我们有

$$\dim \operatorname{range} T' = \dim W' - \dim \operatorname{null} T'$$
$$= \dim W - \dim (\operatorname{range} T)^0$$
$$= \dim \operatorname{range} T,$$

这里第一个等号是利用线性映射基本定理 3.22，第二个等号是利用 3.95 和 3.107(a)，第三个等号是利用 3.106.

(b) 首先设 $\varphi \in \operatorname{range} T'$. 则存在 $\psi \in W'$ 使得 $\varphi = T'(\psi)$. 若 $v \in \operatorname{null} T$，则

$$\varphi(v) = \big(T'(\psi)\big)v = (\psi \circ T)(v) = \psi(Tv) = \psi(0) = 0.$$

所以 $\varphi \in (\operatorname{null} T)^0$. 这表明 $\operatorname{range} T' \subset (\operatorname{null} T)^0$.

为完成证明，我们要证明 $\operatorname{range} T'$ 和 $(\operatorname{null} T)^0$ 的维数相同，为此，注意到

$$\dim \operatorname{range} T' = \dim \operatorname{range} T$$
$$= \dim V - \dim \operatorname{null} T$$
$$= \dim (\operatorname{null} T)^0,$$

这里第一个等号是利用 (a)，第二个等号是利用线性映射基本定理 3.22，第三个等号是利用 3.106. ∎

下面的结果应当与 3.108 相对照.

3.110　T 是单的等价于 T' 是满的

设 V 和 W 都是有限维的，$T \in \mathcal{L}(V, W)$. 则 T 是单的当且仅当 T' 是满的.

证明 映射 $T \in \mathcal{L}(V, W)$ 是单的当且仅当 $\operatorname{null} T = \{0\}$，当且仅当 $(\operatorname{null} T)^0 = V'$，当且仅当 $\operatorname{range} T' = V'$（由于 3.109(b)），当且仅当 T' 是满的. ∎

对偶映射的矩阵

现在我们定义矩阵的转置.

3.111　定义　转置（transpose），A^{t}

矩阵 A 的**转置**（记为 A^{t}）是通过互换 A 的行和列的角色所得到的矩阵. 确切地说，若 A 是 $m \times n$ 矩阵，则 A^{t} 是 $n \times m$ 矩阵，其元素由下面的等式给出：

$$(A^{\mathrm{t}})_{k,j} = A_{j,k}.$$

3.112　例　若 $A = \begin{pmatrix} 5 & -7 \\ 3 & 8 \\ -4 & 2 \end{pmatrix}$，则 $A^{\mathrm{t}} = \begin{pmatrix} 5 & 3 & -4 \\ -7 & 8 & 2 \end{pmatrix}$.

注意这里 A 是 3×2 矩阵，A^{t} 是 2×3 矩阵.

转置有很好的代数性质：对所有 $m \times n$ 矩阵 A, C 和所有 $\lambda \in \mathbf{F}$ 均有 $(A + C)^{\mathrm{t}} = A^{\mathrm{t}} + C^{\mathrm{t}}$ 且 $(\lambda A)^{\mathrm{t}} = \lambda A^{\mathrm{t}}$（见习题 33）.

以下命题表明两个矩阵的乘积的转置等于其转置按相反的顺序相乘.

3.113 矩阵乘积的转置

若 A 是 $m \times n$ 矩阵，C 是 $n \times p$ 矩阵，则

$$(AC)^{\mathrm{t}} = C^{\mathrm{t}} A^{\mathrm{t}}.$$

证明 设 $1 \le k \le p$, $1 \le j \le m$, 则

$$
\begin{aligned}
\left((AC)^{\mathrm{t}}\right)_{k,j} &= (AC)_{j,k} \\
&= \sum_{r=1}^{n} A_{j,r} C_{r,k} \\
&= \sum_{r=1}^{n} (C^{\mathrm{t}})_{k,r} (A^{\mathrm{t}})_{r,j} \\
&= (C^{\mathrm{t}} A^{\mathrm{t}})_{k,j}.
\end{aligned}
$$

于是 $(AC)^{\mathrm{t}} = C^{\mathrm{t}} A^{\mathrm{t}}$. ∎

对以下命题，我们假定有 V 的基 $v_1, \ldots, v_n$ 及 V' 的对偶基 $\varphi_1, \ldots, \varphi_n$，并假定有 W 的基 $w_1, \ldots, w_m$ 及 W' 的对偶基 $\psi_1, \ldots, \psi_m$. 于是 $\mathcal{M}(T)$ 是按 V 和 W 的上述基计算，$\mathcal{M}(T')$ 是按 W' 和 V' 的上述对偶基计算.

3.114 T' 的矩阵是 T 的矩阵的转置

设 $T \in \mathcal{L}(V, W)$, 则 $\mathcal{M}(T') = \left(\mathcal{M}(T)\right)^{\mathrm{t}}$.

证明 设 $A = \mathcal{M}(T)$, $C = \mathcal{M}(T')$, 再设 $1 \le j \le m$, $1 \le k \le n$.

由 $\mathcal{M}(T')$ 的定义我们有

$$T'(\psi_j) = \sum_{r=1}^{n} C_{r,j} \varphi_r.$$

上面等式的左端等于 $\psi_j \circ T$. 于是将等式两端作用到 v_k 上得到

$$
\begin{aligned}
(\psi_j \circ T)(v_k) &= \sum_{r=1}^{n} C_{r,j} \varphi_r(v_k) \\
&= C_{k,j}.
\end{aligned}
$$

我们还有

$$
\begin{aligned}
(\psi_j \circ T)(v_k) &= \psi_j(Tv_k) \\
&= \psi_j\left(\sum_{r=1}^{m} A_{r,k} w_r\right)
\end{aligned}
$$

$$= \sum_{r=1}^{m} A_{r,k}\psi_j(w_r)$$

$$= A_{j,k}.$$

比较上面两组等式的最后一行得 $C_{k,j} = A_{j,k}$. 于是 $C = A^t$. 也就是说 $\mathcal{M}(T') = \left(\mathcal{M}(T)\right)^t$. ∎

矩阵的秩

我们首先定义与矩阵有关的两个非负整数.

3.115 定义　行秩（row rank）、列秩（column rank）

设 A 是元素属于 $\mathbf{F}$ 的 $m \times n$ 矩阵.
- A 的**行秩**是 A 的诸行在 $\mathbf{F}^{1,n}$ 中的张成空间的维数.
- A 的**列秩**是 A 的诸列在 $\mathbf{F}^{m,1}$ 中的张成空间的维数.

3.116 例 设 $A = \begin{pmatrix} 4 & 7 & 1 & 8 \\ 3 & 5 & 2 & 9 \end{pmatrix}$. 求 A 的行秩和列秩.

解　A 的行秩等于 $\mathbf{F}^{1,4}$ 中

$$\mathrm{span}\left(\begin{pmatrix} 4 & 7 & 1 & 8 \end{pmatrix}, \begin{pmatrix} 3 & 5 & 2 & 9 \end{pmatrix}\right)$$

的维数. $\mathbf{F}^{1,4}$ 中这两个向量任何一个都不是另一个的标量倍, 所以这个长度为 2 的组的张成空间的维数为 2. 也就是说, A 的行秩是 2.

A 的列秩是 $\mathbf{F}^{2,1}$ 中

$$\mathrm{span}\left(\begin{pmatrix} 4 \\ 3 \end{pmatrix}, \begin{pmatrix} 7 \\ 5 \end{pmatrix}, \begin{pmatrix} 1 \\ 2 \end{pmatrix}, \begin{pmatrix} 8 \\ 9 \end{pmatrix}\right)$$

的维数. $\mathbf{F}^{2,1}$ 中上述组的前两个向量中的任何一个都不是另一个的标量倍, 所以这个长度为 4 的组的张成空间的维数至少是 2. 因为 $\dim \mathbf{F}^{2,1} = 2$, 所以 $\mathbf{F}^{2,1}$ 中这个向量组的张成空间的维数不可能大于 2. 于是这个向量组的张成空间的维数是 2. 也就是说, A 的列秩是 2.

注意在下面结果的陈述中并没有出现基. 虽然下面结果中的 $\mathcal{M}(T)$ 依赖于 V 和 W 的基的选取, 但是下面的结果表明 $\mathcal{M}(T)$ 的列秩对于选定的每一组基都是相同的 (因为 $\mathrm{range}\, T$ 并不依赖于基的选取).

3.117　$\mathrm{range}\, T$ 的维数等于 $\mathcal{M}(T)$ 的列秩

设 V 和 W 都是有限维的, $T \in \mathcal{L}(V, W)$. 则 $\dim \mathrm{range}\, T$ 等于 $\mathcal{M}(T)$ 的列秩.

证明 设 $v_1, \ldots, v_n$ 是 V 的基，$w_1, \ldots, w_m$ 是 W 的基. 则将 $w \in \operatorname{span}(Tv_1, \ldots, Tv_n)$ 变为 $\mathcal{M}(w)$ 的函数是从 $\operatorname{span}(Tv_1, \ldots, Tv_n)$ 到 $\operatorname{span}\big(\mathcal{M}(Tv_1), \ldots, \mathcal{M}(Tv_n)\big)$ 的同构. 于是 $\dim \operatorname{span}(Tv_1, \ldots, Tv_n) = \dim \operatorname{span}\big(\mathcal{M}(Tv_1), \ldots, \mathcal{M}(Tv_n)\big)$，这里最后一个维数等于 $\mathcal{M}(T)$ 的列秩.

容易看出 $\operatorname{range} T = \operatorname{span}(Tv_1, \ldots, Tv_n)$. 于是 $\dim \operatorname{range} T = \dim \operatorname{span}(Tv_1, \ldots, Tv_n) = \mathcal{M}(T)$ 的列秩. ■

在例 3.116 中行秩和列秩相等. 以下命题表明这个结论恒成立.

3.118 行秩等于列秩

设 $A \in \mathbf{F}^{m,n}$，则 A 的行秩等于 A 的列秩.

证明 定义 $T: \mathbf{F}^{n,1} \to \mathbf{F}^{m,1}$ 为 $Tx = Ax$. 则 $\mathcal{M}(T) = A$，这里 $\mathcal{M}(T)$ 按 $\mathbf{F}^{n,1}$ 和 $\mathbf{F}^{m,1}$ 的标准基计算. 现在

$$
\begin{aligned}
A \text{ 的列秩} &= \mathcal{M}(T) \text{ 的列秩} \\
&= \dim \operatorname{range} T \\
&= \dim \operatorname{range} T' \\
&= \mathcal{M}(T') \text{ 的列秩} \\
&= A^{\mathrm{t}} \text{ 的列秩} \\
&= A \text{ 的行秩},
\end{aligned}
$$

这里第二个等号是利用 3.117，第三个等号是利用 3.109(a)，第四个等号是利用 3.117（其中 $\mathcal{M}(T')$ 按照标准基的对偶基计算），第五个等号是利用 3.114，最后一个等号是利用定义. ■

以上命题使得我们可以不区分"行秩"和"列秩"这两个术语，而直接使用更简单的术语"秩".

3.119 定义 秩（rank）

矩阵的 $A \in \mathbf{F}^{m,n}$ 的**秩**定义为 A 的列秩.

习题 3.F

1 解释为什么每个线性泛函或者是满的或者是零映射.

2 给出 $\mathbf{R}^{[0,1]}$ 上三个不同的线性泛函的例子.

3 设 V 是有限维的，$v \in V$ 且 $v \neq 0$. 证明存在 $\varphi \in V'$ 使得 $\varphi(v) = 1$.

4 设 V 是有限维的，U 是 V 的子空间使得 $U \neq V$. 证明存在 $\varphi \in V'$ 使得对每个 $u \in U$ 有 $\varphi(u) = 0$ 但 $\varphi \neq 0$.

5 设 $V_1, \ldots, V_m$ 均为向量空间. 证明 $(V_1 \times \cdots \times V_m)'$ 和 $V_1' \times \cdots \times V_m'$ 是同构的向量空间.

6 设 V 是有限维的, $v_1, \ldots, v_m \in V$. 定义线性映射 $\Gamma \colon V' \to \mathbf{F}^m$ 如下:

$$\Gamma(\varphi) = (\varphi(v_1), \ldots, \varphi(v_m)).$$

(a) 证明 $v_1, \ldots, v_m$ 张成 V 当且仅当 Γ 是单的.

(b) 证明 $v_1, \ldots, v_m$ 是线性无关的当且仅当 Γ 是满的.

7 设 m 是正整数. 证明 $\mathcal{P}_m(\mathbf{R})$ 的基 $1, x, \ldots, x^m$ 的对偶基是 $\varphi_0, \varphi_1, \ldots, \varphi_m$, 其中 $\varphi_j(p) = \frac{p^{(j)}(0)}{j!}$, $p^{(j)}$ 表示 p 的 j 次导数, p 的 0 次导数规定为 p.

8 设 m 是正整数.

(a) 证明 $1, x - 5, \ldots, (x - 5)^m$ 是 $\mathcal{P}_m(\mathbf{R})$ 的基.

(b) 求 (a) 中的基的对偶基.

9 设 $v_1, \ldots, v_n$ 是 V 的基, $\varphi_1, \ldots, \varphi_n$ 是 V' 的相应的对偶基. 设 $\psi \in V'$. 证明

$$\psi = \psi(v_1)\varphi_1 + \cdots + \psi(v_n)\varphi_n.$$

10 证明 3.101 的前两条.

11 设 A 是 $m \times n$ 矩阵且 $A \neq 0$. 证明 A 的秩是 1 当且仅当存在 $(c_1, \ldots, c_m) \in \mathbf{F}^m$ 和 $(d_1, \ldots, d_n) \in \mathbf{F}^n$ 使得对任意 $j = 1, \ldots, m$ 和 $k = 1, \ldots, n$ 有 $A_{j,k} = c_j d_k$.

12 证明 V 的恒等映射的对偶映射是 V' 的恒等映射.

13 定义 $T \colon \mathbf{R}^3 \to \mathbf{R}^2$ 为 $T(x, y, z) = (4x + 5y + 6z, 7x + 8y + 9z)$. 设 φ_1, φ_2 是 $\mathbf{R}^2$ 的标准基的对偶基, ψ_1, ψ_2, ψ_3 是 $\mathbf{R}^3$ 的标准基的对偶基.

(a) 描述线性泛函 $T'(\varphi_1)$ 和 $T'(\varphi_2)$.

(b) 将 $T'(\varphi_1)$ 和 $T'(\varphi_2)$ 写成 ψ_1, ψ_2, ψ_3 的线性组合.

14 定义 $T \colon \mathcal{P}(\mathbf{R}) \to \mathcal{P}(\mathbf{R})$ 如下: 对 $x \in \mathbf{R}$ 有 $(Tp)(x) = x^2 p(x) + p''(x)$.

(a) 设 $\varphi \in \mathcal{P}(\mathbf{R})'$ 定义为 $\varphi(p) = p'(4)$. 描述 $\mathcal{P}(\mathbf{R})$ 上的线性泛函 $T'(\varphi)$.

(b) 设 $\varphi \in \mathcal{P}(\mathbf{R})'$ 定义为 $\varphi(p) = \int_0^1 p(x)\, \mathrm{d}x$. 求 $(T'(\varphi))(x^3)$.

15 设 W 是有限维的, $T \in \mathcal{L}(V, W)$. 证明 $T' = 0$ 当且仅当 $T = 0$.

16 设 V 和 W 都是有限维的. 证明将 $T \in \mathcal{L}(V, W)$ 变为 $T' \in \mathcal{L}(W', V')$ 的映射是 $\mathcal{L}(V, W)$ 到 $\mathcal{L}(W', V')$ 的同构.

17 设 $U \subset V$. 说明为什么 $U^0 = \{\varphi \in V' : U \subset \mathrm{null}\, \varphi\}$.

18 设 V 是有限维的, $U \subset V$. 证明 $U = \{0\}$ 当且仅当 $U^0 = V'$.

19 设 V 是有限维的, U 是 V 的子空间. 证明 $U = V$ 当且仅当 $U^0 = \{0\}$.

20 设 U 和 W 均为 V 的子集, $U \subset W$. 证明 $W^0 \subset U^0$.

21 设 V 是有限维的, U 和 W 均为 V 的子空间且 $W^0 \subset U^0$. 证明 $U \subset W$.

22 设 U, W 均为 V 的子空间. 证明 $(U + W)^0 = U^0 \cap W^0$.

23 设 V 是有限维的, 且 U 和 W 均为 V 的子空间. 证明 $(U \cap W)^0 = U^0 + W^0$.

24 使用 3.106 之前描述的想法证明 3.106.

25 设 V 是有限维的, 且 U 是 V 的子空间. 证明

$$U = \{v \in V : \text{对任意 } \varphi \in U^0 \text{ 均有 } \varphi(v) = 0\}.$$

26 设 V 是有限维的且 Γ 是 V' 的子空间. 证明

$$\Gamma = \{v \in V : \text{对任意 } \varphi \in \Gamma \text{ 均有 } \varphi(v) = 0\}^0.$$

27 设 $T \in \mathcal{L}(\mathcal{P}_5(\mathbf{R}), \mathcal{P}_5(\mathbf{R}))$ 且 $\text{null } T' = \text{span}(\varphi)$, 这里 φ 是 $\mathcal{P}_5(\mathbf{R})$ 上的由 $\varphi(p) = p(8)$ 定义的线性泛函. 证明 $\text{range } T = \{p \in \mathcal{P}_5(\mathbf{R}) : p(8) = 0\}$.

28 设 V 和 W 都是有限维的, $T \in \mathcal{L}(V, W)$, 且存在 $\varphi \in W'$ 使得 $\text{null } T' = \text{span}(\varphi)$. 证明 $\text{range } T = \text{null } \varphi$.

29 设 V 和 W 都是有限维的, $T \in \mathcal{L}(V, W)$, 且存在 $\varphi \in V'$ 使得 $\text{range } T' = \text{span}(\varphi)$. 证明 $\text{null } T = \text{null } \varphi$.

30 设 V 是有限维的, $\varphi_1, \ldots, \varphi_m$ 是 V' 中的一个线性无关组. 证明

$$\dim\big((\text{null } \varphi_1) \cap \cdots \cap (\text{null } \varphi_m)\big) = (\dim V) - m.$$

31 设 V 是有限维的, $\varphi_1, \ldots, \varphi_n$ 是 V' 的基. 证明存在 V 的基使得其对偶基是 $\varphi_1, \ldots, \varphi_n$.

32 设 $T \in \mathcal{L}(V)$, 并设 $u_1, \ldots, u_n$ 和 $v_1, \ldots, v_n$ 均为 V 的基. 证明以下命题等价:

(a) T 是可逆的.

(b) $\mathcal{M}(T)$ 的诸列在 $\mathbf{F}^{n,1}$ 中是线性无关的.

(c) $\mathcal{M}(T)$ 的诸列张成 $\mathbf{F}^{n,1}$.

(d) $\mathcal{M}(T)$ 的诸行在 $\mathbf{F}^{1,n}$ 中是线性无关的.

(e) $\mathcal{M}(T)$ 的诸行张成 $\mathbf{F}^{1,n}$.

这里 $\mathcal{M}(T)$ 表示 $\mathcal{M}(T, (u_1, \ldots, u_n), (v_1, \ldots, u_n))$.

33 设 m 和 n 均为正整数. 证明将 A 变为 A^{t} 的函数是从 $\mathbf{F}^{m,n}$ 到 $\mathbf{F}^{n,m}$ 的线性映射. 进一步, 证明这个线性映射是可逆的.

34 定义 V 的**二次对偶空间**（记为 V''）为 V' 的对偶空间. 也就是说，$V'' = (V')'$. 定义 $\Lambda: V \to V''$ 如下：对于 $v \in V$ 和 $\varphi \in V'$，

$$(\Lambda v)(\varphi) = \varphi(v).$$

(a) 证明 Λ 是从 V 到 V'' 的线性映射.

(b) 证明：若 $T \in \mathcal{L}(V)$，则 $T'' \circ \Lambda = \Lambda \circ T$，这里 $T'' = (T')'$.

(c) 证明：若 V 是有限维的，则 Λ 是 V 到 V'' 的同构.

设 V 是有限维的. 则 V 和 V' 同构，但是找 V 到 V' 的同构一般来说需要选择 V 的一个基. 相比之下，从 V 到 V'' 的同构 Λ 并不依赖于基的选取，因此更加自然.

35 证明 $\big(\mathcal{P}(\mathbf{R})\big)'$ 和 $\mathbf{R}^{\infty}$ 是同构的.

36 设 U 是 V 的子空间. 设 $i: U \to V$ 是由 $i(u) = u$ 定义的包含映射. 那么 $i' \in \mathcal{L}(V', U')$.

(a) 证明 $\operatorname{null} i' = U^{0}$.

(b) 证明若 V 是有限维的，则 $\operatorname{range} i' = U'$.

(c) 证明若 V 是有限维的，则 $\widetilde{i'}$ 是 V'/U^{0} 到 U' 的同构.

注意 (c) 中的同构并不依赖于其中任何一个向量空间的基的选取，因而是自然的.

37 设 U 是 V 的子空间，$\pi: V \to V/U$ 是通常的商映射，则 $\pi' \in \mathcal{L}\big((V/U)', V'\big)$.

(a) 证明 π' 是单的.

(b) 证明 $\operatorname{range} \pi' = U^{0}$.

(c) π' 是 $(V/U)'$ 到 U^{0} 的同构.

注意 (c) 中的同构并不依赖于其中任何一个向量空间的基的选取，因而是自然的. 事实上，这里并没有假定这些向量空间是有限维的.

第4章

波斯数学家、诗人欧玛尔·海亚姆（1048－1131）的塑像，他写于1070年的代数著作首次详细研究了三次多项式.

多项式

这简短的一章包含关于多项式的内容，我们在讨论算子时要用到这些材料. 本章的很多结果你可能已经从其他课程熟悉了，把它们写在这里只是为了完整性.

因为这一章不是关于线性代数的，所以老师可能会讲得很快. 你无需把所有的证明都仔细看一遍，但至少要把本章中所有结论的陈述看一遍，并且理解它们——本书的后续章节要用到这些结论.

在本章中我们总做如下假定：

4.1 记号 **F**

F 表示 **R** 或 **C**.

本章的学习目标

- 多项式的带余除法
- **C** 上多项式的分解
- **R** 上多项式的分解

复共轭与绝对值

在讨论复系数或实系数多项式之前，我们需要多学一点复数知识.

4.2 定义   实部（real part），$\operatorname{Re} z$、**虚部**（imaginary part），$\operatorname{Im} z$

设 $z = a + bi$，其中 a 和 b 均为实数.

- z 的**实部**（记作 $\operatorname{Re} z$）定义为 $\operatorname{Re} z = a$.
- z 的**虚部**（记作 $\operatorname{Im} z$）定义为 $\operatorname{Im} z = b$.

于是对每个复数 z 都有 $z = \operatorname{Re} z + (\operatorname{Im} z)\mathrm{i}$.

4.3 定义   复共轭（complex conjugate），$\bar{z}$、**绝对值**（absolute value），$|z|$

设 $z \in \mathbf{C}$.

- $z \in \mathbf{C}$ 的**复共轭**（记作 $\bar{z}$）定义为 $\bar{z} = \operatorname{Re} z - (\operatorname{Im} z)\mathrm{i}$.
- 复数 z 的**绝对值**（记作 $|z|$）定义为 $|z| = \sqrt{(\operatorname{Re} z)^2 + (\operatorname{Im} z)^2}$.

4.4 例   设 $z = 3 + 2\mathrm{i}$. 则

- $\operatorname{Re} z = 3$ 且 $\operatorname{Im} z = 2$；
- $\bar{z} = 3 - 2\mathrm{i}$；
- $|z| = \sqrt{3^2 + 2^2} = \sqrt{13}$.

请验证 $z = \bar{z}$ 当且仅当 z 是实数.

注意：对于每个 $z \in \mathbf{C}$，$|z|$ 都是非负实数.
实部、虚部、复共轭和绝对值具有以下性质.

4.5 复数的性质

设 $w, z \in \mathbf{C}$. 则

z 与 $\bar{z}$ 的和： $z + \bar{z} = 2 \operatorname{Re} z$；

z 与 $\bar{z}$ 的差： $z - \bar{z} = 2(\operatorname{Im} z)\mathrm{i}$；

z 与 $\bar{z}$ 的积： $z\bar{z} = |z|^2$；

复共轭的可加性与可乘性：$\overline{w + z} = \bar{w} + \bar{z}$ 且 $\overline{wz} = \bar{w}\bar{z}$；

共轭的共轭：$\bar{\bar{z}} = z$；

实部与虚部有界于 $|z|$：$|\operatorname{Re} z| \le |z|$ 且 $|\operatorname{Im} z| \le |z|$；

复共轭的绝对值：$|\bar{z}| = |z|$；

绝对值的可乘性：$|wz| = |w|\,|z|$；

三角不等式：$|w + z| \le |w| + |z|$.

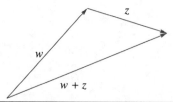

证明 除了最后一条，其余性质的验证留给读者. 为了验证最后一条，我们有

$$
\begin{aligned}
|w+z|^2 &= (w+z)(\bar{w}+\bar{z}) \\
&= w\bar{w} + z\bar{z} + w\bar{z} + z\bar{w} \\
&= |w|^2 + |z|^2 + w\bar{z} + \overline{w\bar{z}} \\
&= |w|^2 + |z|^2 + 2\operatorname{Re}(w\bar{z}) \\
&\leq |w|^2 + |z|^2 + 2|w\bar{z}| \\
&= |w|^2 + |z|^2 + 2|w|\,|z| \\
&= (|w|+|z|)^2.
\end{aligned}
$$

在不等式 $|w+z|^2 < (|w|+|z|)^2$ 两端取平方根，即得到所要证明的不等式. ∎

多项式系数的唯一性

回忆一下，对于函数 $p\colon \mathbf{F} \to \mathbf{F}$，若存在 $a_0,\dots,a_m \in \mathbf{F}$ 使得对所有 $z \in \mathbf{F}$ 都有

4.6 $$p(z) = a_0 + a_1 z + a_2 z^2 + \cdots + a_m z^m,$$

则称函数 p 为系数在 $\mathbf{F}$ 中的多项式.

> **4.7 若一个多项式是零函数，则其所有系数均为 0**
>
> 设 $a_0,\dots,a_m \in \mathbf{F}$. 若对任意 $z \in \mathbf{F}$ 均有
>
> $$a_0 + a_1 z + \cdots + a_m z^m = 0,$$
>
> 则 $a_0 = \cdots = a_m = 0$.

证明 我们将证明逆否命题. 如果并非所有系数均为 0，则通过改变 m 我们可以假定 $a_m \neq 0$. 设

$$
z = \frac{|a_0| + |a_1| + \cdots + |a_{m-1}|}{|a_m|} + 1.
$$

注意 $z \geq 1$，于是对 $j = 0, 1, \dots, m-1$ 有 $z^j \leq z^{m-1}$. 使用三角不等式，我们有

$$
|a_0 + a_1 z + \cdots + a_{m-1} z^{m-1}| \leq (|a_0| + |a_1| + \cdots + |a_{m-1}|) z^{m-1} < |a_m z^m|.
$$

于是 $a_0 + a_1 z + \cdots + a_{m-1} z^{m-1} \neq -a_m z^m$. 所以 $a_0 + a_1 z + \cdots + a_{m-1} z^{m-1} + a_m z^m \neq 0$. ∎

上述结果表明多项式的系数是唯一确定的（因为若一个多项式有两组不同的系数，则该多项式的这两个表达式相减即与上述结果矛盾）.

回忆一下，若多项式 p 可以写成 4.6 的形式，其中 $a_m \neq 0$，则说 p 是 m 次的，记为 $\deg p = m$.

规定多项式 0 的次数为 $-\infty$, 很多结果就不再有例外. 例如, 即使 $p = 0$ 也有 $\deg(pq) = \deg p + \deg q$.

多项式 0 的次数规定为 $-\infty$. 必要时可以使用关于 $-\infty$ 的显然算术. 例如, 对任意整数 m 有 $-\infty < m$ 和 $-\infty + m = -\infty$.

多项式的带余除法

若 p 和 s 是非负整数且 $s \neq 0$, 则存在非负整数 q 和 r 使得

$$p = sq + r$$

且 $r < s$. 上式可解释为 p 除以 s, 得到了商 q 及余数 r. 下面的任务是对多项式证明类似结果.

可将多项式的带余除法理解为多项式 p 除以 s 得到了余式 r.

下面的结果通常称为带余除法, 尽管这里的表述并不是一个真正的算法, 而只是一个有用的命题.

回忆一下, $\mathcal{P}(\mathbf{F})$ 表示系数在 $\mathbf{F}$ 中的所有多项式构成的向量空间, $\mathcal{P}_m(\mathbf{F})$ 表示系数在 $\mathbf{F}$ 中的次数不超过 m 的所有多项式构成的 $\mathcal{P}(\mathbf{F})$ 的子空间.

下面的结果可以不使用线性代数的知识来证明, 但这里给出的使用线性代数的证明对于一本线性代数教材是合适的.

4.8 多项式的带余除法

设 $p, s \in \mathcal{P}(\mathbf{F})$ 且 $s \neq 0$. 则存在唯一的多项式 $q, r \in \mathcal{P}(\mathbf{F})$ 使得

$$p = sq + r$$

且 $\deg r < \deg s$.

证明　设 $n = \deg p$, $m = \deg s$. 若 $n < m$, 取 $q = 0, r = p$ 即可. 于是我们可以假定 $n \geq m$.

定义 $T: \mathcal{P}_{n-m}(\mathbf{F}) \times \mathcal{P}_{m-1}(\mathbf{F}) \to \mathcal{P}_n(\mathbf{F})$ 为

$$T(q, r) = sq + r.$$

容易验证 T 是线性映射. 若 $(q, r) \in \operatorname{null} T$, 则 $sq + r = 0$, 这表明 $q = 0$ 且 $r = 0$ (因为, 否则 $\deg sq \geq m$, sq 也就不可能等于 $-r$). 于是 $\dim \operatorname{null} T = 0$ (这就证明了命题中的 "唯一" 性).

由 3.76 我们有

$$\dim\big(P_{n-m}(\mathbf{F}) \times \mathcal{P}_{m-1}(\mathbf{F})\big) = (n - m + 1) + (m - 1 + 1) = n + 1.$$

线性映射基本定理 3.22 和上面的等式表明 $\dim \operatorname{range} T = n+1$, 从而等于 $\dim \mathcal{P}_n(\mathbf{F})$. 于是 $\operatorname{range} T = \mathcal{P}_n(\mathbf{F})$, 因此存在 $q \in \mathcal{P}_{n-m}(\mathbf{F})$ 和 $r \in \mathcal{P}_{m-1}(\mathbf{F})$ 使得 $p = T(q, r) = sq + r$. ∎

多项式的零点

求解方程 $p(z) = 0$ 在多项式 $p \in \mathcal{P}(\mathbf{F})$ 的研究中起着至关重要的作用. 因此这些解有一个特别的名字.

4.9 定义 多项式的零点（zero of a polynomial）

称数 $\lambda \in \mathbf{F}$ 为多项式 $p \in \mathcal{P}(\mathbf{F})$ 的**零点**（或根），如果 $p(\lambda) = 0$.

4.10 定义 因式（factor）

称多项式 $s \in \mathcal{P}(\mathbf{F})$ 为多项式 $p \in \mathcal{P}(\mathbf{F})$ 的**因式**，如果存在多项式 $q \in \mathcal{P}(\mathbf{F})$ 使得 $p = sq$.

我们首先证明 λ 是多项式 $p \in \mathcal{P}(\mathbf{F})$ 的零点当且仅当 $(z - \lambda)$ 是 p 的因式.

4.11 多项式的每个零点对应一个一次因式

设 $p \in \mathcal{P}(\mathbf{F})$，$\lambda \in \mathbf{F}$. 则 $p(\lambda) = 0$ 当且仅当存在多项式 $q \in \mathcal{P}(\mathbf{F})$ 使得对每个 $z \in \mathbf{F}$ 均有 $p(z) = (z - \lambda)q(z)$.

证明 证明的一个方面是显然的. 即，假设存在多项式 $q \in \mathcal{P}(\mathbf{F})$ 使得对所有 $z \in \mathbf{F}$ 均有 $p(z) = (z - \lambda)q(z)$. 则 $p(\lambda) = (\lambda - \lambda)q(\lambda) = 0$.

要证明另一个方面，设 $p(\lambda) = 0$. 则多项式 $z - \lambda$ 的次数为 1. 由于次数小于 1 的多项式是常函数，所以多项式的带余除法 4.8 表明存在多项式 $q \in \mathcal{P}(\mathbf{F})$ 和数 $r \in \mathbf{F}$ 使得对每个 $z \in \mathbf{F}$ 均有

$$p(z) = (z - \lambda)q(z) + r.$$

上述等式以及 $p(\lambda) = 0$ 表明 $r = 0$. 于是对每个 $z \in \mathbf{F}$ 均有 $p(z) = (z - \lambda)q(z)$. ∎

现在我们可以证明多项式不会有太多的零点.

4.12 多项式零点的个数不超过它的次数

设 $p \in \mathcal{P}(\mathbf{F})$ 是 m 次多项式，$m \geqslant 0$. 则 p 在 $\mathbf{F}$ 中最多有 m 个互不相同的零点.

证明 若 $m = 0$，则 $p(z) = a_0 \neq 0$，因此 p 没有零点.

若 $m = 1$，则 $p(z) = a_0 + a_1 z$，其中 $a_1 \neq 0$，因此 p 恰有一个零点，即 $-a_0/a_1$.

现在设 $m > 1$. 对 m 用归纳法，假设每个 $m - 1$ 次多项式最多有 $m - 1$ 个不同的零点. 如果 p 在 $\mathbf{F}$ 中没有零点，则结论成立. 如果 p 有一个零点 $\lambda \in \mathbf{F}$，则由 4.11 可知，存在一个多项式 q 使得对所有 $z \in \mathbf{F}$ 均有

$$p(z) = (z - \lambda)q(z).$$

显然 $\deg q = m - 1$. 上面的等式表明：若 $p(z) = 0$，则 $z = \lambda$ 或者 $q(z) = 0$. 也就是说，p 的零点是由 λ 和 q 的零点组成的. 由归纳法假设，q 在 $\mathbf{F}$ 中至多有 $m - 1$ 个不同的零点. 因此 p 在 $\mathbf{F}$ 中至多有 m 个不同的零点. ∎

C 上多项式的分解

到目前为止，通过约定 $\mathbf{F}$ 代表 $\mathbf{R}$ 或 $\mathbf{C}$，我们已经同时处理了复系数多项式和实系数多项式. 现在我们将会看到这两种情形之间的区别. 我们先处理复系数多项式. 然后利用这些关于复系数多项式的结果来证明实系数多项式的相应结果.

代数学基本定理是一个存在性定理. 其证明并没有给出求多项式零点的方法. 二次求根公式明确地给出了二次多项式的零点. 三次或四次多项式也有类似的但要复杂得多的求根公式. 五次或五次以上的多项式就没有这样的求根公式了.

下面的命题，虽然称为代数学基本定理，但是它的证明却需要分析学的知识. 这里给出的简短证明用到了复分析的工具. 如果你还没有学过复分析方面的课程，那么这个证明对你而言就不太有意义. 要是这样的话，只要将代数学基本定理当作一种事实来接受就可以了，其证明所用到的高级工具在后续的课程中才能学到.

4.13 代数学基本定理

每个非常数的复系数多项式都有零点.

证明 设 p 为非常数的复系数多项式. 假设 p 没有零点，则 $1/p$ 是 $\mathbf{C}$ 上的解析函数. 进一步，当 $|z| \to \infty$ 时 $|p(z)| \to \infty$，这说明当 $|z| \to \infty$ 时 $1/p \to 0$. 因此 $1/p$ 是 $\mathbf{C}$ 上的有界解析函数. 根据刘维尔定理，任何这样的函数都一定是常数. 但若 $1/p$ 是常数，则 p 是常数，这与 p 不是常数的假设矛盾. ∎

三次求根公式发现于十六世纪，下面把它写出来只是为了满足你的好奇心. 不要去背这个公式.
设多项式 $p(x) = ax^3 + bx^2 + cx + d$，其中 $a \neq 0$. 令
$$u = \frac{9abc - 2b^3 - 27a^2 d}{54a^3},$$
$$v = u^2 + \left(\frac{3ac - b^2}{9a^2}\right)^3.$$
假设 $v \geq 0$. 则
$$-\frac{b}{3a} + \sqrt[3]{u + \sqrt{v}} + \sqrt[3]{u - \sqrt{v}}$$
是 p 的零点.

虽然上面的证明可能是代数学基本定理的最短的证明，但是通过网页搜索你会找到一些使用其他方法的证明，所有这些证明都需要使用一些分析学的知识，这是因为，例如，如果将 $\mathbf{C}$ 换成所有 $c + di$ 构成的数集（其中 c 和 d 是有理数），则该定理不再成立.

值得注意的是，数学家们已经证明了五次及五次以上的多项式不存在这样的求根公式. 但是计算机或计算器可以使用巧妙的数值方法寻找任意多项式的近似零点，即使无法找到确切的零点.

例如，人们无法找到多项式
$$p(x) = x^5 - 5x^4 - 6x^3 + 17x^2 + 4x - 7$$

的零点的确切公式. 但是，计算机或符号计算器可以找到这个多项式的近似零点.

　　代数学基本定理给出了复系数多项式的如下分解定理. 在下面的分解中数 $\lambda_1, \ldots, \lambda_m$ 恰为 p 的零点，因为只有 z 的这些取值才能使得下面等式的右端等于 0.

4.14 C 上多项式的分解

若 $p \in \mathcal{P}(\mathbf{C})$ 是非常数多项式，则 p 可以唯一分解（不计因式的次序）为

$$p(z) = c(z - \lambda_1) \cdots (z - \lambda_m),$$

其中 $c, \lambda_1, \ldots, \lambda_m \in \mathbf{C}$.

证明 设 $p \in \mathcal{P}(\mathbf{C})$, $m = \deg p$. 对 m 用归纳法. 若 $m = 1$, 则分解显然存在且唯一. 假设 $m > 1$, 并设对于 $m - 1$ 次多项式分解存在且唯一.

　　我们首先证明 p 的分解存在. 由代数学基本定理 4.13, p 有一个根 λ. 由 4.11, 存在多项式 q 使得对所有 $z \in \mathbf{C}$ 均有

$$p(z) = (z - \lambda)q(z).$$

由于 $\deg q = m - 1$, 归纳法假设表明 q 的分解存在，将这一分解代入上面的等式即可得 p 的分解.

　　现在考虑唯一性问题. 显然 c 由 z^m 的系数唯一确定. 因此我们只需证明不计次序的话，$\lambda_1, \ldots, \lambda_m$ 是唯一确定的. 如果对所有 $z \in \mathbf{C}$ 均有

$$(z - \lambda_1) \cdots (z - \lambda_m) = (z - \tau_1) \cdots (z - \tau_m),$$

那么，因为当 $z = \lambda_1$ 时上面等式的左端等于 0, 所以右端一定有某个 τ 等于 λ_1. 重置下标，可设 $\tau_1 = \lambda_1$. 现在对于 $z \neq \lambda_1$, 上式两端都除以 $z - \lambda_1$, 则

$$(z - \lambda_2) \cdots (z - \lambda_m) = (z - \tau_2) \cdots (z - \tau_m)$$

对除 $z = \lambda_1$ 之外的所有 $z \in \mathbf{C}$ 都成立. 事实上，上面的等式一定对所有的 $z \in \mathbf{C}$ 都成立. 否则，从等式的左端减去右端将得到一个具有无限多个零点的非零多项式. 由上面的等式及我们的归纳法假设可知，不计次序的话，诸 λ 与诸 τ 是相同的，这就完成唯一性的证明. ∎

R 上多项式的分解

　　实系数多项式有可能没有实的零点，例如多项式 $1 + x^2$ 就没有实的零点.

　　为了得到 R 上的分解定理，我们将利用 C 上的分解定理. 首先证明以下命题.

> 代数学基本定理对 R 不成立，这反映了实向量空间和复向量空间上算子的区别，在后面的章节中我们将会看到这一点.

4.15 实系数多项式的非实零点是成对出现的

设 $p \in \mathcal{P}(\mathbf{C})$ 是实系数多项式. 若 $\lambda \in \mathbf{C}$ 是 p 的零点，则 $\bar{\lambda}$ 也是 p 的零点.

证明 设

$$p(z) = a_0 + a_1 z + \cdots + a_m z^m,$$

其中 $a_0, \ldots, a_m$ 均为实数. 设 $\lambda \in \mathbf{C}$ 是 p 的零点. 则

$$a_0 + a_1 \lambda + \cdots + a_m \lambda^m = 0.$$

等式两端取复共轭得

$$a_0 + a_1 \bar{\lambda} + \cdots + a_m \bar{\lambda}^m = 0,$$

此处我们使用了复共轭的一些基本性质（见 4.5）. 上式表明 $\bar{\lambda}$ 是 p 的零点. ■

> 考虑一下二次求根公式与 4.16 之间的联系.

我们想要得到实系数多项式的分解定理. 为此, 需要先来描述可以写成两个一次实系数多项式之积的二次实系数多项式.

4.16 二次多项式的分解

设 $b, c \in \mathbf{R}$. 则存在 $\lambda_1, \lambda_2 \in \mathbf{R}$ 使得分解式

$$x^2 + bx + c = (x - \lambda_1)(x - \lambda_2)$$

成立当且仅当 $b^2 \geq 4c$.

证明 注意到

$$x^2 + bx + c = \left(x + \frac{b}{2}\right)^2 + \left(c - \frac{b^2}{4}\right).$$

> 上述等式是一个基本技巧, 即所谓**配方法**.

首先假设 $b^2 < 4c$. 则对每个 $x \in \mathbf{R}$ 上式右端显然都是正的, 因此多项式 $x^2 + bx + c$ 没有实根. 于是不能分解为 $(x - \lambda_1)(x - \lambda_2)$ 的形式, 其中 $\lambda_1, \lambda_2 \in \mathbf{R}$.

反之, 设 $b^2 \geq 4c$. 则存在实数 d 使得 $d^2 = \frac{b^2}{4} - c$. 由本证明第二行的等式得

$$x^2 + bx + c = \left(x + \frac{b}{2}\right)^2 - d^2 = \left(x + \frac{b}{2} + d\right)\left(x + \frac{b}{2} - d\right),$$

这就是我们要的分解. ■

下面的定理给出了 $\mathbf{R}$ 上多项式的分解. 证明的思路是把 p 看作复系数多项式来使用分解 4.14. p 的非实数的复根是成对出现的, 见 4.15. 于是, 如果 p 作为 $\mathcal{P}(\mathbf{C})$ 中的元素, 其分解包含形如 $(x - \lambda)$ 的项, 其中 λ 是非实数的复数, 那么 $(x - \bar{\lambda})$ 也是该分解中的一项. 将这两项相乘就得到

$$\left(x^2 - 2(\operatorname{Re}\lambda)x + |\lambda|^2\right),$$

即所需的二次项.

上一段简要描述的思路基本上给出了分解存在性的证明. 但是, 有一点需要注意, 假设 λ 是一个非实数的复根, 并且 $(x - \lambda)$ 是 p 作为 $\mathcal{P}(\mathbf{C})$ 中元素的分解中的一

项. 根据 4.15，$(x - \bar{\lambda})$ 也是这个分解中的一项，但是 4.15 并没说这两个因子出现的次数相同，而这正是使上面的思路可行所必需的. 不过，我们将证明这一点的确是成立的.

在下面的定理中，m 或 M 都可能等于 0. 数 $\lambda_1, \ldots, \lambda_m$ 恰为 p 的实零点，因为它们是使得下面的等式右端等于 0 的唯一一组实数.

4.17 R 上多项式的分解

设 $p \in \mathcal{P}(\mathbf{R})$ 是非常数多项式. 则 p 可以唯一分解（不计因子的次序）为

$$p(x) = c(x - \lambda_1) \cdots (x - \lambda_m)(x^2 + b_1 x + c_1) \cdots (x^2 + b_M x + c_M),$$

其中 $c, \lambda_1, \ldots, \lambda_m, b_1, \ldots, b_M, c_1, \ldots, c_M \in \mathbf{R}$，并且对每个 j 均有 $b_j{}^2 < 4c_j$.

证明 将 p 视为 $\mathcal{P}(\mathbf{C})$ 中的元素. 如果 p 的所有（复）零点均为实数，则由 4.14 知结论成立. 故设 p 有一个零点 $\lambda \in \mathbf{C}$ 使得 $\lambda \notin \mathbf{R}$. 由 4.15，$\bar{\lambda}$ 也是 p 的零点. 则有某个次数比 p 低 2 次的多项式 $q \in \mathcal{P}(\mathbf{C})$ 使得

$$p(x) = (x - \lambda)(x - \bar{\lambda})q(x) = \left(x^2 - 2(\mathrm{Re}\,\lambda)x + |\lambda|^2\right)q(x).$$

如果我们能证明 q 是实系数的，那么通过对 p 的次数用归纳法就可以断定：$(x - \lambda)$ 与 $(x - \bar{\lambda})$ 在 p 的分解中出现的次数一样多.

要证明 q 是实系数的，从上面的方程解出 q 可得，对所有 $x \in \mathbf{R}$ 有

$$q(x) = \frac{p(x)}{x^2 - 2(\mathrm{Re}\,\lambda)x + |\lambda|^2}.$$

这表明对所有 $x \in \mathbf{R}$ 均有 $q(x) \in \mathbf{R}$. 把 q 写成

$$q(x) = a_0 + a_1 x + \cdots + a_{n-2} x^{n-2},$$

其中 $n = \deg p$ 且 $a_0, \ldots, a_{n-2} \in \mathbf{C}$，则对所有 $x \in \mathbf{R}$ 有

$$0 = \mathrm{Im}\,q(x) = (\mathrm{Im}\,a_0) + (\mathrm{Im}\,a_1)x + \cdots + (\mathrm{Im}\,a_{n-2})x^{n-2}.$$

由此可得 $\mathrm{Im}\,a_0, \ldots, \mathrm{Im}\,a_{n-2}$ 均等于 0（由于 4.7）. 因此 q 的所有系数都是实数，这就证明了分解的存在性.

现在考虑分解的唯一性问题. 当 $b_j{}^2 < 4c_j$ 时，p 的形如 $x^2 + b_j x + c_j$ 的因式可以唯一地写成 $(x - \lambda_j)(x - \overline{\lambda_j})$，其中 $\lambda_j \in \mathbf{C}$. 稍加思索便知，如果 p 作为 $\mathcal{P}(\mathbf{R})$ 中元素有两个不同的分解，那么 p 作为 $\mathcal{P}(\mathbf{C})$ 中元素也有两个不同的分解，与 4.14 矛盾. ∎

习题 4

1 证明 4.5 中除最后一条之外的所有结论.

2 设 m 是正整数. 集合 $\{0\} \cup \{p \in \mathcal{P}(\mathbf{F}) : \deg p = m\}$ 是 $\mathcal{P}(\mathbf{F})$ 的子空间吗？

3 集合 $\{0\} \cup \{p \in \mathcal{P}(\mathbf{F}) : \deg p$ 是偶数$\}$ 是 $\mathcal{P}(\mathbf{F})$ 的子空间吗?

4 设 m 和 n 均为正整数, $m \le n$, 并设 $\lambda_1, \ldots, \lambda_m \in \mathbf{F}$. 证明存在多项式 $p \in \mathcal{P}(\mathbf{F})$ 满足 $\deg p = n$ 和 $0 = p(\lambda_1) = \cdots = p(\lambda_m)$, 且 p 没有其他的零点.

5 设 m 是非负整数, $z_1, \ldots, z_{m+1}$ 是 $\mathbf{F}$ 中的一些不同的元素, 且 $w_1, \ldots, w_{m+1} \in \mathbf{F}$. 证明存在唯一一个多项式 $p \in \mathcal{P}_m(\mathbf{F})$ 使得 $p(z_j) = w_j$, 其中 $j = 1, \ldots, m+1$.
这个结果可以不用线性代数来证明. 试用线性代数的知识给出一个简短的证明.

6 设 $p \in \mathcal{P}(\mathbf{C})$ 的次数为 m. 证明 p 有 m 个不同的零点当且仅当 p 与其导式 p' 没有公共零点.

7 证明每个奇数次的实系数多项式都有实的零点.

8 定义 $T : \mathcal{P}(\mathbf{R}) \to \mathbf{R}^{\mathbf{R}}$ 为

$$
Tp = \begin{cases} \dfrac{p - p(3)}{x - 3}, & \text{若 } x \ne 3, \\[2mm] p'(3), & \text{若 } x = 3. \end{cases}
$$

证明对每个多项式 $p \in \mathcal{P}(\mathbf{R})$ 均有 $Tp \in \mathcal{P}(\mathbf{R})$, 且 T 是线性映射.

9 设 $p \in \mathcal{P}(\mathbf{C})$. 定义 $q : \mathbf{C} \to \mathbf{C}$ 为 $q(z) = p(z)\overline{p(\bar{z})}$. 证明 q 是实系数多项式.

10 设 m 是非负整数, $p \in \mathcal{P}_m(\mathbf{C})$, 且存在不同的实数 $x_0, x_1, \ldots, x_m$ 使得 $p(x_j) \in \mathbf{R}$, 其中 $j = 0, 1, \ldots, m$. 证明 p 的系数均为实数.

11 设 $p \in \mathcal{P}(\mathbf{F})$, $p \ne 0$. 令 $U = \{pq : q \in \mathcal{P}(\mathbf{F})\}$.

(a) 证明 $\dim \mathcal{P}(\mathbf{F})/U = \deg p$.

(b) 求 $\mathcal{P}(\mathbf{F})/U$ 的一个基.

第5章

意大利数学家比萨的列奥纳多（又称斐波那契，约 1170－1250）的塑像. 第 5.C 节的习题 16 说明如何利用线性代数找出斐波那契序列的显式公式.

本征值、本征向量、不变子空间

第 3 章研究的是一个向量空间到另一个向量空间的线性映射. 现在开始研究有限维向量空间到其自身的线性映射. 对这种线性映射的研究构成了线性代数最重要的部分.

我们总采用如下假定：

5.1 记号 F、V

- **F** 表示 **R** 或 **C**.
- V 表示 **F** 上的向量空间.

本章的学习目标

- 不变子空间

- 本征值、本征向量、本征空间

- 有限维复向量空间上的每个算子均有本征值，并且关于某个基有上三角矩阵

5.A 不变子空间

本章我们要引进一些工具，这将有助于我们理解算子的结构. 回想一下，算子是从一个向量空间到其自身的线性映射，V 上算子的集合记为 $\mathcal{L}(V)$，即 $\mathcal{L}(V) = \mathcal{L}(V, V)$.

我们来看看如何能更好地理解算子. 设 $T \in \mathcal{L}(V)$. 如果 V 有直和分解

$$V = U_1 \oplus \cdots \oplus U_m,$$

其中每个 U_j 都是 V 的真子空间，那么，要想了解 T 的特性，我们只需了解每个 $T|_{U_j}$ 的特性，这里 $T|_{U_j}$ 表示把 T 限制到更小的定义域 U_j 上. 因为 U_j 是比 V 更小的向量空间，所以处理 $T|_{U_j}$ 应该比处理 T 更容易.

但是，如果想要使用算子研究中的一些有效工具（比如取幂），那么就会有一个问题：$T|_{U_j}$ 可能不把 U_j 映到自身；也就是说 $T|_{U_j}$ 可能不是 U_j 上的算子. 因此我们只考虑具有以下性质的 V 的直和分解：T 把其中的每个 U_j 都映到自身.

被算子映到自身的子空间十分重要，应当有个名字.

5.2 定义 不变子空间（invariant subspace）

设 $T \in \mathcal{L}(V)$. 称 V 的子空间 U 在 T 下**不变**，如果对每个 $u \in U$ 都有 $Tu \in U$.

也就是说，U 在 T 下不变当且仅当 $T|_U$ 是 U 上的算子.

5.3 例 设 $T \in \mathcal{L}(V)$. 证明 V 的下列子空间在 T 下不变：

(a) $\{0\}$；

(b) V；

(c) $\operatorname{null} T$；

(d) $\operatorname{range} T$.

> 在泛函分析中，最著名的尚未解决的问题叫作**不变子空间问题**. 它研究无限维向量空间上算子的不变子空间.

证明

(a) 若 $u \in \{0\}$，则 $u = 0$，所以 $Tu = 0 \in \{0\}$. 于是 $\{0\}$ 在 T 下不变.

(b) 若 $u \in V$，则 $Tu \in V$. 于是 V 在 T 下不变.

(c) 若 $u \in \operatorname{null} T$，则 $Tu = 0$，所以 $Tu \in \operatorname{null} T$. 于是 $\operatorname{null} T$ 在 T 下不变.

(d) 若 $u \in \operatorname{range} T$，则 $Tu \in \operatorname{range} T$. 于是 $\operatorname{range} T$ 在 T 下不变.

一个算子 $T \in \mathcal{L}(V)$ 是不是一定有不同于 $\{0\}$ 和 V 的不变子空间呢？我们以后会看到，如果 V 是有限维的，且 $\dim V > 1$（对于 $\mathbf{F} = \mathbf{C}$）或 $\dim V > 2$（对于 $\mathbf{F} = \mathbf{R}$），这个问题有肯定的答案. 见 5.21 和 9.8.

虽然 $\operatorname{null} T$ 和 $\operatorname{range} T$ 都在 T 下不变，但是这并未为是否存在异于 $\{0\}$ 和 V 的不变子空间这一问题提供简单答案，这是因为，$\operatorname{null} T$ 可能等于 $\{0\}$，而 $\operatorname{range} T$ 可能等于 V（当 T 可逆时，就是这样）.

5.4 例 设 $T \in \mathcal{L}(\mathcal{P}(\mathbf{R}))$ 定义为 $Tp = p'$. 则 $\mathcal{P}(\mathbf{R})$ 的子空间 $\mathcal{P}_4(\mathbf{R})$ 在 T 下不变，因为若 $p \in \mathcal{P}(\mathbf{R})$ 的次数不超过 4 则 p' 的次数也不超过 4.

本征值与本征向量

我们以后还会回过头来更深入地研究不变子空间. 现在先来研究最简单的非平凡不变子空间——一维不变子空间.

任取 $v \in V$，$v \neq 0$，并设 U 是 v 的标量倍构成的集合：

$$U = \{\lambda v : \lambda \in \mathbf{F}\} = \operatorname{span}(v).$$

则 U 是 V 的一维子空间（而且 V 的每个一维子空间都具有这种形式）. 若 U 在算子 $T \in \mathcal{L}(V)$ 下不变，则 $Tv \in U$，因此必有标量 $\lambda \in \mathbf{F}$ 使得 $Tv = \lambda v$.

反之，若有某个 $\lambda \in \mathbf{F}$ 使得 $Tv = \lambda v$，则 $\operatorname{span}(v)$ 是 V 的在 T 下不变的一维子空间.

我们刚才见过的那个方程

$$Tv = \lambda v$$

与一维不变子空间密切相关，十分重要. 满足此方程的向量 v 和标量 λ 都有一个特殊的名字.

5.5 定义 本征值（eigenvalue）

设 $T \in \mathcal{L}(V)$. 称数 $\lambda \in \mathbf{F}$ 为 T 的**本征值**，若存在 $v \in V$ 使得 $v \neq 0$ 且 $Tv = \lambda v$.

上面这些解释表明，T 有一维不变子空间当且仅当 T 有本征值.

在上面的定义中，我们要求 $v \neq 0$，这是因为每个标量 $\lambda \in \mathbf{F}$ 都满足 $T0 = \lambda 0$.

eigenvalue 这个词一半是德文，一半是英文. 德文形容词 eigen 的意思是"特有的". 有些数学家使用术语**特征值**而不是本征值.

5.6 本征值的等价条件

设 V 是有限维的，$T \in \mathcal{L}(V)$ 且 $\lambda \in F$. 则以下条件等价：

(a) λ 是 T 的本征值；

(b) $T - \lambda I$ 不是单的；

(c) $T - \lambda I$ 不是满的；

(d) $T - \lambda I$ 不是可逆的.

> 回想一下 $I \in \mathcal{L}(V)$ 是恒等算子，即对所有 $v \in V$ 均有 $Iv = v$.

证明 条件 (a) 和 (b) 等价，因为等式 $Tv = \lambda v$ 等价于等式 $(T - \lambda I)v = 0$. 由 3.69 可知条件 (b)、(c)、(d) 等价. ∎

5.7 定义 本征向量（eigenvector）

设 $T \in \mathcal{L}(V)$，并设 $\lambda \in \mathbf{F}$ 是 T 的本征值. 称向量 $v \in V$ 为 T 的相应于 λ 的**本征向量**，如果 $v \neq 0$ 且 $Tv = \lambda v$.

因为 $Tv = \lambda v$ 当且仅当 $(T - \lambda I)v = 0$，所以非零向量 $v \in V$ 是 T 的相应于 λ 的本征向量当且仅当 $v \in \mathrm{null}(T - \lambda I)$.

5.8 例 设 $T \in \mathcal{L}(\mathbf{F}^2)$ 定义为 $T(w, z) = (-z, w)$.

(a) 当 $\mathbf{F} = \mathbf{R}$ 时，求 T 的本征值和本征向量.

(b) 当 $\mathbf{F} = \mathbf{C}$ 时，求 T 的本征值和本征向量.

解

(a) 若 $\mathbf{F} = \mathbf{R}$, 则 T 是 $\mathbf{R}^2$ 中绕原点的逆时针 $90°$ 旋转. 一个算子有本征值当且仅当在定义域中存在非零向量能被该算子映成此向量的标量倍. $\mathbf{R}^2$ 中非零向量的逆时针 $90°$ 旋转显然不能等于此向量的标量倍. 结论：若 $\mathbf{F} = \mathbf{R}$，则 T 没有本征值（因此也没有本征向量）.

(b) 为了求 T 的本征值，我们必须求标量 λ 使得

$$T(w, z) = \lambda(w, z)$$

除 $w = z = 0$ 外还有其他解. 上面的方程等价于联立方程

5.9 $-z = \lambda w, \quad w = \lambda z.$

把第二个方程中 w 的表达式代入第一个方程可得

$$-z = \lambda^2 z.$$

现在 z 不能等于 0（否则，由 5.9 可知 $w = 0$，而我们要找的 5.9 的解应使 (w, z) 不是零向量），故由上面的方程可得

$$-1 = \lambda^2.$$

这个方程的解是 $\lambda = i$ 和 $\lambda = -i$. 容易验证 i 和 $-i$ 都是 T 的本征值. 的确, 相应于本征值 i 的本征向量是形如 $(w, -wi)$ 的向量, 而相应于本征值 $-i$ 的本征向量是形如 (w, wi) 的向量, 其中 $w \in \mathbf{C}$ 且 $w \neq 0$.

现在我们来证明: 相应于不同本征值的本征向量是线性无关的.

5.10 线性无关的本征向量

设 $T \in \mathcal{L}(V)$. 设 $\lambda_1, \ldots, \lambda_m$ 是 T 的互不相同的本征值, 并设 $v_1, \ldots, v_m$ 是相应的本征向量, 则 $v_1, \ldots, v_m$ 是线性无关的.

证明 设 $v_1, \ldots, v_m$ 是线性相关的. 设 k 是使得

5.11
$$v_k \in \text{span}(v_1, \ldots, v_{k-1})$$

成立的最小正整数. 由线性相关性引理 2.21 可知具有这种性质的 k 一定存在. 于是有 $a_1, \ldots, a_{k-1} \in \mathbf{F}$ 使得

5.12
$$v_k = a_1 v_1 + \cdots + a_{k-1} v_{k-1}.$$

把 T 作用到这个等式的两端可得

$$\lambda_k v_k = a_1 \lambda_1 v_1 + \cdots + a_{k-1} \lambda_{k-1} v_{k-1}.$$

在 5.12 的两端乘以 λ_k, 然后减去上式, 得

$$0 = a_1(\lambda_k - \lambda_1)v_1 + \cdots + a_{k-1}(\lambda_k - \lambda_{k-1})v_{k-1}.$$

因为我们选取的 k 是满足 5.11 的最小正整数, 所以 $v_1, \ldots, v_{k-1}$ 是线性无关的. 于是, 由上面的等式可知, 这些 a 都是 0 (回忆一下, λ_k 不等于 $\lambda_1, \ldots, \lambda_{k-1}$ 中的任何一个). 但是, 这意味着 v_k 等于 0 (参见 5.12), 这与 v_k 是本征向量的假设相矛盾. 所以 $v_1, \ldots, v_m$ 线性相关的假设不成立. ■

下面的推论表明, 算子的互异本征值的个数不超过向量空间的维数.

5.13 本征值的个数

设 V 是有限维的, 则 V 上的每个算子最多有 $\dim V$ 个互不相同的本征值.

证明 设 $T \in \mathcal{L}(V)$. 设 $\lambda_1, \ldots, \lambda_m$ 是 T 的互不相同的本征值, $v_1, \ldots, v_m$ 是相应的本征向量. 定理 5.10 表明组 $v_1, \ldots, v_m$ 线性无关. 因此 $m \leq \dim V$ (参见 2.23). ■

限制算子与商算子

若 $T \in \mathcal{L}(V)$ 且 U 是 V 的在 T 下不变的子空间, 则 U 以自然的方式确定了另外两个算子 $T|_U \in \mathcal{L}(U)$ 和 $T/U \in \mathcal{L}(V/U)$, 其定义如下.

> **5.14 定义 限制算子**（restriction operator），$T|_U$、
> **商算子**（quotient operator），T/U
>
> 设 $T \in \mathcal{L}(V)$ 且 U 是 V 的在 T 下不变的子空间.
>
> • **限制算子** $T|_U \in \mathcal{L}(U)$ 定义为
> $$T|_U(u) = Tu,$$
> 其中 $u \in U$.
>
> • **商算子** $T/U \in \mathcal{L}(V/U)$ 定义为
> $$(T/U)(v + U) = Tv + U,$$
> 其中 $v \in V$.

对于上面定义的两个算子，应该关注一下它们的定义域，并花点时间思考一下为什么这两个算子在它们的定义域上是定义合理的. 首先考虑限制算子 $T|_U \in \mathcal{L}(U)$，它就是将 T 的定义域限定为 U，并认为 T 是映到 U 的而不是映到 V 的. U 在 T 下不变这一条件，使得我们可以将 $T|_U$ 视为 U 上的算子，即从定义域到同一空间的线性映射，而不仅仅是从一个向量空间到另一个向量空间的线性映射.

要证明上面的商算子的定义是有意义的，我们需要验证：若 $v + U = w + U$，则 $Tv + U = Tw + U$. 现在设 $v + U = w + U$. 则 $v - w \in U$（见 3.85）. 由于 U 在 T 下不变，我们有 $T(v - w) \in U$，这表明 $Tv - Tw \in U$，于是 $Tv + U = Tw + U$.

设 T 有限维向量空间 V 上的算子，且 U 是 V 的在 T 下不变的子空间使得 $U \neq \{0\}$ 且 $U \neq V$. 在某种意义下，可以通过研究算子 $T|_U$ 和 T/U 来了解算子 T，而 $T|_U$ 和 T/U 都是维数小于 V 的维数的向量空间上的算子. 例如，5.27 的第二个证明就很好地使用了 T/U.

然而，有时候 $T|_U$ 和 T/U 并没有给出关于 T 的足够信息. 在下面的例子中，$T|_U$ 和 T/U 都是 0，即便 T 不是 0 算子.

5.15 例 定义算子 $T \in \mathcal{L}(\mathbf{F}^2)$ 为 $T(x, y) = (y, 0)$. 设 $U = \{(x, 0) : x \in \mathbf{F}\}$. 证明

(a) U 在 T 下不变，且 $T|_U$ 是 U 上的 0 算子；

(b) 不存在 $\mathbf{F}^2$ 的在 T 下不变的子空间 W 使得 $\mathbf{F}^2 = U \oplus W$；

(c) T/U 是 $\mathbf{F}^2/U$ 上的 0 算子.

证明

(a) 对于 $(x, 0) \in U$，我们有 $T(x, 0) = (0, 0) \in U$. 于是 U 在 T 下不变，且 $T|_U$ 是 U 上的 0 算子.

(b) 设 W 是 V 的子空间使得 $\mathbf{F}^2 = U \oplus W$. 由于 $\dim \mathbf{F}^2 = 2$ 且 $\dim U = 1$，我们有 $\dim W = 1$. 若 W 在 T 下不变，则 W 的每个非零向量都是 T 的本征向量. 然

而，很容易看出 0 是 T 的唯一本征值，且 T 的所有本征向量都在 U 中．于是 W 并非在 T 下不变．

(c) 对于 $(x,y) \in \mathbf{F}^2$，我们有

$$(T/U)\big((x,y) + U\big) = T(x,y) + U = (y,0) + U = 0 + U,$$

这里最后一个等号成立是因为 $(y,0) \in U$．上面的等式表明 T/U 是 0 算子．

习题 5.A

---

1 设 $T \in \mathcal{L}(V)$，并设 U 是 V 的子空间.

   (a) 证明：若 $U \subset \mathrm{null}\, T$ 则 U 在 T 下不变.

   (b) 证明：若 $\mathrm{range}\, T \subset U$ 则 U 在 T 下不变.

2 设 $S, T \in \mathcal{L}(V)$ 使得 $ST = TS$．证明 $\mathrm{null}\, S$ 在 T 下不变.

3 设 $S, T \in \mathcal{L}(V)$ 使得 $ST = TS$．证明 $\mathrm{range}\, S$ 在 T 下不变.

4 设 $T \in \mathcal{L}(V)$ 且 $U_1, \dots, U_m$ 是 V 的在 T 下不变的子空间．证明 $U_1 + \cdots + U_m$ 在 T 下不变.

5 设 $T \in \mathcal{L}(V)$．证明 V 的任意一组在 T 下不变的子空间的交仍在 T 下不变.

6 证明或给出反例：若 V 是有限维的，U 是 V 的子空间且在 V 的每个算子下不变，则 $U = \{0\}$ 或 $U = V$.

7 定义 $T \in \mathcal{L}(\mathbf{R}^2)$ 为 $T(x,y) = (-3y, x)$．求 T 的本征值.

8 定义 $T \in \mathcal{L}(\mathbf{F}^2)$ 为 $T(w,z) = (z,w)$．求 T 的所有本征值和本征向量.

9 定义 $T \in \mathcal{L}(\mathbf{F}^3)$ 为 $T(z_1, z_2, z_3) = (2z_2, 0, 5z_3)$．求 T 的所有本征值和本征向量.

10 定义 $T \in \mathcal{L}(\mathbf{F}^n)$ 为 $T(x_1, x_2, x_3, \dots, x_n) = (x_1, 2x_2, 3x_3, \dots, nx_n)$.

   (a) 求 T 的所有本征值和本征向量.

   (b) 求 T 的所有不变子空间.

11 定义 $T: \mathcal{P}(\mathbf{R}) \to \mathcal{P}(\mathbf{R})$ 为 $Tp = p'$．求 T 的所有本征值和本征向量.

12 定义 $T \in \mathcal{L}\big(\mathcal{P}_4(\mathbf{R})\big)$ 如下：对所有 $x \in \mathbf{R}$ 有 $(Tp)(x) = xp'(x)$．求 T 的所有本征值和本征向量.

13 设 V 是有限维的，$T \in \mathcal{L}(V)$ 且 $\lambda \in \mathbf{F}$．证明存在 $\alpha \in \mathbf{F}$ 使得 $|\alpha - \lambda| < \frac{1}{1000}$ 且 $(T - \alpha I)$ 是可逆的.

14 设 $V = U \oplus W$，其中 U 和 W 均为 V 的非零子空间．定义 $P \in \mathcal{L}(V)$ 如下：对 $u \in U$ 和 $w \in W$ 有 $P(u + w) = u$．求 P 的所有本征值和本征向量.

15 设 $T \in \mathcal{L}(V)$. 设 $S \in \mathcal{L}(V)$ 是可逆的.

(a) 证明 T 和 $S^{-1}TS$ 有相同的本征值.

(b) T 的本征向量与 $S^{-1}TS$ 的本征向量之间有什么关系?

16 设 V 是复向量空间, $T \in \mathcal{L}(V)$, T 关于 V 的某个基的矩阵的元素均为实数. 证明: 若 λ 是 T 的本征值, 则 $\bar{\lambda}$ 也是 T 的本征值.

17 给出一个没有 (实) 本征值的算子 $T \in \mathcal{L}(\mathbf{R}^4)$.

18 定义 $T \in \mathcal{L}(\mathbf{C}^\infty)$ 为 $T(z_1, z_2, \ldots) = (0, z_1, z_2, \ldots)$. 证明 T 没有本征值.

19 设 n 是正整数, 定义 $T \in \mathcal{L}(\mathbf{F}^n)$ 为 $T(x_1, \ldots, x_n) = (x_1 + \cdots + x_n, \ldots, x_1 + \cdots + x_n)$, 也就是说算子 T (对于标准基) 的矩阵的元素全是 1. 求 T 的所有本征值和本征向量.

20 定义向后移位算子 $T \in \mathcal{L}(\mathbf{F}^\infty)$ 为 $T(z_1, z_2, z_3, \ldots) = (z_2, z_3, \ldots)$. 求 T 的所有本征值和本征向量.

21 设 $T \in \mathcal{L}(V)$ 是可逆的.

(a) 设 $\lambda \in \mathbf{F}$, $\lambda \neq 0$. 证明 λ 是 T 的本征值当且仅当 $\frac{1}{\lambda}$ 是 T^{-1} 的本征值.

(b) 证明 T 和 T^{-1} 有相同的本征向量.

22 设 $T \in \mathcal{L}(V)$ 且存在 V 中的非零向量 v 和 w 使得 $Tv = 3w$ 且 $Tw = 3v$. 证明 3 或者 -3 是 T 的本征值.

23 设 V 是有限维的且 $S, T \in \mathcal{L}(V)$. 证明 ST 和 TS 有相同的本征值.

24 设 A 是元素属于 $\mathbf{F}$ 的 $n \times n$ 矩阵. 定义 $T \in \mathcal{L}(\mathbf{F}^n)$ 为 $Tx = Ax$, 这里 $\mathbf{F}^n$ 中的元素视为 $n \times 1$ 的列向量.

(a) 设 A 的每行的元素之和都等于 1. 证明 1 是 T 的本征值.

(b) 设 A 的每列的元素之和都等于 1. 证明 1 是 T 的本征值.

25 设 $T \in \mathcal{L}(V)$ 且 u 和 v 均为 T 的本征向量使得 $u + v$ 也是 T 的本征向量. 证明 u 和 v 是 T 的相应于同一本征值的本征向量.

26 设 $T \in \mathcal{L}(V)$ 使得 V 中的每个非零向量都是 T 的本征向量. 证明 T 是恒等算子的标量倍.

27 设 V 是有限维的, $T \in \mathcal{L}(V)$ 使得 V 的每个 $\dim V - 1$ 维子空间都在 T 下不变. 证明 T 是恒等算子的标量倍.

28 设 V 是有限维的, $\dim V \geq 3$ 且 $T \in \mathcal{L}(V)$ 使得 V 的每个二维子空间在 T 下不变. 证明 T 是恒等算子的标量倍.

29 设 $T \in \mathcal{L}(V)$ 且 $\dim \operatorname{range} T = k$. 证明 T 至多有 $k + 1$ 个不同的本征值.

30 设 $T \in \mathcal{L}(\mathbf{R}^3)$ 且 $-4, 5, \sqrt{7}$ 均为 T 的本征值. 证明存在 $x \in \mathbf{R}^3$ 使得 $Tx - 9x = (-4, 5, \sqrt{7})$.

31 设 V 是有限维的且 $v_1,\ldots,v_m$ 是 V 中的一组向量. 证明 $v_1,\ldots,v_m$ 线性无关当且仅当存在 $T \in \mathcal{L}(V)$ 使得 $v_1,\ldots,v_m$ 是 T 的相应于不同本征值的本征向量.

32 设 $\lambda_1,\ldots,\lambda_n$ 是一组互异实数. 证明在由 $\mathbf{R}$ 上的实值函数构成的向量空间中, 组 $e^{\lambda_1 x},\ldots,e^{\lambda_n x}$ 线性无关.

提示: 设 $V = \operatorname{span}(e^{\lambda_1 x},\ldots,e^{\lambda_n x})$, 定义算子 $T \in \mathcal{L}(V)$ 为 $Tf = f'$. 求 T 的本征值和本征向量.

33 设 $T \in \mathcal{L}(V)$. 证明 $T/(\operatorname{range} T) = 0$.

34 设 $T \in \mathcal{L}(V)$. 证明 $T/(\operatorname{null} T)$ 是单的当且仅当 $(\operatorname{null} T) \cap (\operatorname{range} T) = \{0\}$.

35 设 V 是有限维的, $T \in \mathcal{L}(V)$, U 在 T 下不变. 证明 T/U 的每个本征值均为 T 的本征值.

下题是让你验证本习题中 "V 是有限维的" 这一假设是必需的.

36 找出一个向量空间 V 和一个算子 $T \in \mathcal{L}(V)$, 以及 V 的在 T 下不变的子空间 U, 使得 T/U 的某个本征值不是 T 的本征值.

5.B 本征向量与上三角矩阵

多项式作用于算子

算子 (它把一个向量空间映到自身) 理论要比线性映射理论更丰富, 主要原因是算子能自乘为幂. 我们从算子的幂以及多项式作用于算子这一关键概念的定义开始.

若 $T \in \mathcal{L}(V)$, 则 TT 有意义, 并且也含于 $\mathcal{L}(V)$. 通常用 T^2 代替 TT. 更一般地, 我们有下面的定义.

5.16 定义 T^m

设 $T \in \mathcal{L}(V)$, m 是正整数.

- 定义 T^m 为 $T^m = \underbrace{T \cdots T}_{m\,\text{个}}$.
- 定义 T^0 为 V 上的恒等算子 I.
- 若 T 是可逆的且其逆为 T^{-1}, 则定义 T^{-m} 为 $T^{-m} = (T^{-1})^m$.

请自行验证, 若 T 是算子, 则有

$$T^m T^n = T^{m+n} \quad \text{和} \quad (T^m)^n = T^{mn},$$

当 T 可逆时 m 和 n 是任意整数, 当 T 不可逆时 m 和 n 是非负整数.

5.17 定义 $p(T)$

设 $T \in \mathcal{L}(V)$, $p \in \mathcal{P}(\mathbf{F})$, 对 $z \in \mathbf{F}$ 有 $p(z) = a_0 + a_1 z + a_2 z^2 + \cdots + a_m z^m$. 则 $p(T)$ 是定义为 $p(T) = a_0 I + a_1 T + a_2 T^2 + \cdots + a_m T^m$ 的算子.

这是符号 p 的新用法，因为我们把它作用于算子，而不仅仅作用于 $\mathbf{F}$ 的元素.

5.18 例　设 $D \in \mathcal{L}(\mathcal{P}(\mathbf{R}))$ 是由 $Dq = q'$ 定义的微分算子, p 是多项式 $p(x) = 7 - 3x + 5x^2$. 则 $p(D) = 7I - 3D + 5D^2$. 于是对每个 $q \in \mathcal{P}(\mathbf{R})$ 有 $(p(D))q = 7q - 3q' + 5q''$.

请自行验证，如果固定一个算子 $T \in \mathcal{L}(V)$，则由 $p \mapsto p(T)$ 所定义的从 $\mathcal{P}(\mathbf{F})$ 到 $\mathcal{L}(V)$ 的函数是线性的.

5.19 定义　多项式的积（product of polynomials）

若 $p, q \in \mathcal{P}(\mathbf{F})$, 则 $pq \in \mathcal{P}(\mathbf{F})$ 是如下定义的多项式：对 $z \in \mathbf{F}$ 有 $(pq)(z) = p(z)q(z)$.

下面我们将要证明：一个算子的任意两个多项式是交换的.

5.20 乘积性质

设 $p, q \in \mathcal{P}(\mathbf{F})$, $T \in \mathcal{L}(V)$. 则

(a) $(pq)(T) = p(T)q(T)$;

(b) $p(T)q(T) = q(T)p(T)$.

> (a) 成立是因为在用分配性质把多项式的乘积展开时，其中的符号是 z 还是 T 没有什么影响.

证明

(a) 设 $p(z) = \sum_{j=0}^{m} a_j z^j$, $q(z) = \sum_{k=0}^{n} b_k z^k$, 其中 $z \in \mathbf{F}$. 则

$$(pq)(z) = \sum_{j=0}^{m} \sum_{k=0}^{n} a_j b_k z^{j+k}.$$

于是

$$(pq)(T) = \sum_{j=0}^{m} \sum_{k=0}^{n} a_j b_k T^{j+k} = \left(\sum_{j=0}^{m} a_j T^j\right)\left(\sum_{k=0}^{n} b_k T^k\right) = p(T)q(T).$$

(b) 因为 (a), 我们有 $p(T)q(T) = (pq)(T) = (qp)(T) = q(T)p(T)$. ∎

本征值的存在性

现在给出复向量空间上算子的中心结果之一.

5.21 复向量空间上的算子都有本征值

有限维非零复向量空间上的每个算子都有本征值.

证明　设 V 是 n 维复向量空间, $n > 0$, 并设 $T \in \mathcal{L}(V)$. 取 $v \in V$ 且 $v \neq 0$. 因为 V 是 n 维的，所以 $n+1$ 个向量

$$v, Tv, T^2v, \ldots, T^nv$$

线性相关. 于是有不全为 0 的复数 $a_0, \ldots, a_n$ 使得

$$0 = a_0v + a_1Tv + \cdots + a_nT^nv.$$

注意 $a_1, \ldots, a_n$ 不全为 0，否则上面等式将变成 $0 = a_0v$，这将使 a_0 也必须是 0.

以这些 a_j 为系数作一个多项式，利用代数学基本定理 4.14 可将此多项式分解成

$$a_0 + a_1z + \cdots + a_nz^n = c(z - \lambda_1) \cdots (z - \lambda_m),$$

其中 c 是非零复数，每个 λ_j 属于 $\mathbf{C}$，且上面等式对所有 $z \in \mathbf{C}$ 均成立（这里 m 未必等于 n，因为 a_n 可能等于 0）. 则

$$
\begin{aligned}
0 &= a_0v + a_1Tv + \cdots + a_nT^nv \\
&= (a_0I + a_1T + \cdots + a_nT^n)v \\
&= c(T - \lambda_1I) \cdots (T - \lambda_mI)v.
\end{aligned}
$$

于是至少有一个 j 使得 $(T - \lambda_jI)$ 不是单的. 也就是说，T 有本征值. ∎

上面的证明依赖于代数学基本定理，这是该结果一个典型的证明. 此结果的其他证明见习题 16 和习题 17，思路与上面的证明稍有不同.

上三角矩阵

在第 3 章我们讨论了从一个向量空间到另一个向量空间的线性映射的矩阵. 该矩阵依赖于这两个向量空间的基的选取. 既然我们要研究将向量空间映到其自身的算子，要强调的就是现在只使用一个基.

5.22 定义 算子的矩阵（matrix of an operator），$\mathcal{M}(T)$

设 $T \in \mathcal{L}(V)$，并设 $v_1, \ldots, v_n$ 是 V 的基. T 关于该基的**矩阵**定义为 $n \times n$ 矩阵

$$
\mathcal{M}(T) = \begin{pmatrix} A_{1,1} & \ldots & A_{1,n} \\ \vdots & & \vdots \\ A_{n,1} & \ldots & A_{n,n} \end{pmatrix},
$$

其元素 $A_{j,k}$ 定义为

$$Tv_k = A_{1,k}v_1 + \cdots + A_{n,k}v_n.$$

如果基在上下文中不是自明的，则使用记号 $\mathcal{M}(T, (v_1, \ldots, v_n))$.

注意算子的矩阵是正方形阵列，而早先考虑的线性映射的矩阵是更一般的长方形阵列.

> 将 Tv_k 写成 $v_1, \ldots, v_n$ 的线性组合时使用的那些系数构成了矩阵 $\mathcal{M}(T)$ 的第 k 列.

若 T 是 $\mathbf{F}^n$ 的算子，且没有指定基，则假定为标准基（第 j 个基向量的第 j 个位置是 1，其余位置均为 0）. 此时可以认为 $\mathcal{M}(T)$ 的第 j 列是 T 作用到第 j 个标准基上得到的向量.

5.23 例 定义 $T \in \mathcal{L}(\mathbf{F}^3)$ 为 $T(x,y,z) = (2x+y, 5y+3z, 8z)$. 则

$$
\mathcal{M}(T) = \begin{pmatrix} 2 & 1 & 0 \\ 0 & 5 & 3 \\ 0 & 0 & 8 \end{pmatrix}.
$$

线性代数的一个中心目标就是要证明，对于给定的算子 $T \in \mathcal{L}(V)$，必定存在 V 的一个基使得 T 关于该基有一个相当简单的矩阵. 这种表述比较含糊，说得更具体一点，就是我们要选择 V 的基以使 $\mathcal{M}(T)$ 有很多的 0.

若 V 是有限维的复向量空间，那么我们已经知道很多，足以证明 V 有一个基使得 T 关于这个基的矩阵的第一列除第一个元素之外全是 0，也就是说，V 有一个基使得 T 关于这个基的矩阵形如

$$
\begin{pmatrix} \lambda & & \\ 0 & & * \\ \vdots & & \\ 0 & & \end{pmatrix},
$$

这里 $*$ 表示第一列之外的所有其他元素. 为了证明这个事实，设 λ 是 T 的本征值（由 5.21 知一定存在），并且 v 是相应的本征向量. 把 v 扩充成 V 的基，则 T 关于这个基的矩阵就有上述形式.

马上就会看到，可以选取 V 的一个基使得 T 关于这个基的矩阵有更多的 0.

5.24 定义 矩阵的对角线（diagonal of a matrix）

方阵的**对角线**由位于从左上角到右下角的直线上的元素组成.

例如，5.23 中矩阵的对角线由元素 $2, 5, 8$ 组成.

5.25 定义 上三角矩阵（upper-triangular matrix）

一个矩阵称为**上三角的**，如果位于对角线下方的元素全为 0.

例如，5.23 中的矩阵是上三角的.

上三角矩阵具有如下的典型形式

$$\begin{pmatrix} \lambda_1 & & * \\ & \ddots & \\ 0 & & \lambda_n \end{pmatrix}.$$

上面矩阵中的那个 0 表示在这个 $n \times n$ 矩阵中位于对角线下方的元素全等于 0. 可以认为上三角矩阵是相当简单的——因为当 n 比较大时，$n \times n$ 上三角矩阵有几乎一半的元素等于 0.

> 我们经常用 * 表示矩阵的未知元素或其取值对所讨论的问题无关紧要的元素.

下面的命题揭示了上三角矩阵与不变子空间之间的一个很有用的联系.

5.26 上三角矩阵的条件

设 $T \in \mathcal{L}(V)$，且 $v_1, \ldots, v_n$ 是 V 的基. 则以下条件等价：

(a) T 关于 $v_1, \ldots, v_n$ 的矩阵是上三角的；

(b) 对每个 $j = 1, \ldots, n$ 有 $Tv_j \in \text{span}(v_1, \ldots, v_j)$；

(c) 对每个 $j = 1, \ldots, n$ 有 $\text{span}(v_1, \ldots, v_j)$ 在 T 下不变.

证明 根据定义，稍加思考即可得 (a) 和 (b) 的等价性. 显然 (c) 蕴涵 (b). 因此，为了完成证明，只需证明 (b) 蕴涵 (c).

假设 (b) 成立. 取定 $j \in \{1, \ldots, n\}$. 由 (b) 可知

$$Tv_1 \in \text{span}(v_1) \subset \text{span}(v_1, \ldots, v_j),$$
$$Tv_2 \in \text{span}(v_1, v_2) \subset \text{span}(v_1, \ldots, v_j),$$
$$\vdots$$
$$Tv_j \in \text{span}(v_1, \ldots, v_j).$$

因此，若 v 是 $v_1, \ldots, v_j$ 的线性组合，则

$$Tv \in \text{span}(v_1, \ldots, v_j).$$

也就是说 $\text{span}(v_1, \ldots, v_j)$ 在 T 下不变. ∎

现在我们可以证明：对于复向量空间上的每个算子，都有一个基使得该算子关于这个基的矩阵的对角线下方只有 0. 在第 8 章我们将改进这个结果.

深刻的见解往往源于一个定理的多种证明. 因此我们对下面的定理给出两个证明. 你可以采用其中更合你心意的那一个.

> 下面的定理对实向量空间不成立，这是因为，若算子关于一个基有上三角矩阵，则这个基的第一个向量必定是该算子的本征向量. 因此，若实向量空间上的一个算子没有本征值（例如，见 5.8(a)），则该算子关于任何基都不会有上三角矩阵.

> **5.27 在 C 上，每个算子均有上三角矩阵**
>
> 设 V 是有限维复向量空间，$T \in \mathcal{L}(V)$．则 T 关于 V 的某个基有上三角矩阵．

证明 1 对 V 的维数用归纳法．若 $\dim V = 1$，则结论显然成立．

现在假设 $\dim V > 1$，并设对于所有维数比 V 小的复向量空间结论都成立．设 λ 是 T 的任意本征值（5.21 保证了 T 有本征值）．设

$$U = \mathrm{range}(T - \lambda I).$$

因为 $(T - \lambda I)$ 不是满的（参见 3.69），所以 $\dim U < \dim V$．进一步，U 在 T 下不变．为了证明这点，设 $u \in U$．则

$$Tu = (T - \lambda I)u + \lambda u.$$

显然，$(T - \lambda I)u \in U$（因为 U 等于 $(T - \lambda I)$ 的值域），并且 $\lambda u \in U$．因此上式表明 $Tu \in U$．所以 U 在 T 下不变．

因此 $T|_U$ 是 U 上的算子．由归纳法假设，U 有基 $u_1, \ldots, u_m$ 使得 $T|_U$ 关于这个基有上三角矩阵．因此，对每个 j 都有（利用 5.26）

5.28 $$Tu_j = (T|_U)(u_j) \in \mathrm{span}(u_1, \ldots, u_j).$$

把 $u_1, \ldots, u_m$ 扩充成 V 的基 $u_1, \ldots, u_m, v_1, \ldots, v_n$．对每个 k 都有

$$Tv_k = (T - \lambda I)v_k + \lambda v_k.$$

U 的定义表明 $(T - \lambda I)v_k \in U = \mathrm{span}(u_1, \ldots, u_m)$．因此由上式可得

5.29 $$Tv_k \in \mathrm{span}(u_1, \ldots, u_m, v_1, \ldots, v_k).$$

利用 5.26，由 5.28 和 5.29 可知 T 关于基 $u_1, \ldots, u_m, v_1, \ldots, v_n$ 有上三角矩阵．∎

证明 2 对 V 的维数用归纳法．若 $\dim V = 1$，则结论显然成立．

现在假设 $\dim V = n > 1$，并设对于所有 $n - 1$ 维的复向量空间结果均成立．设 v_1 是 T 的任意一个本征向量（5.21 保证了 T 有本征向量）．设 $U = \mathrm{span}(v_1)$．则 U 是 T 的不变子空间且 $\dim U = 1$．

由于 $\dim V/U = n - 1$（见 3.89），我们可以对 $T/U \in \mathcal{L}(V/U)$ 用归纳法假设．于是 V/U 有一个基 $v_2 + U, \ldots, v_n + U$ 使得 T/U 关于该基有上三角矩阵．由 5.26，对每个 $j = 2, \ldots, n$ 有

$$(T/U)(v_j + U) \in \mathrm{span}(v_2 + U, \ldots, v_j + U).$$

通过解释上面这个包含关系的含义可知，对每个 $j = 1, \ldots, n$ 有

$$Tv_j \in \mathrm{span}(v_1, \ldots, v_j).$$

于是由 5.26，T 关于 V 的基 $v_1, \ldots, v_n$ 具有上三角矩阵（容易验证 $v_1, \ldots, v_n$ 是 V 的基．更一般的结论，请参见 3.E 节的习题 13）．∎

如何通过观察一个算子的矩阵来确定该算子是否可逆呢？如果我们很幸运地有一个基使得该算子关于这个基的矩阵是上三角的，那么问题就会变得很简单，如下面的命题所示.

5.30 由上三角矩阵确定可逆性

设 $T \in \mathcal{L}(V)$ 关于 V 的某个基有上三角矩阵. 则 T 是可逆的当且仅当这个上三角矩阵对角线上的元素都不是 0.

证明 设 $v_1, \ldots, v_n$ 是 V 的基使得 T 关于这个基具有上三角矩阵

5.31
$$\mathcal{M}(T) = \begin{pmatrix} \lambda_1 & & & * \\ & \lambda_2 & & \\ & & \ddots & \\ 0 & & & \lambda_n \end{pmatrix}.$$

我们需要证明：T 是可逆的当且仅当所有 λ_j 均不为 0.

首先设对角线元素 $\lambda_1, \ldots, \lambda_n$ 均不为 0. 5.31 中的上三角阵表明 $Tv_1 = \lambda_1 v_1$. 因为 $\lambda_1 \neq 0$，所以 $T(v_1/\lambda_1) = v_1$. 于是 $v_1 \in \operatorname{range} T$.

现在对某个 $a \in \mathbf{F}$ 有

$$T(v_2/\lambda_2) = av_1 + v_2.$$

上式左端以及 av_1 均含于 $\operatorname{range} T$. 于是 $v_2 \in \operatorname{range} T$.

类似地，对某个 $b, c \in \mathbf{F}$ 有

$$T(v_3/\lambda_3) = bv_1 + cv_2 + v_3.$$

上式左端以及 bv_1 和 cv_2 均含于 $\operatorname{range} T$. 于是 $v_3 \in \operatorname{range} T$.

依此类推，可知 $v_1, \ldots, v_n \in \operatorname{range} T$. 因为 $v_1, \ldots, v_n$ 是 V 的基，所以 $\operatorname{range} T = V$. 也就是说 T 是满的. 于是 T 是可逆的（由于 3.69）.

现在证明另一个方向，设 T 是可逆的. 这表明 $\lambda_1 \neq 0$，否则有 $Tv_1 = 0$. 设 $1 < j \leq n$, $\lambda_j = 0$. 则 5.31 表明 T 将 $\operatorname{span}(v_1, \ldots, v_j)$ 映入 $\operatorname{span}(v_1, \ldots, v_{j-1})$. 由于

$$\dim \operatorname{span}(v_1, \ldots, v_j) = j \quad \text{且} \quad \dim \operatorname{span}(v_1, \ldots, v_{j-1}) = j - 1,$$

这表明 T 限制在 $\operatorname{span}(v_1, \ldots, v_j)$ 上不是单的（由于 3.23）. 因此有 $v \in \operatorname{span}(v_1, \ldots, v_j)$ 使得 $v \neq 0$ 且 $Tv = 0$. 于是 T 不是单的，这与 T 是可逆的假设相矛盾. 这个矛盾表明 $\lambda_j = 0$ 一定不成立. 于是 $\lambda_j \neq 0$. ∎

作为上述命题的一个应用，我们看到例 5.23 中的算子是可逆的.

令人遗憾的是，现在还无法利用算子的矩阵来精确计算算子的本征值. 但是，如果我们有幸找到一个基使得算子关于这个基的矩阵是上三角的，则本征值的计算问题就变得平凡了，如下面的定理所示.

> 利用算子的矩阵，有强大的数值技术来近似计算算子的本征值.

5.32 从上三角矩阵确定本征值

设 $T \in \mathcal{L}(V)$ 关于 V 的某个基有上三角矩阵. 则 T 的本征值恰为这个上三角矩阵对角线上的元素.

证明 设 $v_1, \ldots, v_n$ 是 V 的基，并且 T 关于这个基有上三角矩阵

$$\mathcal{M}(T) = \begin{pmatrix} \lambda_1 & & & * \\ & \lambda_2 & & \\ & & \ddots & \\ 0 & & & \lambda_n \end{pmatrix}.$$

设 $\lambda \in \mathbf{F}$. 则

$$\mathcal{M}(T - \lambda I) = \begin{pmatrix} \lambda_1 - \lambda & & & * \\ & \lambda_2 - \lambda & & \\ & & \ddots & \\ 0 & & & \lambda_n - \lambda \end{pmatrix}.$$

因此，$(T - \lambda I)$ 不可逆当且仅当 λ 等于 $\lambda_1, \ldots, \lambda_n$ 中的某一个（由于 5.30）. 于是 λ 是 T 的本征值当且仅当 λ 等于 $\lambda_1, \ldots, \lambda_n$ 中的某一个. ∎

5.33 例 定义 $T \in \mathcal{L}(\mathbf{F}^3)$ 为 $T(x, y, z) = (2x + y, 5y + 3z, 8z)$. 求 T 的本征值.

解 T 关于标准基的矩阵为

$$\mathcal{M}(T) = \begin{pmatrix} 2 & 1 & 0 \\ 0 & 5 & 3 \\ 0 & 0 & 8 \end{pmatrix}.$$

$\mathcal{M}(T)$ 是上三角矩阵. 5.32 表明 T 的本征值是 $2, 5, 8$.

一旦知道 $\mathbf{F}^n$ 上一个算子的本征值，就很容易利用高斯消元法求出本征向量.

习题 5.B

1 设 $T \in \mathcal{L}(V)$ 且存在正整数 n 使得 $T^n = 0$.

    (a) 证明 $(I - T)$ 是可逆的且 $(I - T)^{-1} = I + T + \cdots + T^{n-1}$.

    (b) 解释一下如何想到上面的公式.

2 设 $T \in \mathcal{L}(V)$ 且 $(T - 2I)(T - 3I)(T - 4I) = 0$. 设 λ 是 T 的本征值. 证明 $\lambda = 2$ 或 $\lambda = 3$ 或 $\lambda = 4$.

3 设 $T \in \mathcal{L}(V)$，$T^2 = I$ 且 -1 不是 T 的本征值. 证明 $T = I$.

4 设 $P \in \mathcal{L}(V)$，$P^2 = P$. 证明 $V = \text{null}\, P \oplus \text{range}\, P$.

5 设 $S, T \in \mathcal{L}(V)$ 且 S 是可逆的. 设 $p \in \mathcal{P}(\mathbf{F})$ 是多项式. 证明 $p(STS^{-1}) = Sp(T)S^{-1}$.

6 设 $T \in \mathcal{L}(V)$ 且 U 是 V 的在 T 下不变的子空间. 证明：对每个多项式 $p \in \mathcal{P}(\mathbf{F})$ 都有 U 在 $p(T)$ 下不变.

7 设 $T \in \mathcal{L}(V)$. 证明 9 是 T^2 的本征值当且仅当 3 或 -3 是 T 的本征值.

8 找出一个 $T \in \mathcal{L}(\mathbf{R}^2)$ 使得 $T^4 = -I$.

9 设 V 是有限维的，$T \in \mathcal{L}(V)$，$v \in V$ 且 $v \neq 0$. 设 p 是使得 $p(T)v = 0$ 的次数最小的非零多项式. 证明 p 的每个零点都是 T 的本征值.

10 设 $T \in \mathcal{L}(V)$，v 是 T 的相应于本征值 λ 的本征向量. 设 $p \subset \mathcal{P}(\mathbf{F})$. 证明 $p(T)v = p(\lambda)v$.

11 设 $\mathbf{F} = \mathbf{C}$，$T \in \mathcal{L}(V)$，$p \in \mathcal{P}(\mathbf{C})$ 是多项式，$\alpha \in \mathbf{C}$. 证明：α 是 $p(T)$ 的本征值当且仅当 T 有一个本征值 λ 使得 $\alpha = p(\lambda)$.

12 证明：若将 $\mathbf{C}$ 换成 $\mathbf{R}$，则上题的结论不再成立.

13 设 W 是复向量空间，并设 $T \in \mathcal{L}(W)$ 没有本征值. 证明：W 的在 T 下不变的子空间是 $\{0\}$ 或者是无限维的.

14 给出一个算子，它关于某个基的矩阵的对角线上只有 0，但这个算子是可逆的. 本题和下题表明，要是去掉"上三角矩阵"这一假设，5.30 就不再成立.

15 给出一个算子，它关于某个基的矩阵的对角线上全是非零数，但这个算子是不可逆的.

16 利用将 $p \in \mathcal{P}_n(\mathbf{C})$ 变为 $(p(T))v \in V$ 的线性映射（并利用 3.23）改写 5.21 的证明.

17 利用将 $p \in \mathcal{P}_{n^2}(\mathbf{C})$ 变为 $p(T) \in \mathcal{L}(V)$ 的线性映射（并利用 3.23）改写 5.21 的证明.

18 设 V 是有限维的复向量空间，$T \in \mathcal{L}(V)$. 定义函数 $f: \mathbf{C} \to \mathbf{R}$ 为
$$f(\lambda) = \dim \text{range}(T - \lambda I).$$
证明 f 不是连续函数.

19 设 V 是有限维的，$\dim V > 1$，$T \in \mathcal{L}(V)$. 证明 $\{p(T) : p \in \mathcal{P}(\mathbf{F})\} \neq \mathcal{L}(V)$.

20 设 V 是有限维的复向量空间，$T \in \mathcal{L}(V)$. 证明：对每个 $k = 1, \ldots, \dim V$，T 都有 k 维的不变子空间.

5.C 本征空间与对角矩阵

> **5.34 定义 对角矩阵**（diagonal matrix）
>
> **对角矩阵**是对角线以外的元素全是 0 的方阵.

5.35 例

$$\begin{pmatrix} 8 & 0 & 0 \\ 0 & 5 & 0 \\ 0 & 0 & 5 \end{pmatrix}$$

是对角矩阵.

显然每个对角矩阵都是上三角的，但是对角矩阵一般要比上三角矩阵有更多的 0.

若一个算子关于某个基有对角矩阵，则对角线上的元素恰为该算子的本征值. 这可由 5.32 得到（或直接给出一个对于对角矩阵的简单证明）.

> **5.36 定义 本征空间**（eigenspace），$E(\lambda, T)$
>
> 设 $T \in \mathcal{L}(V)$ 且 $\lambda \in \mathbf{F}$. T 的相应于 λ 的**本征空间**（记作 $E(\lambda, T)$）定义为
> $$E(\lambda, T) = \text{null}(T - \lambda I).$$
> 也就是说，$E(\lambda, T)$ 是 T 的相应于 λ 的全体本征向量加上 0 向量构成的集合.

对于 $T \in \mathcal{L}(V)$ 和 $\lambda \in \mathbf{F}$，本征空间 $E(\lambda, T)$ 是 V 的子空间（因为 V 上每个线性映射的零空间都是 V 的子空间）. 由定义可知 λ 是 T 的本征值当且仅当 $E(\lambda, T) \neq \{0\}$.

5.37 例 设算子 $T \in (V)$ 关于 V 的基 v_1, v_2, v_3 的矩阵是上面例 5.35 中的矩阵. 则
$$E(8, T) = \text{span}(v_1), \quad E(5, T) = \text{span}(v_2, v_3).$$

若 λ 是 $T \in \mathcal{L}(V)$ 的本征值，则 T 限制到 $E(\lambda, T)$ 上恰为 λ 确定的标量乘算子.

> **5.38 本征空间之和是直和**
>
> 设 V 是有限维的，$T \in \mathcal{L}(V)$. 设 $\lambda_1, \ldots, \lambda_m$ 是 T 的互异的本征值. 则
> $$E(\lambda_1, T) + \cdots + E(\lambda_m, T)$$
> 是直和. 此外，
> $$\dim E(\lambda_1, T) + \cdots + \dim E(\lambda_m, T) \leq \dim V.$$

证明 为了证明 $E(\lambda_1, T) + \cdots + E(\lambda_m, T)$ 是直和，假设

$$u_1 + \cdots + u_m = 0,$$

其中每个 u_j 含于 $E(\lambda_j, T)$. 因为相应于不同本征值的本征向量是线性无关的（参见 5.10），所以每个 u_j 均等于 0. 这表明 $E(\lambda_1, T) + \cdots + E(\lambda_m, T)$ 是直和（由于 1.44）.

现在有

$$\dim E(\lambda_1, T) + \cdots + \dim E(\lambda_m, T) = \dim\big(E(\lambda_1, T) \oplus \cdots \oplus E(\lambda_m, T)\big) \le \dim V,$$

其中的等号由 2.C 节的习题 16 得到. ∎

5.39 定义 可对角化（diagonalizable）

算子 $T \in \mathcal{L}(V)$ 称为**可对角化**的，如果该算子关于 V 的某个基有对角矩阵.

5.40 例　定义 $T \in \mathcal{L}(\mathbf{R}^2)$ 为 $T(x, y) = (41x + 7y, -20x + 74y)$. T 关于 $\mathbf{R}^2$ 的标准基的矩阵为

$$\begin{pmatrix} 41 & 7 \\ -20 & 74 \end{pmatrix},$$

这不是一个对角矩阵. 但 T 可对角化，请验证 T 关于基 $(1, 4), (7, 5)$ 的矩阵为

$$\begin{pmatrix} 69 & 0 \\ 0 & 46 \end{pmatrix}.$$

5.41 可对角化的等价条件

设 V 是有限维的，$T \in \mathcal{L}(V)$. 用 $\lambda_1, \ldots, \lambda_m$ 表示 T 的所有互异的本征值. 则下列条件等价：

(a) T 可对角化；

(b) V 有由 T 的本征向量构成的基；

(c) V 有在 T 下不变的一维子空间 $U_1, \ldots, U_n$ 使得 $V = U_1 \oplus \cdots \oplus U_n$；

(d) $V = E(\lambda_1, T) \oplus \cdots \oplus E(\lambda_m, T)$；

(e) $\dim V = \dim E(\lambda_1, T) + \cdots + \dim E(\lambda_m, T)$.

证明 算子 $T \in \mathcal{L}(V)$ 关于 V 的基 $v_1, \ldots, v_n$ 有对角矩阵

$$\begin{pmatrix} \lambda_1 & & 0 \\ & \ddots & \\ 0 & & \lambda_n \end{pmatrix}$$

当且仅当对每个 j 均有 $Tv_j = \lambda_j v_j$. 于是 (a) 和 (b) 等价.

假设 (b) 成立，则 V 有一个由 T 的本征向量组成的基 $v_1, \ldots, v_n$. 对每个 j, 设 $U_j = \operatorname{span}(v_j)$. 显然每个 U_j 都是 V 的一维子空间且在 T 下不变. 因为 $v_1, \ldots, v_n$ 是 V 的基，所以 V 中每个向量都可以唯一地写成 $v_1, \ldots, v_n$ 的线性组合. 也就是说，V 中每个向量都可以唯一地写成一个和 $u_1 + \cdots + u_n$, 其中每个 $u_j \in U_j$. 于是 $V = U_1 \oplus \cdots \oplus U_n$. 因此 (b) 蕴涵 (c).

现在假设 (c) 成立，则 V 有在 T 下不变的一维子空间 $U_1, \ldots, U_n$ 使得 $V = U_1 \oplus \cdots \oplus U_n$. 对每个 j, 设 v_j 是 U_j 中的一个非零向量，则每个 v_j 都是 T 的本征向量. 因为 V 中每个向量都可以唯一地写成和 $u_1 + \cdots + u_n$, 其中每个 $u_j \in U_j$（所以每个 u_j 都是 v_j 的标量倍），所以 $v_1, \ldots, v_n$ 是 V 的基. 因此 (c) 蕴涵 (b).

现在已经证明了 (a), (b), (c) 等价. 为完成证明，我们要证明 (b) 蕴涵 (d)、(d) 蕴涵 (e)、(e) 蕴涵 (b).

假设 (b) 成立，则 V 有一个由 T 的本征向量组成的基. 于是，V 中每个向量都是 T 的本征向量的线性组合. 因此

$$V = E(\lambda_1, T) + \cdots + E(\lambda_m, T).$$

现在 5.38 表明 (d) 成立.

由 2.C 节的习题 16 立即可知 (d) 蕴涵 (e).

最后，假设 (e) 成立，则

5.42 $$\dim V = \dim E(\lambda_1, T) + \cdots + \dim E(\lambda_m, T).$$

在每个 $E(\lambda_j, T)$ 中取一个基，把这些基合在一起就得到了 T 的一组本征向量 $v_1, \ldots, v_n$, 其中 $n = \dim V$（由于 5.42）. 为了证明这组向量线性无关，假设

$$a_1 v_1 + \cdots + a_n v_n = 0,$$

其中 $a_1, \ldots, a_n \in \mathbf{F}$. 对每个 $j = 1, \ldots, m$, 设 u_j 表示所有 $a_k v_k$ 的和，其中 $v_k \in E(\lambda_j, T)$. 则每个 u_j 含于 $E(\lambda_j, T)$, 并且

$$u_1 + \cdots + u_m = 0.$$

因为相应于互异本征值的本征向量线性无关（参见 5.10），所以每个 u_j 都等于 0. 由于每个 u_j 都是一些 $a_k v_k$ 的和，其中的这些 v_k 组成了 $E(\lambda_j, T)$ 的基，从而所有的 a_k 都等于 0. 于是 $v_1, \ldots, v_n$ 线性无关，因此是 V 的基（由于 2.39）. 这就证明了 (e) 蕴涵 (b). ∎

可惜并非每个算子都可对角化. 这种糟糕的情况甚至可能出现在复向量空间上，如下例所示.

5.43 例 证明由 $T(w, z) = (z, 0)$ 定义的算子 $T \in \mathcal{L}(\mathbf{C}^2)$ 不可对角化.

证明 容易验证 0 是 T 的唯一本征值且 $E(0, T) = \{(w, 0) \in \mathbf{C}^2 : w \in \mathbf{C}\}$.

于是容易看出 5.41 中的条件 (b), (c), (d), (e) 都不成立（当然，由于这些条件是等价的，只需验证其中之一不成立）. 于是 5.41 中的 (a) 也不成立，故 T 不可对角化.

以下命题表明, 如果一个算子的互异本征值的个数与定义域的维数相同, 则此算子可对角化.

5.44 本征值足够多则可对角化

若 $T \in \mathcal{L}(V)$ 有 $\dim V$ 个互异的本征值, 则 T 可对角化.

证明 设 $T \in \mathcal{L}(V)$ 有 $\dim V$ 个互异的本征值 $\lambda_1, \ldots, \lambda_{\dim V}$. 对每个 j, 设 $v_j \in V$ 是相应于本征值 λ_j 的本征向量. 因为相应于互异本征值的本征向量线性无关 (参见 5.10), 所以 $v_1, \ldots, v_{\dim V}$ 线性无关. V 中由 $\dim V$ 个向量组成的线性无关组是 V 的基 (参见 2.39). 于是 $v_1, \ldots, v_{\dim V}$ 是 V 的基. 关于这个由本征向量组成的基, T 有对角矩阵. ∎

5.45 例 定义 $T \in \mathcal{L}(\mathbf{F}^3)$ 为 $T(x, y, z) = (2x + y, 5y + 3z, 8z)$. 求 $\mathbf{F}^3$ 的一个基使得 T 关于这个基有对角矩阵.

解 T 关于标准基的矩阵为

$$\begin{pmatrix} 2 & 1 & 0 \\ 0 & 5 & 3 \\ 0 & 0 & 8 \end{pmatrix}.$$

这个矩阵是上三角的. 由 5.32, T 的本征值是 $2, 5, 8$. 因为 T 是三维向量空间上的算子且 T 有三个互异的本征值, 由 5.44 可知 $\mathbf{F}^3$ 有一个基使得 T 关于这个基有对角矩阵.

为了求这个基, 只需对每个本征值求出本征向量. 也就是说, 对 $\lambda = 2$、$\lambda = 5$ 和 $\lambda = 8$ 分别求出方程

$$T(x, y, z) = \lambda(x, y, z)$$

的非零解. 这些简单方程很容易求解: 对 $\lambda = 2$ 有本征向量 $(1, 0, 0)$, 对 $\lambda = 5$ 有本征向量 $(1, 3, 0)$, 对 $\lambda = 8$ 有本征向量 $(1, 6, 6)$.

于是 $(1, 0, 0), (1, 3, 0), (1, 6, 6)$ 是 $\mathbf{F}^3$ 的基, 且 T 关于这个基的矩阵为

$$\begin{pmatrix} 2 & 0 & 0 \\ 0 & 5 & 0 \\ 0 & 0 & 8 \end{pmatrix}.$$

5.44 的逆命题不成立. 例如, 三维空间 $\mathbf{F}^3$ 上的算子

$$T(z_1, z_2, z_3) = (4z_1, 4z_2, 5z_3)$$

只有两个本征值 (4 和 5), 但这个算子关于标准基有对角矩阵.

在后面的章节中, 我们会找到算子可对角化的其他条件.

习题 5.C

1 设 $T \in \mathcal{L}(V)$ 可对角化. 证明 $V = \text{null}\, T \oplus \text{range}\, T$.

2 证明上题的逆命题或给出反例.

3 设 V 是有限维的且 $T \in \mathcal{L}(V)$. 证明下列条件等价:

    (a) $V = \text{null}\, T \oplus \text{range}\, T$;

    (b) $V = \text{null}\, T + \text{range}\, T$;

    (c) $\text{null}\, T \cap \text{range}\, T = \{0\}$.

4 举例说明如果去掉 "V 是有限维的" 这个假设, 则上题的结论不再成立.

5 设 V 是有限维的复向量空间且 $T \in \mathcal{L}(V)$. 证明: T 可对角化当且仅当对每个 $\lambda \in \mathbf{C}$ 有 $V = \text{null}(T - \lambda I) \oplus \text{range}(T - \lambda I)$.

6 设 V 是有限维的, $T \in \mathcal{L}(V)$ 有 $\dim V$ 个互异的本征值, $S \in \mathcal{L}(V)$ 与 T 有相同的本征向量 (未必相应于同一本征值). 证明 $ST = TS$.

7 设 $T \in \mathcal{L}(V)$ 关于 V 的某个基有对角矩阵 A, $\lambda \in \mathbf{F}$. 证明 λ 在 A 的对角线上恰好出现 $\dim E(\lambda, T)$ 次.

8 设 $T \in \mathcal{L}(\mathbf{F}^5)$ 且 $\dim E(8, T) = 4$. 证明 $(T - 2I)$ 或 $(T - 6I)$ 是可逆的.

9 设 $T \in \mathcal{L}(V)$ 是可逆的. 证明对每个非零的 $\lambda \in \mathbf{F}$ 均有 $E(\lambda, T) = E(\frac{1}{\lambda}, T^{-1})$.

10 设 V 是有限维的且 $T \in \mathcal{L}(V)$. 设 $\lambda_1, \ldots, \lambda_m$ 是 T 的互异的非零本征值. 证明

$$\dim E(\lambda_1, T) + \cdots + \dim E(\lambda_m, T) \le \dim \text{range}\, T.$$

11 证明例 5.40 中的结论.

12 设 $R, T \in \mathcal{L}(\mathbf{F}^3)$, 本征值均为 2, 6, 7. 证明存在可逆算子 $S \in \mathcal{L}(\mathbf{F}^3)$ 使得 $R = S^{-1}TS$.

13 求 $R, T \in \mathcal{L}(\mathbf{F}^4)$ 使得 R 和 T 均有本征值 $2, 6, 7$, 均没有其他本征值, 且不存在可逆算子 $S \in \mathcal{L}(\mathbf{F}^4)$ 使得 $R = S^{-1}TS$.

14 求 $T \in \mathcal{L}(\mathbf{C}^3)$ 使得 6 和 7 是 T 的本征值, 且 T 关于 $\mathbf{C}^3$ 的任意基的矩阵都不是对角矩阵.

15 设 $T \in \mathcal{L}(\mathbf{C}^3)$ 使得 6 和 7 是 T 的本征值, 且 T 关于 $\mathbf{C}^3$ 的任意基的矩阵都不是对角矩阵. 证明存在 $(x, y, z) \in \mathbf{C}^3$ 使得 $T(x, y, z) = (17 + 8x, \sqrt{5} + 8y, 2\pi + 8z)$.

16 **斐波那契序列** $F_1, F_2, \ldots$ 定义为

$$F_1 = 1, \quad F_2 = 1, \quad F_n = F_{n-2} + F_{n-1}\ (n \ge 3).$$

定义 $T \in \mathcal{L}(\mathbf{R}^2)$ 为 $T(x, y) = (y, x + y)$.

(a) 证明对每个正整数 n 均有 $T^n(0,1) = (F_n, F_{n+1})$.

(b) 求 T 的本征值.

(c) 求 $\mathbf{R}^2$ 的一个由 T 的本征向量构成的基.

(d) 利用 (c) 的解计算 $T^n(0,1)$. 由此证明：对每个正整数 n 有

$$F_n = \frac{1}{\sqrt{5}}\left[\left(\frac{1+\sqrt{5}}{2}\right)^n - \left(\frac{1-\sqrt{5}}{2}\right)^n\right]$$

(e) 利用 (d) 证明：对每个正整数 n，斐波那契数 F_n 是最接近于

$$\frac{1}{\sqrt{5}}\left(\frac{1+\sqrt{5}}{2}\right)^n$$

的整数.

第6章

讲授几何的女人，摘自十四世纪版的欧几里得《几何原本》.

内积空间

我们在定义向量空间时推广了 $\mathbf{R}^2$ 和 $\mathbf{R}^3$ 的线性结构（加法和标量乘法），而忽略了其他的重要特征，例如长度和角度的概念. 这些思想隐含于我们现在要研究的内积的概念中.

我们总采用如下假定：

6.1 记号 F、V

- $\mathbf{F}$ 表示 $\mathbf{R}$ 或 $\mathbf{C}$.
- V 表示 $\mathbf{F}$ 上的向量空间.

本章的学习目标

- 柯西–施瓦茨不等式
- 格拉姆–施密特过程
- 内积空间上的线性泛函
- 计算到子空间的最小距离

6.A 内积与范数

内积

为了说明引入内积概念的动机,我们把 $\mathbf{R}^2$ 和 $\mathbf{R}^3$ 中的向量看作始于原点的箭头. $\mathbf{R}^2$ 或 $\mathbf{R}^3$ 中向量 x 的长度称为 x 的**范数**(norm),记为 $\|x\|$. 因此对于 $x = (x_1, x_2) \in \mathbf{R}^2$ 有 $\|x\| = \sqrt{x_1{}^2 + x_2{}^2}$.

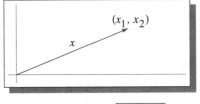

向量 x 的长度是 $\sqrt{x_1{}^2 + x_2{}^2}$

类似地,若 $x = (x_1, x_2, x_3) \in \mathbf{R}^3$,则 $\|x\| = \sqrt{x_1{}^2 + x_2{}^2 + x_3{}^2}$.

虽然我们画不出高维的图形,但是范数在 $\mathbf{R}^n$ 上的推广是显然的:定义 $x = (x_1, \ldots, x_n) \in \mathbf{R}^n$ 的范数为

$$\|x\| = \sqrt{x_1{}^2 + \cdots + x_n{}^2}.$$

范数在 $\mathbf{R}^n$ 上不是线性的. 为了把线性引入讨论,我们引入点积.

6.2 定义 点积(dot product)

对于 $x, y \in \mathbf{R}^n$,x 和 y 的**点积**(记作 $x \cdot y$)定义为

$$x \cdot y = x_1 y_1 + \cdots + x_n y_n,$$

其中 $x = (x_1, \ldots, x_n), y = (y_1, \ldots, y_n)$.

注意,$\mathbf{R}^n$ 中两个向量的点积是一个数,而不是一个向量. 显然对所有 $x \in \mathbf{R}^n$ 有 $x \cdot x = \|x\|^2$. $\mathbf{R}^n$ 上的点积具有以下性质:

> 如果我们把向量看作点,而不是箭头,那么 $\|x\|$ 应该解释成从原点到点 x 的距离.

- 对所有 $x \in \mathbf{R}^n$ 均有 $x \cdot x \geq 0$;
- $x \cdot x = 0$ 当且仅当 $x = 0$;
- 对于固定的 $y \in \mathbf{R}^n$,$\mathbf{R}^n$ 到 $\mathbf{R}$ 的将 $x \in \mathbf{R}^n$ 变为 $x \cdot y$ 的映射是线性的;
- 对所有 $x, y \in \mathbf{R}^n$ 均有 $x \cdot y = y \cdot x$.

内积是点积的推广. 现在你可能会猜到,定义内积就是把上一段所讨论的点积的性质抽象化. 这种猜测对实向量空间是正确的. 为了使定义对实向量空间和复向量空间都可用,在给出定义之前,我们需要考察复数的情形.

回想一下,若 $\lambda = a + bi$,其中 $a, b \in \mathbf{R}$,则

- λ 的绝对值(记作 $|\lambda|$)定义为 $|\lambda| = \sqrt{a^2 + b^2}$;
- λ 的复共轭(记作 $\bar{\lambda}$)定义为 $\bar{\lambda} = a - bi$;
- $|\lambda|^2 = \lambda \bar{\lambda}$.

关于绝对值和复共轭的定义和基本性质,见第 4 章.

对于 $z = (z_1, \ldots, z_n) \in \mathbf{C}^n$，定义 z 的范数为

$$\|z\| = \sqrt{|z_1|^2 + \cdots + |z_n|^2}.$$

因为我们希望 $\|z\|$ 是非负数，所以上式中的绝对值是必要的. 注意

$$\|z\|^2 = z_1\overline{z_1} + \cdots + z_n\overline{z_n}.$$

我们想把 $\|z\|^2$ 看作 z 与自身的内积，就像在 $\mathbf{R}^n$ 中一样. 因此，上面的等式提示我们，$w = (w_1, \ldots, w_n) \in \mathbf{C}^n$ 与 z 的内积应该等于

$$w_1\overline{z_1} + \cdots + w_n\overline{z_n}.$$

要是互换 w 和 z 的角色，上面的表达式就要用它的复共轭来代替. 也就是说，w 和 z 的内积应该等于 z 和 w 的内积的复共轭. 有了这样的启示，我们现在就可以定义 V 上的内积了，这里 V 可以是实向量空间或者复向量空间.

关于下面定义中记号的两点说明：

- 若 λ 是复数，则记号 $\lambda \geq 0$ 表示 λ 是实数并且是非负的.
- 我们使用通用的记号（尖括号）$\langle u, v \rangle$ 表示内积. 有些人使用圆括号，但 (u, v) 这个记号比较含糊，它既可以表示有序对，又可以表示内积.

6.3 定义　内积（inner product）

V 上的**内积**就是一个函数，它把 V 中元素的每个有序对 (u, v) 都映成一个数 $\langle u, v \rangle \in \mathbf{F}$，并且具有下列性质：

正性（positivity）
　　对所有 $v \in V$ 均有 $\langle v, v \rangle \geq 0$；

定性（definiteness）
　　$\langle v, v \rangle = 0$ 当且仅当 $v = 0$；

第一个位置的加性（additivity in first slot）
　　对所有 $u, v, w \in V$ 均有 $\langle u + v, w \rangle = \langle u, w \rangle + \langle v, w \rangle$；

第一个位置的齐性（homogeneity in first slot）
　　对所有 $\lambda \in \mathbf{F}$ 和所有 $u, v \in V$ 均有 $\langle \lambda u, v \rangle = \lambda \langle u, v \rangle$；

共轭对称性（conjugate symmetry）
　　对所有 $u, v \in V$ 均有 $\langle u, v \rangle = \overline{\langle v, u \rangle}$.

虽然大多数数学家按上面的方式定义内积，但是很多物理学家在定义内积时要求的是第二个位置的齐性，而不是第一个位置.

每个实数都等于它的复共轭. 因此在处理实向量空间时，可以忽略上面最后一个条件中的复共轭而直接说：对所有 $u, v \in V$ 均有 $\langle u, v \rangle = \langle v, u \rangle$.

6.4 例 内积

(a) $\mathbf{F}^n$ 上的**欧几里得内积**定义为

$$\langle(w_1,\ldots,w_n),(z_1,\ldots,z_n)\rangle = w_1\overline{z_1} + \cdots + w_n\overline{z_n}.$$

(b) 若 $c_1,\ldots,c_n$ 均为正数，则可以定义 $\mathbf{F}^n$ 上的内积如下：

$$\langle(w_1,\ldots,w_n),(z_1,\ldots,z_n)\rangle = c_1 w_1\overline{z_1} + \cdots + c_n w_n\overline{z_n}.$$

(c) 在定义在区间 $[-1,1]$ 上的实值连续函数构成的向量空间上可定义内积如下：

$$\langle f,g\rangle = \int_{-1}^{1} f(x)g(x)\,\mathrm{d}x.$$

(d) 在 $\mathcal{P}(\mathbf{R})$ 上可定义内积如下：

$$\langle p,q\rangle = \int_0^\infty p(x)q(x)e^{-x}\,\mathrm{d}x.$$

6.5 定义 内积空间（inner product space）

内积空间就是带有内积的向量空间 V.

内积空间最重要的例子是 $\mathbf{F}^n$，带有上面例子中 (a) 所定义的欧几里得内积. 当我们说 $\mathbf{F}^n$ 是内积空间时，除非特别指明，总假设采用的是欧几里得内积.

为避免不断重复 V 是内积空间这一假设，在本章余下部分我们做如下假设：

6.6 记号 V

在本章的余下部分，V 表示 $\mathbf{F}$ 上的内积空间.

注意这里稍稍有点滥用术语. 内积空间是带有内积的向量空间. 当我们说向量空间 V 是一个内积空间时，我们也隐含假定了 V 上的内积，或者从上下文中可以看出采用的是哪个内积（如果向量空间是 $\mathbf{F}^n$，总是采用欧几里得内积）.

6.7 内积的基本性质

(a) 对每个取定的 $u \in V$，将 v 变为 $\langle v,u\rangle$ 的函数是 V 到 $\mathbf{F}$ 的线性映射.

(b) 对每个 $u \in V$ 均有 $\langle 0,u\rangle = 0$.

(c) 对每个 $u \in V$ 均有 $\langle u,0\rangle = 0$.

(d) 对所有 $u,v,w \in V$ 均有 $\langle u,v+w\rangle = \langle u,v\rangle + \langle u,w\rangle$.

(e) 对所有 $\lambda \in \mathbf{F}$ 和所有 $u,v \in V$ 均有 $\langle u,\lambda v\rangle = \bar{\lambda}\langle u,v\rangle$.

证明

(a) 由内积定义中关于第一个位置的加性和齐性可知 (a) 成立.

(b) 由 (a) 及线性映射将 0 变为 0 知 (b) 成立.

(c) 由 (a) 及内积定义中的共轭对称性知 (c) 成立.

(d) 设 $u, v, w \in V$. 则

$$
\begin{aligned}
\langle u, v+w \rangle &= \overline{\langle v+w, u \rangle} \\
&= \overline{\langle v, u \rangle + \langle w, u \rangle} \\
&= \overline{\langle v, u \rangle} + \overline{\langle w, u \rangle} \\
&= \langle u, v \rangle + \langle u, w \rangle.
\end{aligned}
$$

(e) 设 $\lambda \in \mathbf{F}$，$u, v \in V$. 则

$$
\begin{aligned}
\langle u, \lambda v \rangle &= \overline{\langle \lambda v, u \rangle} \\
&= \overline{\lambda \langle v, u \rangle} \\
&= \bar{\lambda} \overline{\langle v, u \rangle} \\
&= \bar{\lambda} \langle u, v \rangle.
\end{aligned}
$$

证毕. ∎

范数

我们定义内积的动机最初来自于 $\mathbf{R}^2$ 和 $\mathbf{R}^3$ 中向量的范数. 下面我们会看到每个内积都确定了一种范数.

6.8 定义 范数（norm），$\|v\|$

对于 $v \in V$，v 的**范数**（记作 $\|v\|$）定义为 $\|v\| = \sqrt{\langle v, v \rangle}$.

6.9 例 范数

(a) 若 $(z_1, \ldots, z_n) \in \mathbf{F}^n$（取欧几里得内积），则

$$
\|(z_1, \ldots, z_n)\| = \sqrt{|z_1|^2 + \cdots + |z_n|^2}.
$$

(b) 在 [-1, 1] 上的实值连续函数构成的向量空间中（取例 6.4(c) 中定义的内积）有

$$
\|f\| = \sqrt{\int_{-1}^{1} \big(f(x)\big)^2 \, \mathrm{d}x}.
$$

6.10 范数的基本性质

设 $v \in V$.

(a) $\|v\| = 0$ 当且仅当 $v = 0$.

(b) 对所有 $\lambda \in \mathbf{F}$ 均有 $\|\lambda v\| = |\lambda| \, \|v\|$.

证明

(a) 由于 $\langle v, v \rangle = 0$ 当且仅当 $v = 0$，故结论成立.

(b) 设 $\lambda \in \mathbf{F}$. 则

$$\begin{aligned}
\|\lambda v\|^2 &= \langle \lambda v, \lambda v \rangle \\
&= \lambda \langle v, \lambda v \rangle \\
&= \lambda \bar{\lambda} \langle v, v \rangle \\
&= |\lambda|^2 \|v\|^2.
\end{aligned}$$

开平方即得要证的等式. ∎

上面 (b) 的这个证明阐明了一个普遍原理：处理范数的平方通常比直接处理范数更容易.

现在给出一个关键的定义.

6.11 定义 正交（orthogonal）

两个向量 $u, v \in V$ 称为是**正交的**，如果 $\langle u, v \rangle = 0$.

在上述定义中向量的次序无关紧要，因为 $\langle u, v \rangle = 0$ 当且仅当 $\langle v, u \rangle = 0$. 有时候我们说 u 正交于 v，而不说 u 和 v 是正交的.

习题 13 表明，若 u, v 是 $\mathbf{R}^2$ 中的非零向量，则

$$\langle u, v \rangle = \|u\| \|v\| \cos \theta,$$

其中 θ 是 u 和 v 间的夹角（把 u 和 v 看成始于原点的箭头）. 于是 $\mathbf{R}^2$ 中的两个向量是正交的（按照通常的欧几里得内积）当且仅当它们之间夹角的余弦是 0，当且仅当这两个向量在平面几何通常的意义下是垂直的. 因此正交是一个很酷的词，意思就是垂直（perpendicular）.

我们从下面的简单结果开始研究正交性.

6.12 正交性与 0

(a) 0 正交于 V 中的任意向量.

(b) 0 是 V 中唯一一个与自身正交的向量.

证明

(a) 6.7(b) 表明对每个 $u \in V$ 均有 $\langle 0, u \rangle = 0$.

(b) 若 $v \in V$ 且 $\langle v, v \rangle = 0$，则 $v = 0$（由内积的定义）. ∎

下面的定理是对于 $V = \mathbf{R}^2$ 的特殊情况，已经有 2500 多年历史了. 当然，这里给出的证明并不是原始的证明.

> 正交一词来源自希腊语的 orthogonios，后者的意思是直角的.

6.13 勾股定理（又称毕达哥拉斯定理）

设 u 和 v 是 V 中的正交向量，则 $\|u + v\|^2 = \|u\|^2 + \|v\|^2$.

证明

$$\|u+v\|^2 = \langle u+v, u+v \rangle$$
$$= \langle u,u \rangle + \langle u,v \rangle + \langle v,u \rangle + \langle v,v \rangle$$
$$= \|u\|^2 + \|v\|^2.$$

■

> 上面给出的勾股定理证明表明，结论成立当且仅当 $\langle u,v \rangle + \langle v,u \rangle = 0$，即 $2\operatorname{Re}\langle u,v \rangle = 0$. 因此勾股定理的逆命题在实内积空间中成立.

设 $u,v \in V$ 且 $v \neq 0$. 我们想把 u 写成 v 的标量倍加上一个正交于 v 的向量 w，如左下图所示.

为了揭示如何将 u 写成 v 的标量倍加上一个正交于 v 的向量，令 $c \in \mathbf{F}$ 表示一个标量，则

$$u = cv + (u - cv).$$

因此需要选取 c 使得 v 正交于 $(u-cv)$. 也就是说，我们希望

$$0 = \langle u - cv, v \rangle = \langle u,v \rangle - c\|v\|^2.$$

上式表明 c 应取成 $\langle u,v \rangle/\|v\|^2$. 从而

$$u = \frac{\langle u,v \rangle}{\|v\|^2}v + \left(u - \frac{\langle u,v \rangle}{\|v\|^2}v\right).$$

上式把 u 写成了 v 的标量倍加上一个正交于 v 的向量（请自行验证）. 也就是说，我们证明了以下命题.

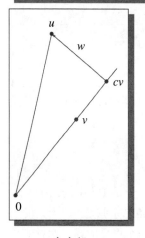

正交分解

6.14 正交分解

设 $u,v \in V$ 且 $v \neq 0$. 令 $c = \dfrac{\langle u,v \rangle}{\|v\|^2}$, $w = u - \dfrac{\langle u,v \rangle}{\|v\|^2}v$. 则 $\langle w,v \rangle = 0$ 且 $u = cv + w$.

> 1821 年，法国数学家奥古斯丁-路易·柯西（1789—1857）证明了 6.17(a). 1886 年，德国数学家赫尔曼·施瓦茨（1843—1921）证明了 6.17(b).

正交分解 6.14 将被用于证明下面的定理（柯西–施瓦茨不等式），它是数学中最重要的不等式之一.

6.15 柯西–施瓦茨不等式

设 $u,v \in V$. 则 $|\langle u,v \rangle| \leq \|u\|\,\|v\|$. 等号成立当且仅当 u,v 之一是另一个的标量倍.

证明 若 $v = 0$，则不等式的两端都等于 0. 因此可以假设 $v \neq 0$. 考虑 6.14 中给出的正交分解

$$u = \frac{\langle u, v \rangle}{\|v\|^2} v + w,$$

其中 w 正交于 v. 由勾股定理我们有

$$\|u\|^2 = \left\| \frac{\langle u, v \rangle}{\|v\|^2} v \right\|^2 + \|w\|^2$$

$$= \frac{|\langle u, v \rangle|^2}{\|v\|^2} + \|w\|^2$$

6.16
$$\geq \frac{|\langle u, v \rangle|^2}{\|v\|^2}.$$

在这个不等式两端都乘以 $\|v\|^2$，再开平方即得所要证的不等式.

从上一段的证明可以看出柯西–施瓦茨不等式成为等式当且仅当 6.16 是等式. 显然，这成立当且仅当 $w = 0$. 而 $w = 0$ 当且仅当 u 是 v 的标量倍（参见 6.14）. 因此，柯西–施瓦茨不等式是等式当且仅当 u 是 v 的标量倍或 v 是 u 的标量倍（或二者都成立. 这样措辞是为了涵盖 u 或 v 等于 0 的情况）. ∎

6.17 例 柯西–施瓦茨不等式的例子

(a) 若 $x_1, \ldots, x_n, y_1, \ldots, y_n \in \mathbf{R}$，则

$$|x_1 y_1 + \cdots + x_n y_n|^2 \leq (x_1{}^2 + \cdots + x_n{}^2)(y_1{}^2 + \cdots + y_n{}^2).$$

(b) 若 f, g 均为 $[-1, 1]$ 上的实值连续函数，则

$$\left| \int_{-1}^{1} f(x) g(x) \, \mathrm{d}x \right|^2 \leq \left(\int_{-1}^{1} \big(f(x)\big)^2 \, \mathrm{d}x \right) \left(\int_{-1}^{1} \big(g(x)\big)^2 \, \mathrm{d}x \right).$$

下面的命题称为三角不等式，它有如下的几何解释：三角形任意一边的长度小于另外两边的长度之和.

三角不等式表明两点之间的最短路线是直线.

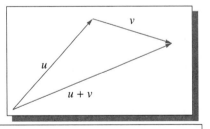

6.18 三角不等式

设 $u, v \in V$. 则 $\|u + v\| \leq \|u\| + \|v\|$. 等号成立当且仅当 u, v 之一是另一个的非负标量倍.

证明 我们有

$$\|u + v\|^2 = \langle u + v, u + v \rangle$$

$$= \langle u, u \rangle + \langle v, v \rangle + \langle u, v \rangle + \langle v, u \rangle$$

$$= \langle u, u \rangle + \langle v, v \rangle + \langle u, v \rangle + \overline{\langle u, v \rangle}$$

$$= \|u\|^2 + \|v\|^2 + 2\operatorname{Re}\langle u, v\rangle$$

6.19
$$\leq \|u\|^2 + \|v\|^2 + 2|\langle u, v\rangle|$$

6.20
$$\leq \|u\|^2 + \|v\|^2 + 2\|u\|\,\|v\|$$

$$= (\|u\| + \|v\|)^2,$$

其中 6.20 是利用柯西–施瓦茨不等式 6.15. 上面的不等式两端开平方即得所要证的不等式.

上面的证明表明，三角不等式是等式当且仅当 6.19 和 6.20 均为等式. 因此，三角不等式是等式当且仅当

6.21
$$\langle u, v\rangle = \|u\|\|v\|.$$

请自行验证，如果 u, v 之一是另一个的非负标量倍，那么 6.21 成立. 反之，设 6.21 成立，则由柯西–施瓦茨不等式 6.15 为等式的条件可知，u, v 之一必定是另一个的标量倍，再由 6.21 知这个标量显然是非负的. ∎

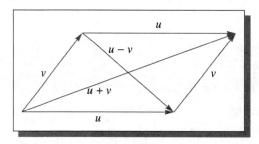

平行四边形恒等式

下面的命题称为平行四边形恒等式，因为它的几何解释为：在任意平行四边形中，对角线长度的平方和等于四条边长度的平方和.

6.22 平行四边形恒等式

设 $u, v \in V$. 则 $\|u + v\|^2 + \|u - v\|^2 = 2(\|u\|^2 + \|v\|^2)$.

证明
$$\|u + v\|^2 + \|u - v\|^2 = \langle u + v, u + v\rangle + \langle u - v, u - v\rangle$$
$$= \|u\|^2 + \|v\|^2 + \langle u, v\rangle + \langle v, u\rangle$$
$$+ \|u\|^2 + \|v\|^2 - \langle u, v\rangle - \langle v, u\rangle$$
$$= 2(\|u\|^2 + \|v\|^2).$$
∎

2010 年，法学教授理查德·弗里德曼上诉到最高法院的一个案子：

弗里德曼先生：我认为那个议题和这个议题完全正交.
　　　　　　因为州政府承认——

罗伯茨首席大法官：对不起. 完全什么？

弗里德曼先生：正交的. 直角的. 不相干的. 无关的.

罗伯茨首席大法官：哦.

斯卡利亚大法官：那个形容词是什么？我喜欢它.

弗里德曼先生：正交的.

罗伯茨首席大法官：正交的.

弗里德曼先生：对，对.

斯卡利亚大法官：正交的，嚯.（大笑.）

肯尼迪大法官：我意识到这个案子给我们提出了一个问题.（大笑.）

习题 6.A

1 证明将 $\big((x_1, x_2), (y_1, y_2)\big) \in \mathbf{R}^2 \times \mathbf{R}^2$ 变为 $|x_1 y_1| + |x_2 y_2|$ 的函数不是 $\mathbf{R}^2$ 上的内积.

2 证明将 $\big((x_1, x_2, x_3), (y_1, y_2, y_3)\big) \in \mathbf{R}^3 \times \mathbf{R}^3$ 变为 $x_1 y_1 + x_3 y_3$ 的函数不是 $\mathbf{R}^3$ 上的内积.

3 设 $\mathbf{F} = \mathbf{R}$ 且 $V \neq \{0\}$. 将内积定义 6.3 中的正性条件（对所有 $v \in V$ 均有 $\langle v, v \rangle \geq 0$）改为对某个 $v \in V$ 有 $\langle v, v \rangle > 0$. 证明定义中的这个变化并不改变定义了 V 上内积的那些从 $V \times V$ 到 $\mathbf{R}$ 的函数所构成的集合.

4 设 V 是一个实内积空间.

(a) 证明对所有 $u, v \in V$ 均有 $\langle u + v, u - v \rangle = \|u\|^2 - \|v\|^2$.

(b) 证明若 $u, v \in V$ 具有相同的范数，则 $u + v$ 正交于 $u - v$.

(c) 利用 (b) 证明菱形的对角线相互垂直.

5 设 V 是有限维向量空间，并设 $T \in \mathcal{L}(V)$ 使得对每个 $v \in V$ 均有 $\|Tv\| \leq \|v\|$. 证明 $(T - \sqrt{2}I)$ 是可逆的.

6 设 $u, v \in V$. 证明 $\langle u, v \rangle = 0$ 当且仅当对所有 $a \in \mathbf{F}$ 均有 $\|u\| \leq \|u + av\|$.

7 设 $u, v \in V$. 证明 $\|au + bv\| = \|bu + av\|$ 对所有 $a, b \in \mathbf{R}$ 均成立当且仅当 $\|u\| = \|v\|$.

8 设 $u, v \in V$, $\|u\| = \|v\| = 1$ 且 $\langle u, v \rangle = 1$. 证明 $u = v$.

9 设 $u, v \in V$, $\|u\| \leq 1$ 且 $\|v\| \leq 1$. 证明 $\sqrt{1 - \|u\|^2}\sqrt{1 - \|v\|^2} \leq 1 - |\langle u, v \rangle|$.

10 求向量 $u, v \in \mathbf{R}^2$ 使得 u 是 $(1, 3)$ 的标量倍，v 正交于 $(1, 3)$ 且 $(1, 2) = u + v$.

11 证明对所有正数 a, b, c, d 均有 $16 \leq (a + b + c + d) \left(\frac{1}{a} + \frac{1}{b} + \frac{1}{c} + \frac{1}{d} \right)$.

12 证明对所有正整数 n 和实数 $x_1, \ldots, x_n$ 均有 $(x_1 + \cdots + x_n)^2 \leq n(x_1{}^2 + \cdots + x_n{}^2)$.

13 设 u, v 是 $\mathbf{R}^2$ 中的非零向量. 证明 $\langle u, v \rangle = \|u\| \|v\| \cos \theta$, 其中 θ 是 u 和 v 的夹角 (将 u 和 v 看作始于原点的箭头).

　　提示: 画出 u、v 和 $u - v$ 形成的三角形, 然后利用余弦定理.

14 $\mathbf{R}^2$ 或 $\mathbf{R}^3$ 中两个向量 (视为始于原点的箭头) 的夹角可以用几何的方法来定义. 但是对 $n > 3$, $\mathbf{R}^n$ 中的几何是不明确的. 所以两个非零向量 $x, y \in \mathbf{R}^n$ 的夹角定义为 $\arccos \frac{\langle x, y \rangle}{\|x\| \|y\|}$, 此定义的动机来自于上题. 解释一下为什么证明上述定义有意义需要用到柯西–施瓦茨不等式.

15 证明对所有实数 $a_1, \ldots, a_n$ 和 $b_1, \ldots, b_n$ 均有

$$\left(\sum_{j=1}^{n} a_j b_j \right)^2 \leq \left(\sum_{j=1}^{n} j a_j{}^2 \right) \left(\sum_{j=1}^{n} \frac{b_j{}^2}{j} \right).$$

16 设 $u, v \in V$ 使得 $\|u\| = 3$, $\|u + v\| = 4$, $\|u - v\| = 6$. $\|v\|$ 等于多少?

17 证明或反驳: $\mathbf{R}^2$ 上有一个内积使得该内积确定的范数为: 对所有 $(x, y) \in \mathbf{R}^2$ 有 $\|(x, y)\| = \max\{|x|, |y|\}$.

18 设 $p > 0$. 证明 $\mathbf{R}^2$ 上有一个内积使得该内积确定的范数为

$$\text{对所有 } (x, y) \in \mathbf{R}^2 \text{ 有 } \|(x, y)\| = (|x|^p + |y|^p)^{1/p}$$

当且仅当 $p = 2$.

19 设 V 是实内积空间. 证明对所有 $u, v \in V$ 均有

$$\langle u, v \rangle = \frac{\|u + v\|^2 - \|u - v\|^2}{4}.$$

20 设 V 是复内积空间. 证明对所有 $u, v \in V$ 均有

$$\langle u, v \rangle = \frac{\|u + v\|^2 - \|u - v\|^2 + \|u + iv\|^2 i - \|u - iv\|^2 i}{4}.$$

21 向量空间 U 上的范数是满足以下条件的函数 $\| \| : U \to [0, \infty)$: $\|u\| = 0$ 当且仅当 $u = 0$, 对所有 $\alpha \in \mathbf{F}$ 和 $u \in U$ 均有 $\|\alpha u\| = |\alpha| \|u\|$, 对所有 $u, v \in U$ 均有 $\|u + v\| \leq \|u\| + \|v\|$. 证明满足平行四边形恒等式的范数均来自于内积 (也就是说: 若 $\| \|$ 是 U 上的满足平行四边形恒等式的范数, 则有 U 上的内积 $\langle , \rangle$ 使得对所有 $u \in U$ 均有 $\|u\| = \langle u, u \rangle^{1/2}$).

22 证明平均数的平方小于等于平方的平均数. 更确切地说, 若 $a_1, \ldots, a_n \in \mathbf{R}$, 则 $a_1, \ldots, a_n$ 的平均数的平方小于等于 $a_1{}^2, \ldots, a_n{}^2$ 的平均数.

23 设 $V_1, \ldots, V_m$ 均为内积空间. 证明等式

$$\langle (u_1, \ldots, u_m), (v_1, \ldots, v_m) \rangle = \langle u_1, v_1 \rangle + \cdots + \langle u_m, v_m \rangle$$

定义了 $V_1 \times \cdots \times V_m$ 上的内积.

在上面表达式的右端, $\langle u_1, v_1 \rangle$ 表示 V_1 上的内积, $\ldots$, $\langle u_m, v_m \rangle$ 表示 V_m 上的内积. 虽然这里使用了相同的记号, 但各个空间 $V_1, \ldots, V_m$ 可以有不同的内积.

24 设 $S \in \mathcal{L}(V)$ 是 V 上的一个单的算子. 定义 $\langle \cdot, \cdot \rangle_1$ 如下: 对 $u, v \in V$ 有 $\langle u, v \rangle_1 = \langle Su, Sv \rangle$. 证明 $\langle \cdot, \cdot \rangle_1$ 是 V 上的内积.

25 设 $S \in \mathcal{L}(V)$ 不是单的. 如上题那样定义 $\langle \cdot, \cdot \rangle_1$. 说明为什么 $\langle \cdot, \cdot \rangle_1$ 不是 V 上的内积.

26 设 f, g 是 $\mathbf{R}$ 到 $\mathbf{R}^n$ 的可微函数.

(a) 证明 $\langle f(t), g(t) \rangle' = \langle f'(t), g(t) \rangle + \langle f(t), g'(t) \rangle$.

(b) 设 $c > 0$ 且对每个 $t \in \mathbf{R}$ 均有 $\|f(t)\| = c$. 证明对每个 $t \in \mathbf{R}$ 均有 $\langle f'(t), f(t) \rangle = 0$.

(c) 利用 $\mathbf{R}^n$ 中以原点为中心的球面上的曲线的切向量给出 (b) 中结论的几何解释.

在本题中, 函数 $f: \mathbf{R} \to \mathbf{R}^n$ 称为是可微的是指存在 $\mathbf{R}$ 到 $\mathbf{R}$ 的可微函数 $f_1, \ldots, f_n$ 使得对每个 $t \in \mathbf{R}$ 均有 $f(t) = (f_1(t), \ldots, f_n(t))$. 另外, 对每个 $t \in \mathbf{R}$, 导数 $f'(t) \in \mathbf{R}^n$ 定义为 $f'(t) = (f_1{}'(t), \ldots, f_n{}'(t))$.

27 设 $u, v, w \in V$. 证明

$$\left\| w - \tfrac{1}{2}(u+v) \right\|^2 = \frac{\|w-u\|^2 + \|w-v\|^2}{2} - \frac{\|u-v\|^2}{4}.$$

28 设 C 是 V 的子集使得 $u, v \in C$ 蕴涵 $\frac{1}{2}(u+v) \in C$. 设 $w \in V$. 证明 C 中距离 w 最近的点至多有一个. 也就是说至多有一个点 $u \in C$ 使得对所有 $v \in C$ 均有 $\|w-u\| \le \|w-v\|$.

提示: 利用上题.

29 对于 $u, v \in V$ 定义 $d(u, v) = \|u - v\|$.

(a) 证明 d 是 V 上的一个度量.

(b) 证明若 V 是有限维的, 则 d 是 V 上的完备度量 (意思是每个柯西序列均收敛).

(c) 证明 V 的每个有限维子空间都是 V 的 (关于度量 d 的) 闭子集.

30 固定正整数 n. $\mathbf{R}^n$ 上二次可微函数 p 的**拉普拉斯算子** Δp 是 $\mathbf{R}^n$ 上的函数, 定义如下:

$$\Delta p = \frac{\partial^2 p}{\partial x_1^2} + \cdots + \frac{\partial^2 p}{\partial x_n^2}.$$

如果 $\Delta p = 0$, 则称函数 p 是**调和的**.

$\mathbf{R}^n$ 上的**多项式**是形如 $x_1{}^{m_1} \cdots x_n{}^{m_n}$ 的函数的线性组合, 其中 $m_1, \ldots, m_n$ 均为非负整数.

设 q 是 $\mathbf{R}^n$ 上的多项式. 证明: 存在 $\mathbf{R}^n$ 上的调和多项式 p 使得对每个满足 $\|x\| = 1$ 的 $x \in \mathbf{R}^n$ 均有 $p(x) = q(x)$.

对于这道习题, 需要用到的关于调和函数的唯一一个事实是: 若 p 是 $\mathbf{R}^n$ 上的调和函数且对所有满足 $\|x\| = 1$ 的 $x \in \mathbf{R}^n$ 均有 $p(x) = 0$, 则 $p = 0$.

提示：一个合理的推测是，要找的调和多项式 p 形如 $q + (1 - \|x\|^2)r$，其中 r 是多项式. 在适当向量空间上定义算子 T：

$$Tr = \Delta\big((1 - \|x\|^2)r\big),$$

再证 T 是单的，因此是满的，由此证明存在 $\mathbf{R}^n$ 上的多项式 r 使得 $q + (1 - \|x\|^2)r$ 是调和的.

31 使用内积证明阿波罗尼奥斯恒等式：在边长为 a, b, c 的三角形中，设 d 是长度为 c 的边的中点到对顶点的线段的长度. 则

$$a^2 + b^2 = \tfrac{1}{2}c^2 + 2d^2.$$

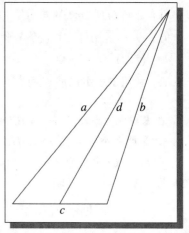

6.B 规范正交基

6.23 定义 规范正交的（orthonormal）

- 如果一个向量组中每个向量的范数都是 1 且与其他向量正交，则称这个向量组是**规范正交的**.

- 也就是说，V 上的向量组 $e_1, \ldots, e_n$ 是规范正交的，如果

$$\langle e_j, e_k \rangle = \begin{cases} 1, & \text{若 } j = k, \\ 0, & \text{若 } j \neq k. \end{cases}$$

6.24 例 规范正交组

(a) $\mathbf{F}^n$ 的标准基是规范正交组.

(b) $\left(\frac{1}{\sqrt{3}}, \frac{1}{\sqrt{3}}, \frac{1}{\sqrt{3}}\right), \left(-\frac{1}{\sqrt{2}}, \frac{1}{\sqrt{2}}, 0\right)$ 是 $\mathbf{F}^3$ 中的规范正交组.

(c) $\left(\frac{1}{\sqrt{3}}, \frac{1}{\sqrt{3}}, \frac{1}{\sqrt{3}}\right), \left(-\frac{1}{\sqrt{2}}, \frac{1}{\sqrt{2}}, 0\right), \left(\frac{1}{\sqrt{6}}, \frac{1}{\sqrt{6}}, -\frac{2}{\sqrt{6}}\right)$ 是 $\mathbf{F}^3$ 中的规范正交组.

下面的命题表明规范正交组特别容易处理.

6.25 规范正交线性组合的范数

若 $e_1, \ldots, e_m$ 是 V 中的规范正交向量组，则对所有 $a_1, \ldots, a_m \in \mathbf{F}$ 均有

$$\|a_1 e_1 + \cdots + a_m e_m\|^2 = |a_1|^2 + \cdots + |a_m|^2.$$

证明 因为每个 e_j 的范数都是 1，通过反复使用勾股定理 6.13 容易证得. ■

上述命题有如下重要推论.

6.26 规范正交组是线性无关的

每个规范正交向量组都是线性无关的.

证明 设 $e_1, \ldots, e_m$ 是 V 中的规范正交向量组，并设 $a_1, \ldots, a_m \in \mathbf{F}$ 使得

$$a_1 e_1 + \cdots + a_m e_m = 0.$$

则 $|a_1|^2 + \cdots + |a_m|^2 = 0$（根据 6.25），这表明所有的 a_j 均为 0. 因此 $e_1, \ldots, e_m$ 是线性无关的. ■

6.27 定义 规范正交基（orthonormal basis）

V 的规范正交基是 V 中的规范正交向量组构成的基.

例如，$\mathbf{F}^n$ 的标准基是规范正交基.

6.28 适当长度的规范正交组是规范正交基

V 中每个长度为 $\dim V$ 的规范正交向量组都是 V 的规范正交基.

证明 由 6.26，任何这样的组都一定是线性无关的. 又因为它具有适当的长度，所以它一定是基（见 2.39）. ■

6.29 例 证明

$$\left(\tfrac{1}{2}, \tfrac{1}{2}, \tfrac{1}{2}, \tfrac{1}{2}\right), \left(\tfrac{1}{2}, \tfrac{1}{2}, -\tfrac{1}{2}, -\tfrac{1}{2}\right), \left(\tfrac{1}{2}, -\tfrac{1}{2}, -\tfrac{1}{2}, \tfrac{1}{2}\right), \left(-\tfrac{1}{2}, \tfrac{1}{2}, -\tfrac{1}{2}, \tfrac{1}{2}\right)$$

是 $\mathbf{F}^4$ 的规范正交基.

证明 我们有

$$\left\| \left(\tfrac{1}{2}, \tfrac{1}{2}, \tfrac{1}{2}, \tfrac{1}{2}\right) \right\| = \sqrt{\left(\tfrac{1}{2}\right)^2 + \left(\tfrac{1}{2}\right)^2 + \left(\tfrac{1}{2}\right)^2 + \left(\tfrac{1}{2}\right)^2} = 1.$$

类似地，上面的组中其余三个向量的范数也都是 1.

我们还有

$$\left\langle \left(\tfrac{1}{2}, \tfrac{1}{2}, \tfrac{1}{2}, \tfrac{1}{2}\right), \left(\tfrac{1}{2}, \tfrac{1}{2}, -\tfrac{1}{2}, -\tfrac{1}{2}\right) \right\rangle = \tfrac{1}{2} \cdot \tfrac{1}{2} + \tfrac{1}{2} \cdot \tfrac{1}{2} + \tfrac{1}{2} \cdot \left(-\tfrac{1}{2}\right) + \tfrac{1}{2} \cdot \left(-\tfrac{1}{2}\right) = 0.$$

类似地，上面的组中任意两个不同的向量的内积都等于 0.

因此上面的组是规范正交的. 由于这是四维向量空间 $\mathbf{F}^4$ 的一个长度为 4 的规范正交组，所以它是 $\mathbf{F}^4$ 的规范正交基（由于 6.28）.

一般地，给定 V 的基 $e_1, \ldots, e_n$ 和向量 $v \in V$，我们知道有标量 $a_1, \ldots, a_n \in \mathbf{F}$ 使得

$$v = a_1 e_1 + \cdots + a_n e_n.$$

> 规范正交基的重要性主要缘于下面的命题.

对 V 的任意基求满足上述方程的 $a_1, \ldots, a_n$ 可能是困难的. 然而, 以下命题表明对于规范正交基这很容易: 取 $a_j = \langle v, e_j \rangle$ 即可.

6.30 将向量写成规范正交基的线性组合

设 $e_1, \ldots, e_n$ 是 V 的规范正交基且 $v \in V$. 则

$$v = \langle v, e_1 \rangle e_1 + \cdots + \langle v, e_n \rangle e_n$$

且

$$\|v\|^2 = |\langle v, e_1 \rangle|^2 + \cdots + |\langle v, e_n \rangle|^2.$$

证明　因为 $e_1, \ldots, e_n$ 是 V 的基, 所以存在标量 $a_1, \ldots, a_n$ 使得

$$v = a_1 e_1 + \cdots + a_n e_n.$$

由于 $e_1, \ldots, e_n$ 是规范正交的, 等式两端都和 e_j 做内积得到 $\langle v, e_j \rangle = a_j$. 于是 6.30 的第一个等式成立.

由 6.30 的第一个等式和 6.25 立即可得 6.30 的第二个等式. ∎

既然我们了解了规范正交基的用处, 那么如何找到它们呢? 例如, 对于由区间 $[-1, 1]$ 上的定积分所定义的内积 (见 6.4(c)), $\mathcal{P}_m(\mathbf{R})$ 有规范正交基吗? 下面的命题将会给出这些问题的答案.

> 丹麦数学家约根·格拉姆 (1850—1916) 和德国数学家埃哈德·施密特 (1876—1959) 普及了这种构造规范正交基的算法.

下面证明中用到的算法称为**格拉姆–施密特过程**. 这种方法可以把一个线性无关组转化成与原来的组有相同张成空间的规范正交组.

6.31 格拉姆–施密特过程

设 $v_1, \ldots, v_m$ 是 V 中的线性无关向量组. 设 $e_1 = v_1/\|v_1\|$. 对于 $j = 2, \ldots, m$, 定义 e_j 如下:

$$e_j = \frac{v_j - \langle v_j, e_1 \rangle e_1 - \cdots - \langle v_j, e_{j-1} \rangle e_{j-1}}{\|v_j - \langle v_j, e_1 \rangle e_1 - \cdots - \langle v_j, e_{j-1} \rangle e_{j-1}\|}.$$

则 $e_1, \ldots, e_m$ 是 V 中的规范正交组, 使得对 $j = 1, \ldots, m$ 有

$$\mathrm{span}(v_1, \ldots, v_j) = \mathrm{span}(e_1, \ldots, e_j).$$

证明　我们将对 j 用归纳法来证明结论成立. 首先 $j = 1$ 时, 由 v_1 是 e_1 的正数倍知 $\mathrm{span}(v_1) = \mathrm{span}(e_1)$.

设 $1 < j \leqslant m$ 并假设已经有

6.32
$$\mathrm{span}(v_1, \ldots, v_{j-1}) = \mathrm{span}(e_1, \ldots, e_{j-1}).$$

注意 $v_j \notin \mathrm{span}(v_1, \ldots, v_{j-1})$（因为 $v_1, \ldots, v_m$ 是线性无关的）. 于是 $v_j \notin \mathrm{span}(e_1, \ldots, e_{j-1})$. 因此在 6.31 的 e_j 定义中的分母不为 0. 用一个向量除以它的范数就得到一个范数为 1 的新向量. 因此 $\|e_j\| = 1$.

设 $1 \le k < j$. 则

$$\langle e_j, e_k \rangle = \left\langle \frac{v_j - \langle v_j, e_1 \rangle e_1 - \cdots - \langle v_j, e_{j-1} \rangle e_{j-1}}{\|v_j - \langle v_j, e_1 \rangle e_1 - \cdots - \langle v_j, e_{j-1} \rangle e_{j-1}\|}, e_k \right\rangle$$

$$= \frac{\langle v_j, e_k \rangle - \langle v_j, e_k \rangle}{\|v_j - \langle v_j, e_1 \rangle e_1 - \cdots - \langle v_j, e_{j-1} \rangle e_{j-1}\|}$$

$$= 0.$$

因此 $e_1, \ldots, e_j$ 是规范正交组.

从 6.31 给出的 e_j 的定义我们看到 $v_j \in \mathrm{span}(e_1, \ldots, e_j)$. 再结合 6.32 得

$$\mathrm{span}(v_1, \ldots, v_j) \subset \mathrm{span}(e_1, \ldots, e_j).$$

上面的这两个组都是线性无关的（这些 v_k 的线性无关性是根据假设得到的，这些 e_k 的线性无关性是由规范正交性和 6.26 得到的）. 因此上面两个子空间的维数都为 j，从而一定相等. ∎

6.33 例 求 $\mathcal{P}_2(\mathbf{R})$ 的一个规范正交基，这里的内积为 $\langle p, q \rangle = \int_{-1}^{1} p(x)q(x)\,\mathrm{d}x$.

解 我们将对基 $1, x, x^2$ 应用格拉姆–施密特过程 6.31.

首先，我们有
$$\|1\|^2 = \int_{-1}^{1} 1^2 \,\mathrm{d}x = 2.$$

于是 $\|1\| = \sqrt{2}$，所以 $e_1 = \sqrt{\frac{1}{2}}$.

现在 e_2 的表达式中的分子为
$$x - \langle x, e_1 \rangle e_1 = x - \left(\int_{-1}^{1} x\sqrt{\tfrac{1}{2}}\,\mathrm{d}x \right)\sqrt{\tfrac{1}{2}} = x.$$

我们有
$$\|x\|^2 = \int_{-1}^{1} x^2\,\mathrm{d}x = \tfrac{2}{3}.$$

于是 $\|x\| = \sqrt{\frac{2}{3}}$，所以 $e_2 = \sqrt{\frac{3}{2}}x$.

而 e_3 表达式中的分子为
$$x^2 - \langle x^2, e_1 \rangle e_1 - \langle x^2, e_2 \rangle e_2$$
$$= x^2 - \left(\int_{-1}^{1} x^2 \sqrt{\tfrac{1}{2}}\,\mathrm{d}x \right)\sqrt{\tfrac{1}{2}} - \left(\int_{-1}^{1} x^2 \sqrt{\tfrac{3}{2}}x\,\mathrm{d}x \right)\sqrt{\tfrac{3}{2}}x = x^2 - \tfrac{1}{3}.$$

我们有

$$\|x^2 - \tfrac{1}{3}\|^2 = \int_{-1}^{1} \left(x^4 - \tfrac{2}{3}x^2 + \tfrac{1}{9}\right) \mathrm{d}x = \tfrac{8}{45}.$$

于是 $\|x^2 - \tfrac{1}{3}\| = \sqrt{\tfrac{8}{45}}$，所以 $e_3 = \sqrt{\tfrac{45}{8}}\left(x^2 - \tfrac{1}{3}\right)$.

因此

$$\sqrt{\tfrac{1}{2}}, \sqrt{\tfrac{3}{2}}x, \sqrt{\tfrac{45}{8}}\left(x^2 - \tfrac{1}{3}\right)$$

是 $\mathcal{P}_2(\mathbf{R})$ 中长度为 3 的规范正交组，由 6.28 可知这个规范正交组是 $\mathcal{P}_2(\mathbf{R})$ 的规范正交基.

现在我们可以回答规范正交基的存在性问题了.

6.34 规范正交基的存在性

每个有限维内积空间都有规范正交基.

证明 设 V 是有限维的，取 V 的一个基，对它应用格拉姆–施密特过程 6.31，则得到一个长度为 $\dim V$ 的规范正交组. 由 6.28 可知这个规范正交组是 V 的规范正交基. ∎

有时我们必须知道，不仅规范正交基是存在的，而且任何规范正交组都可以扩充成规范正交基. 在下面的推论中，格拉姆–施密特过程表明这种扩充总是可以做到的.

6.35 规范正交组扩充为规范正交基

设 V 是有限维的. 则 V 中每个规范正交向量组都可以扩充成 V 的规范正交基.

证明 设 $e_1, \ldots, e_m$ 是 V 中的规范正交组，则 $e_1, \ldots, e_m$ 是线性无关的（由于 6.26），所以可扩充成 V 的基 $e_1, \ldots, e_m, v_1, \ldots, v_n$（见 2.33）. 现在对 $e_1, \ldots, e_m, v_1, \ldots, v_n$ 应用格拉姆–施密特过程 6.31 得到规范正交组

6.36 $$e_1, \ldots, e_m, f_1, \ldots, f_n,$$

这里格拉姆–施密特过程的公式保持前 m 个向量不变，因为它们已经是规范正交的. 由 6.28 可知上面的这个组是 V 的规范正交基. ∎

回想一下，如果一个矩阵对角线下方的所有元素都等于 0，则称这个矩阵是上三角的. 也就是说，一个上三角矩阵形如

$$\begin{pmatrix} * & & * \\ & \ddots & \\ 0 & & * \end{pmatrix},$$

其中 0 表示对角线下方的所有元素都等于 0，星号表示对角线及其上方的元素.

在上一章我们证明了，如果 V 是有限维的复向量空间，则对 V 上的每个算子都存在一个基使得该算子关于这个基的矩阵是上三角的（参见 5.27）. 既然现在讨论的是内积空间，我们想知道是否存在规范正交基使得算子关于这个基有上三角矩阵.

下面的命题表明，假设存在一个基使 T 关于这个基具有上三角矩阵，则存在一个规范正交基具有同样的性质. 这个命题在实向量空间和复向量空间上都成立（尽管在实向量空间上，那个假设只对某些算子成立）.

6.37 关于规范正交基的上三角矩阵

设 $T \in \mathcal{L}(V)$. 如果 T 关于 V 的某个基具有上三角矩阵，那么 T 关于 V 的某个规范正交基也具有上三角矩阵.

证明 设 T 关于 V 的基 $v_1, \ldots, v_n$ 具有上三角矩阵，则对每个 $j = 1, \ldots, n$ 均有 $\mathrm{span}(v_1, \ldots, v_j)$ 在 T 下不变（参见 5.26）.

对 $v_1, \ldots, v_n$ 应用格拉姆–施密特过程，得到 V 的规范正交基 $e_1, \ldots, e_n$. 因为对每个 j 都有

$$\mathrm{span}(e_1, \ldots, e_j) = \mathrm{span}(v_1, \ldots, v_j)$$

（参见 6.31），所以对每个 $j = 1, \ldots, n$ 均有 $\mathrm{span}(e_1, \ldots, e_j)$ 在 T 下不变. 因此，由 5.26 可知，T 关于规范正交基 $e_1, \ldots, e_n$ 具有上三角矩阵. ∎

下面的定理是上述结果的重要应用.

> 1909 年德国数学家逸斋·舒尔（1875–1941）发表了下述定理的第一个证明.

6.38 舒尔定理

设 V 是有限维的复向量空间且 $T \in \mathcal{L}(V)$. 则 T 关于 V 的某个规范正交基具有上三角矩阵.

证明 回顾一下 T 关于 V 的某个基具有上三角矩阵（见 5.27）. 然后应用 6.37. ∎

内积空间上的线性泛函

由于映到标量域 $\mathbf{F}$ 的线性映射起着特殊作用，我们在 3.F 节给它们起了一个特别的名字. 由于你可能跳过 3.F 节，下面重复一下这个定义.

6.39 定义 线性泛函（linear functional）

V 上的**线性泛函**是从 V 到 $\mathbf{F}$ 的线性映射. 也就是说，线性泛函是 $\mathcal{L}(V, \mathbf{F})$ 中的元素.

6.40 例 如下定义的函数 $\varphi\colon \mathbf{F}^3 \to \mathbf{F}$

$$\varphi(z_1, z_2, z_3) = 2z_1 - 5z_2 + z_3$$

是 $\mathbf{F}^3$ 上的线性泛函. 我们可以将这个线性泛函写成如下形式: 对每个 $z \in \mathbf{F}^3$

$$\varphi(z) = \langle z, u \rangle,$$

其中 $u = (2, -5, 1)$.

6.41 例 如下定义的函数 $\varphi\colon \mathcal{P}_2(\mathbf{R}) \to \mathbf{R}$

$$\varphi(p) = \int_{-1}^{1} p(t)\big(\cos(\pi t)\big)\,\mathrm{d}t$$

是 $\mathcal{P}_2(\mathbf{R})$ 上的线性泛函 (这里 $\mathcal{P}_2(\mathbf{R})$ 上的内积是 $[-1, 1]$ 上的两个函数相乘后做定积分, 见 6.33). 下面的事实并不显然: 存在 $u \in \mathcal{P}_2(\mathbf{R})$ 使得对任意 $p \in \mathcal{P}_2(\mathbf{R})$ 均有

$$\varphi(p) = \langle p, u \rangle.$$

(我们不能取 $u(t) = \cos(\pi t)$, 因为它不是 $\mathcal{P}_2(\mathbf{R})$ 中的元素.)

为纪念匈牙利数学家弗里杰什·里斯 (1880−1956), 下述定理用他的名字命名, 里斯在二十世纪早期证明了与下述定理类似的结果.

如果 $u \in V$, 那么把 v 映成 $\langle v, u \rangle$ 的映射是 V 上的线性泛函. 下述定理表明, V 上的每个线性泛函都是这种形式的. 上面的例 6.41 显示了下述定理的威力, 因为对那个例子中的线性泛函, u 的取法并不明显.

6.42 里斯表示定理

设 V 是有限维的且 φ 是 V 上的线性泛函, 则存在唯一的向量 $u \in V$ 使得对每个 $v \in V$ 均有 $\varphi(v) = \langle v, u \rangle$.

证明 先证明存在向量 $u \in V$ 使得对每个 $v \in V$ 均有 $\varphi(v) = \langle v, u \rangle$. 设 $e_1, \ldots, e_n$ 是 V 的规范正交基, 则对每个 $v \in V$ 均有

$$
\begin{aligned}
\varphi(v) &= \varphi(\langle v, e_1 \rangle e_1 + \cdots + \langle v, e_n \rangle e_n) \\
&= \langle v, e_1 \rangle \varphi(e_1) + \cdots + \langle v, e_n \rangle \varphi(e_n) \\
&= \langle v, \overline{\varphi(e_1)} e_1 + \cdots + \overline{\varphi(e_n)} e_n \rangle,
\end{aligned}
$$

其中第一个等式由 6.30 得到. 因此, 取

6.43
$$u = \overline{\varphi(e_1)} e_1 + \cdots + \overline{\varphi(e_n)} e_n,$$

则对每个 $v \in V$ 都有 $\varphi(v) = \langle v, u \rangle$.

现在来证明只有一个向量 $u \in V$ 满足条件. 设 $u_1, u_2 \in V$ 使得对每个 $v \in V$ 均有

$$\varphi(v) = \langle v, u_1 \rangle = \langle v, u_2 \rangle.$$

则对每个 $v \in V$ 均有

$$0 = \langle v, u_1 \rangle - \langle v, u_2 \rangle = \langle v, u_1 - u_2 \rangle.$$

取 $v = u_1 - u_2$ 可得 $u_1 - u_2 = 0$，即 $u_1 = u_2$，这就完成了唯一性的证明. ∎

6.44 例 求 $u \in \mathcal{P}_2(\mathbf{R})$ 使得对每个 $p \in \mathcal{P}_2(\mathbf{R})$ 均有

$$\int_{-1}^{1} p(t)\big(\cos(\pi t)\big)\, dt = \int_{-1}^{1} p(t)u(t)\, dt.$$

解 设 $\varphi(p) = \int_{-1}^{1} p(t)\big(\cos(\pi t)\big)\, dt$. 应用上面证明中的公式 6.43，并使用例 6.33 中的规范正交基，可得

$$u(x) = \Big(\int_{-1}^{1} \sqrt{\tfrac{1}{2}}\big(\cos(\pi t)\big)\, dt\Big)\sqrt{\tfrac{1}{2}} + \Big(\int_{-1}^{1} \sqrt{\tfrac{3}{2}}\, t\big(\cos(\pi t)\big)\, dt\Big)\sqrt{\tfrac{3}{2}}\, x$$

$$+ \Big(\int_{-1}^{1} \sqrt{\tfrac{45}{8}}\big(t^2 - \tfrac{1}{3}\big)\big(\cos(\pi t)\big)\, dt\Big)\sqrt{\tfrac{45}{8}}\big(x^2 - \tfrac{1}{3}\big).$$

计算可得

$$u(x) = -\frac{45}{2\pi^2}\big(x^2 - \tfrac{1}{3}\big).$$

设 V 是有限维的且 φ 是 V 上的线性泛函. 则 6.43 给出了求向量 u 的公式使其满足对所有 $v \in V$ 均有 $\varphi(v) = \langle v, u \rangle$. 具体来说，就是

$$u = \overline{\varphi(e_1)}e_1 + \cdots + \overline{\varphi(e_n)}e_n.$$

看起来等式右端依赖于规范正交基 $e_1, \ldots, e_n$ 和 φ. 然而，定理 6.42 告诉我们 u 是由 φ 唯一确定的. 所以等式右端与 V 的规范正交基 $e_1, \ldots, e_n$ 的选取无关.

习题 6.B

1 (a) 设 $\theta \in \mathbf{R}$. 证明

$$(\cos\theta, \sin\theta), (-\sin\theta, \cos\theta) \quad \text{和} \quad (\cos\theta, \sin\theta), (\sin\theta, -\cos\theta)$$

都是 $\mathbf{R}^2$ 的规范正交基.

(b) 证明 $\mathbf{R}^2$ 的规范正交基必形如 (a) 中的二者之一.

2 设 $e_1, \ldots, e_m$ 是 V 的规范正交组. 设 $v \in V$. 证明

$$\|v\|^2 = |\langle v, e_1 \rangle|^2 + \cdots + |\langle v, e_m \rangle|^2$$

当且仅当 $v \in \mathrm{span}(e_1, \ldots, e_m)$.

3 设 $T \in \mathcal{L}(\mathbf{R}^3)$ 关于基 $(1,0,0),\ (1,1,1),\ (1,1,2)$ 具有上三角矩阵. 求 $\mathbf{R}^3$ 的一个规范正交基（采用 $\mathbf{R}^3$ 上通常的内积）使得 T 关于这个基具有上三角矩阵.

4 设 n 是正整数. 证明

$$\frac{1}{\sqrt{2\pi}}, \frac{\cos x}{\sqrt{\pi}}, \frac{\cos 2x}{\sqrt{\pi}}, \cdots, \frac{\cos nx}{\sqrt{\pi}}, \frac{\sin x}{\sqrt{\pi}}, \frac{\sin 2x}{\sqrt{\pi}}, \cdots, \frac{\sin nx}{\sqrt{\pi}}$$

是 $C[-\pi,\pi]$ 的规范正交组，这里 $C[-\pi,\pi]$ 是 $[-\pi,\pi]$ 上的实值连续函数构成的向量空间，其上的内积为

$$\langle f, g \rangle = \int_{-\pi}^{\pi} f(x)g(x)\,\mathrm{d}x.$$

上述规范正交组经常用来建立诸如潮汐等周期现象的数学模型.

5 在 $\mathcal{P}_2(\mathbf{R})$ 上考虑内积

$$\langle p, q \rangle = \int_0^1 p(x)q(x)\,\mathrm{d}x.$$

对基 $1, x, x^2$ 应用格拉姆–施密特过程求 $\mathcal{P}_2(\mathbf{R})$ 的一个规范正交基.

6 求 $\mathcal{P}_2(\mathbf{R})$ 的一个规范正交基（采用习题 5 的内积）使得 $\mathcal{P}_2(\mathbf{R})$ 上的微分算子（即把 p 映成 p' 的算子）关于这个基具有上三角矩阵.

7 求多项式 $q \in \mathcal{P}_2(\mathbf{R})$ 使得对每个 $p \in \mathcal{P}_2(\mathbf{R})$ 均有

$$p\left(\tfrac{1}{2}\right) = \int_0^1 p(x)q(x)\,\mathrm{d}x.$$

8 求多项式 $q \in \mathcal{P}_2(\mathbf{R})$ 使得对每个 $p \in \mathcal{P}_2(\mathbf{R})$ 均有

$$\int_0^1 p(x)(\cos \pi x)\,\mathrm{d}x = \int_0^1 p(x)q(x)\,\mathrm{d}x.$$

9 对不是线性无关的向量组应用格拉姆–施密特过程结果会怎样？

10 设 V 是实内积空间且 $v_1, \ldots, v_m$ 是 V 中的线性无关向量组. 证明 V 中恰好有 2^m 个规范正交组 $e_1, \ldots, e_m$ 使得对所有 $j \in \{1, \ldots, m\}$ 均有 $\mathrm{span}(v_1, \ldots, v_j) = \mathrm{span}(e_1, \ldots, e_j)$.

11 设 $\langle \cdot, \cdot \rangle_1$ 和 $\langle \cdot, \cdot \rangle_2$ 都是 V 上的内积使得 $\langle v, w \rangle_1 = 0$ 当且仅当 $\langle v, w \rangle_2 = 0$. 证明存在正数 c 使得对任意 $v, w \in V$ 均有 $\langle v, w \rangle_1 = c\langle v, w \rangle_2$.

12 设 V 是有限维的，$\langle \cdot, \cdot \rangle_1$ 和 $\langle \cdot, \cdot \rangle_2$ 都是 V 上的内积，对应的范数是 $\|\cdot\|_1$ 和 $\|\cdot\|_2$. 证明存在正数 c 使得对每个 $v \in V$ 均有 $\|v\|_1 \leq c\|v\|_2$.

13 设 $v_1, \ldots, v_m$ 是 V 中的线性无关向量组. 证明存在 $w \in V$ 使得对所有 $j \in \{1, \ldots, m\}$ 均有 $\langle w, v_j \rangle > 0$.

14 设 $e_1, \ldots, e_n$ 是 V 的规范正交基，并设 $v_1, \ldots, v_n$ 是 V 中的向量使得对每个 j 均有

$$\|e_j - v_j\| < \frac{1}{\sqrt{n}}.$$

证明 $v_1, \ldots, v_n$ 是 V 的基.

15 设 $C_{\mathbf{R}}([-1,1])$ 是区间 $[-1,1]$ 上的实值连续函数构成的向量空间，其上的内积为：对于 $f,g \in C_{\mathbf{R}}([-1,1])$

$$\langle f,g \rangle = \int_{-1}^{1} f(x)g(x)\,\mathrm{d}x.$$

设 φ 是 $C_{\mathbf{R}}([-1,1])$ 上由 $\varphi(f) = f(0)$ 定义的线性泛函. 证明：不存在 $g \in C_{\mathbf{R}}([-1,1])$ 能使得对每个 $f \in C_{\mathbf{R}}([-1,1])$ 均有 $\varphi(f) = \langle f,g \rangle$.

本题表明如果不对 V 和 φ 附加额外条件，那么里斯表示定理 6.42 对无限维限量空间不成立.

16 设 $\mathbf{F} = \mathbf{C}$，V 是有限维的，$T \in \mathcal{L}(V)$，T 的所有本征值的绝对值都小于 1，$\epsilon > 0$. 证明存在正整数 m 使得对每个 $v \in V$ 均有 $\|T^m v\| \leq \epsilon \|v\|$.

17 对于 $u \in V$ 设 Φu 表示 V 上如下定义的线性泛函：对 $v \in V$

$$(\Phi u)(v) = \langle v,u \rangle.$$

(a) 证明：若 $\mathbf{F} = \mathbf{R}$，则 Φ 是从 V 到 V' 的线性映射.（回想一下，在 3.F 节中我们定义 $V' = \mathcal{L}(V,\mathbf{F})$，$V'$ 称为 V 的对偶空间.）

(b) 证明：若 $\mathbf{F} = \mathbf{C}$ 且 $V \neq \{0\}$，则 Φ 不是线性映射.

(c) 证明 Φ 是单的.

(d) 设 $\mathbf{F} = \mathbf{R}$ 且 V 是有限维的. 利用 (a) 和 (c) 以及维数计算（但不用 6.42）来证明 Φ 是从 V 到 V' 的同构.

(d) 给出了里斯表示定理 6.42 在 $\mathbf{F} = \mathbf{R}$ 情形的另一个证明，也给出了有限维实内积空间到其对偶空间的一个自然同构（"自然"的意思是与基的选取无关）.

6.C 正交补与极小化问题

正交补

> **6.45 定义 正交补**（orthogonal complement），$U^\perp$
>
> 设 U 是 V 的子集，则 U 的**正交补**（记作 $U^\perp$）是由 V 中与 U 的每个向量都正交的那些向量组成的集合：
> $$U^\perp = \{v \in V : 对每个 \ u \in U \ 均有 \ \langle v,u \rangle = 0\}.$$

例如，若 U 是 $\mathbf{R}^3$ 中的直线，则 $U^\perp$ 是垂直于 U 且包含原点的平面. 若 U 是 $\mathbf{R}^3$ 中的平面，则 $U^\perp$ 是垂直于 U 且包含原点的直线.

6.46 正交补的基本性质

(a) 若 U 是 V 的子集，则 $U^\perp$ 是 V 的子空间.

(b) $\{0\}^\perp = V$.

(c) $V^\perp = \{0\}$.

(d) 若 U 是 V 的子集，则 $U \cap U^\perp \subset \{0\}$.

(e) 若 U 和 W 均为 V 的子集且 $U \subset W$，则 $W^\perp \subset U^\perp$.

证明

(a) 设 U 是 V 的子集. 则对每个 $u \in U$ 均有 $\langle 0, u \rangle = 0$，于是 $0 \in U^\perp$.

设 $v, w \in U^\perp$. 若 $u \in U$，则

$$\langle v + w, u \rangle = \langle v, u \rangle + \langle w, u \rangle = 0 + 0 = 0.$$

于是 $v + w \in U^\perp$. 也就是说 $U^\perp$ 在加法下是封闭的.

类似地，设 $\lambda \in \mathbf{F}$ 且 $v \in U^\perp$. 若 $u \in U$，则

$$\langle \lambda v, u \rangle = \lambda \langle v, u \rangle = \lambda \cdot 0 = 0.$$

于是 $\lambda v \in U^\perp$. 也就是说 $U^\perp$ 在标量乘法下是封闭的. 因此 $U^\perp$ 是 V 的子空间.

(b) 假定 $v \in V$. 则 $\langle v, 0 \rangle = 0$，这表明 $v \in \{0\}^\perp$. 于是 $\{0\}^\perp = V$.

(c) 设 $v \in V^\perp$. 则 $\langle v, v \rangle = 0$，这表明 $v = 0$. 于是 $V^\perp = \{0\}$.

(d) 设 U 是 V 的子集且 $v \in U \cap U^\perp$. 则 $\langle v, v \rangle = 0$，这表明 $v = 0$. 于是 $U \cap U^\perp \subset \{0\}$.

(e) 设 U 和 W 均为 V 的子集且 $U \subset W$. 设 $v \in W^\perp$. 则对每个 $u \in W$ 均有 $\langle v, u \rangle = 0$，这表明对每个 $u \in U$ 均有 $\langle v, u \rangle = 0$. 所以 $v \in U^\perp$. 因此 $W^\perp \subset U^\perp$.
■

　　回想一下，若 U 和 W 均为 V 的子空间，并且 V 中每个元素都可以唯一地写成 U 中的一个向量与 W 中的一个向量的和，则 V 是 U 和 W 的直和（记为 $V = U \oplus W$）（见 1.40）.

　　以下定理表明，V 的每个有限维子空间都导致了 V 的一个自然的直和分解.

6.47 子空间与其正交补的直和

设 U 是 V 的有限维子空间，则 $V = U \oplus U^\perp$.

证明 首先证明

6.48
$$V = U + U^\perp.$$

为此，设 $v \in V$，并设 $e_1, \ldots, e_m$ 是 U 的规范正交基. 显然

6.49
$$v = \underbrace{\langle v, e_1 \rangle e_1 + \cdots + \langle v, e_m \rangle e_m}_{u} + \underbrace{v - \langle v, e_1 \rangle e_1 - \cdots - \langle v, e_m \rangle e_m}_{w}.$$

设 u 和 w 如上式. 很明显 $u \in U$. 因为 $e_1, \ldots, e_m$ 是一个规范正交组, 所以对每个 $j = 1, \ldots, m$ 均有

$$\langle w, e_j \rangle = \langle v, e_j \rangle - \langle v, e_j \rangle = 0.$$

于是 w 正交于 $\text{span}(e_1, \ldots, e_m)$ 中的每个向量. 也就是说 $w \in U^\perp$. 于是 $v = u + w$, 其中 $u \in U$ 且 $w \in U^\perp$, 这就证明了 6.48.

由 6.46(d) 有 $U \cap U^\perp = \{0\}$. 再由 6.48 有 $V = U \oplus U^\perp$（见 1.45）. ∎

现在可以看到如何利用 $\dim U$ 来计算 $\dim U^\perp$.

6.50 正交补的维数

设 V 是有限维的且 U 是 V 的子空间, 则 $\dim U^\perp = \dim V - \dim U$.

证明 由 6.47 和 3.78 立即可得 $\dim U^\perp$ 的公式. ∎

下面的命题是 6.47 的一个重要推论.

6.51 正交补的正交补

设 U 是 V 的有限维子空间, 则 $U = (U^\perp)^\perp$.

证明 首先证明

6.52 $$U \subset (U^\perp)^\perp.$$

为此, 设 $u \in U$. 则对每个 $v \in U^\perp$ 均有 $\langle u, v \rangle = 0$（由 $U^\perp$ 的定义）. 因为 u 正交于 $U^\perp$ 中的每个向量, 所以 $u \in (U^\perp)^\perp$, 这就证明了 6.52.

要证明另一个方向的包含关系, 设 $v \in (U^\perp)^\perp$. 由 6.47 可得 $v = u + w$, 其中 $u \in U$ 且 $w \in U^\perp$. 从而 $v - u = w \in U^\perp$. 因为 $v \in (U^\perp)^\perp$ 且 $u \in (U^\perp)^\perp$（由于 6.52）, 所以 $v - u \in (U^\perp)^\perp$. 于是 $v - u \in U^\perp \cap (U^\perp)^\perp$, 这表明 $(v - u)$ 与自身正交, 从而 $v - u = 0$, 即 $v = u$, 于是 $v \in U$. 因此 $(U^\perp)^\perp \subset U$, 再结合 6.52 就完成了证明. ∎

现在我们对 V 的每个有限维子空间定义一个算子 $\mathcal{P}_U$.

6.53 定义 正交投影（orthogonal projection）, P_U

设 U 是 V 的有限维子空间. 定义 V 到 U 上的**正交投影**为如下算子 $P_U \in \mathcal{L}(V)$: 对 $v \in V$, 将其写成 $v = u + w$, 其中 $u \in U$ 且 $w \in U^\perp$, 则 $P_U v = u$.

6.47 中给出的直和分解 $V = U \oplus U^\perp$ 表明每个 $v \in V$ 均可唯一地写成 $v = u + w$, 其中 $u \in U$ 且 $w \in U^\perp$. 于是 $P_U v$ 定义合理.

6.54 例 设 $x \in V$, $x \neq 0$ 且 $U = \text{span}(x)$. 证明对每个 $v \in V$ 均有

$$P_U v = \frac{\langle v, x \rangle}{\|x\|^2} x.$$

证明 设 $v \in V$. 则

$$v = \frac{\langle v, x \rangle}{\|x\|^2} x + \left(v - \frac{\langle v, x \rangle}{\|x\|^2} x \right),$$

其中右端的第一项属于 $\mathrm{span}(x)$（从而属于 U），第二项正交于 x（从而属于 $U^\perp$）. 因此 $P_U v$ 等于右端的第一项.

6.55 正交投影 P_U 的性质

设 U 是 V 的有限维子空间且 $v \in V$. 则

(a) $P_U \in \mathcal{L}(V)$；

(b) 对每个 $u \in U$ 均有 $P_U u = u$；

(c) 对每个 $w \in U^\perp$ 均有 $P_U w = 0$；

(d) $\mathrm{range}\, P_U = U$；

(e) $\mathrm{null}\, P_U = U^\perp$；

(f) $v - P_U v \in U^\perp$；

(g) $P_U{}^2 = P_U$；

(h) $\|P_U v\| \le \|v\|$；

(i) 对 U 的每个规范正交基 $e_1, \ldots, e_m$ 均有 $P_U v = \langle v, e_1 \rangle e_1 + \cdots + \langle v, e_m \rangle e_m$.

证明

(a) 为了证明 P_U 是 V 上的线性映射，设 $v_1, v_2 \in V$. 设

$$v_1 = u_1 + w_1, \quad v_2 = u_2 + w_2,$$

其中 $u_1, u_2 \in U$，$w_1, w_2 \in U^\perp$. 则 $P_U v_1 = u_1$ 且 $P_U v_2 = u_2$. 从而

$$v_1 + v_2 = (u_1 + u_2) + (w_1 + w_2),$$

其中 $u_1 + u_2 \in U$ 且 $w_1 + w_2 \in U^\perp$. 因此

$$P_U(v_1 + v_2) = u_1 + u_2 = P_U v_1 + P_U v_2.$$

类似地，设 $\lambda \in \mathbf{F}$. 若 $v = u + w$，其中 $u \in U$ 且 $w \in U^\perp$，则 $\lambda v = \lambda u + \lambda w$，其中 $\lambda u \in U$ 且 $\lambda w \in U^\perp$. 于是 $P_U(\lambda v) = \lambda u = \lambda P_U v$.

因此 P_U 是 V 到 V 的线性映射.

(b) 设 $u \in U$. 则 $u = u + 0$，其中 $u \in U$ 且 $0 \in U^\perp$. 于是 $P_U u = u$.

(c) 设 $w \in U^\perp$. 则 $w = 0 + w$，其中 $0 \in U$ 且 $w \in U^\perp$. 于是 $P_U w = 0$.

(d) 由 P_U 的定义可知 $\mathrm{range}\, P_U \subset U$. 由 (b) 可知 $U \subset \mathrm{range}\, P_U$. 于是 $\mathrm{range}\, P_U = U$.

(e) 由 (c) 可知 $U^{\perp} \subset \operatorname{null} P_U$. 为了证明另一个方向的包含关系，注意若 $v \in \operatorname{null} P_U$ 则 6.47 中给出的分解一定是 $v = 0 + v$，其中 $0 \in U$ 且 $v \in U^{\perp}$. 因此 $\operatorname{null} P_U \subset U^{\perp}$.

(f) 若 $v = u + w$，其中 $u \in U$ 且 $w \in U^{\perp}$，则
$$v - P_U v = v - u = w \in U^{\perp}.$$

(g) 若 $v = u + w$，其中 $u \in U$ 且 $w \in U^{\perp}$，则
$${(P_U}^2)v = P_U(P_U v) = P_U u = u = P_U v.$$

(h) 若 $v = u + w$，其中 $u \in U$ 且 $w \in U^{\perp}$，则
$$\|P_U v\|^2 = \|u\|^2 \leq \|u\|^2 + \|w\|^2 = \|v\|^2,$$
这里最后一个等号是根据勾股定理.

(i) 利用定理 6.47 证明中的等式 6.49 可得 $P_U v$ 的公式. ∎

极小化问题

经常会遇到这样的问题：给定 V 的子空间 U 和点 $v \in V$，求点 $u \in U$ 使得 $\|v - u\|$ 最小. 下面的命题表明，通过取 $u = P_U v$ 就可以解决这个极小化问题.

> 极小化问题的求解非常简单，这导致了内积空间在纯数学之外的很多重要应用.

6.56 到子空间的最小距离

设 U 是 V 的有限维子空间，$v \in V$ 且 $u \in U$. 则
$$\|v - P_U v\| \leq \|v - u\|.$$
进一步，等号成立当且仅当 $u = P_U v$.

证明 我们有

6.57
$$\begin{aligned}
\|v - P_U v\|^2 &\leq \|v - P_U v\|^2 + \|P_U v - u\|^2 \\
&= \|(v - P_U v) + (P_U v - u)\|^2 \\
&= \|v - u\|^2,
\end{aligned}$$

其中第一行成立是由于 $0 \leq \|P_U v - u\|^2$，第二行是利用勾股定理（可以这样用是因为由 6.55(f) 知 $v - P_U v \in U^{\perp}$，而且我们还有 $P_U v - u \in U$），第三行成立是简单的计算. 再开方即得要证的不等式.

等号成立当且仅当 6.57 是等式，当且仅当 $\|P_U v - u\| = 0$，当且仅当 $u = P_U v$. ∎

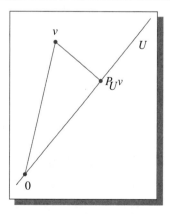

$P_U v$ 是 U 中距离 v 最近的点

上述命题通常与公式 6.55(i) 结合起来计算极小化问题的显式解.

6.58 例 求一个次数不超过 5 的实系数多项式 u 使其在区间 $[-\pi,\pi]$ 上尽量好地逼近 $\sin x$，即使得

$$\int_{-\pi}^{\pi} |\sin x - u(x)|^2 \, dx$$

最小. 对比你的结果与泰勒级数逼近.

解 设 $C_{\mathbf{R}}[-\pi,\pi]$ 表示由 $[-\pi,\pi]$ 上的实值连续函数构成的实内积空间，其内积为：

6.59
$$\langle f, g \rangle = \int_{-\pi}^{\pi} f(x)g(x) \, dx.$$

设 $v \in C_{\mathbf{R}}[-\pi,\pi]$ 是由 $v(x) = \sin x$ 定义的函数. 令 U 表示由次数不超过 5 的实系数多项式构成的 $C_{\mathbf{R}}[-\pi,\pi]$ 的子空间. 现在问题可以重述为：

求 $u \in U$ 使得 $\|v - u\|$ 最小.

> 能够演算积分的计算机在这里是很有用的.

要计算这一逼近问题的解，首先对 U 的基 $1, x, x^2, x^3, x^4, x^5$ 应用格拉姆–施密特过程（采用 6.59 给出的内积），得到 U 的规范正交基 $e_1, e_2, e_3, e_4, e_5, e_6$. 然后采用 6.59 给出的内积，利用 6.55(i) 计算 $P_U v$（取 $m=6$）. 计算表明 $P_U v$ 是函数

6.60
$$u(x) = 0.987862x - 0.155271x^3 + 0.00564312x^5,$$

此处我们把精确解中出现的那些 π 换成了适当的十进制的近似值.

由 6.56，上面的多项式 u 是 $\sin x$ 在区间 $[-\pi,\pi]$ 上最佳的 5 次多项式逼近（此处"最佳逼近"的意思是 $\int_{-\pi}^{\pi} |\sin x - u(x)|^2 \, dx$ 达到最小）. 要看出这个逼近有多好，下图显示了 $\sin x$ 和我们在 6.60 中给出的逼近 $u(x)$ 在区间 $[-\pi,\pi]$ 上的图像.

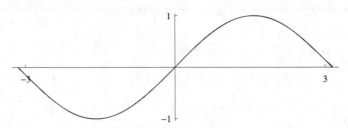

在 $[-\pi,\pi]$ 上 $\sin x$ 的图像（蓝色）和 6.60 给出的逼近 $u(x)$ 的图像（红色）

我们的逼近 6.60 非常精确，以至于两个图形几乎重合——肉眼只能看到一个图像！蓝图几乎完全覆盖了红图. 如果你是在电子设备上看这个图，[1]请尽量放大图片，特别是在 3 和 −3 附近，以便观察两个图像的微小差别.

---

① 该图和下一幅图可从图灵社区本书页面的"随书下载"获取. ——编者注

$\sin x$ 的另一个熟知的 5 次多项式逼近是由泰勒多项式

6.61
$$x - \frac{x^3}{3!} + \frac{x^5}{5!}$$

给出的. 我们来看一下这个逼近的精确度如何, 下图显示了 $\sin x$ 和泰勒多项式 6.61 在区间 $[-\pi, \pi]$ 上的图像.

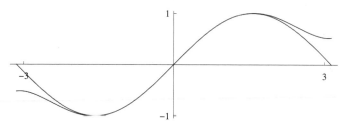

在 $[-\pi, \pi]$ 上 $\sin x$ 的图像（蓝色）和泰勒多项式 6.61 的图像（红色）

泰勒多项式在 0 附近对 $\sin x$ 有极好的逼近. 但上图表明对 $|x| > 2$ 泰勒多项式并不怎么精确, 特别是与 6.60 相比较. 例如, 取 $x = 3$, 我们的逼近 6.60 对 $\sin 3$ 估计的误差大概是 0.001, 但是泰勒级数 6.61 对 $\sin 3$ 估计的误差大概是 0.4. 因此对于 $x = 3$ 泰勒级数的误差比 6.60 的误差大几百倍. 线性代数帮助我们发现了 $\sin x$ 的一个逼近, 这个逼近改进了我们在微积分中学到的逼近!

习题 6.C

1 设 $v_1, \dots, v_m \in V$. 证明 $\{v_1, \dots, v_m\}^\perp = \big(\operatorname{span}(v_1, \dots, v_m)\big)^\perp$.

2 设 U 是 V 的有限维子空间. 证明 $U^\perp = \{0\}$ 当且仅当 $U = V$.

   习题 14(a) 表明, 如果去掉 "U 是有限维的" 这一假设, 则上面的结果不成立.

3 设 U 是 V 的子空间, 设 $u_1, \dots, u_m$ 是 U 的基, 且

$$u_1, \dots, u_m, w_1, \dots, w_n$$

   是 V 的基. 证明若对 V 的上述基应用格拉姆–施密特过程得到组 $e_1, \dots, e_m$, $f_1, \dots, f_n$, 则 $e_1, \dots, e_m$ 是 U 的规范正交基, $f_1, \dots, f_n$ 是 $U^\perp$ 的规范正交基.

4 给定 $\mathbf{R}^4$ 的子空间

$$U = \operatorname{span}\big((1, 2, 3, -4), (-5, 4, 3, 2)\big).$$

   求 U 的一个规范正交基和 $U^\perp$ 的一个规范正交基.

5 设 V 是有限维的且 U 是 V 的子空间. 证明 $P_{U^\perp} = I - P_U$, 这里 I 是 V 上的恒等算子.

6 设 U 和 W 均为 V 的有限维子空间. 证明 $P_U P_W = 0$ 当且仅当对所有 $u \in U$ 和 $w \in W$ 均有 $\langle u, w \rangle = 0$.

7 设 V 是有限维的，$P \in \mathcal{L}(V)$ 使得 $P^2 = P$ 且 null P 中的向量与 range P 中的向量都正交. 证明有 V 的子空间 U 使得 $P = P_U$.

8 设 V 是有限维的，$P \in \mathcal{L}(V)$ 使得 $P^2 = P$ 且对每个 $v \in V$ 均有 $\|Pv\| \le \|v\|$. 证明存在 V 的子空间 U 使得 $P = P_U$.

9 设 $T \in \mathcal{L}(V)$，U 是 V 的有限维子空间. 证明 U 在 T 下不变当且仅当 $P_U T P_U = T P_U$.

10 设 V 是有限维的，$T \in \mathcal{L}(V)$，U 是 V 的子空间. 证明 U 和 $U^\perp$ 都在 T 下不变当且仅当 $P_U T = T P_U$.

11 在 $\mathbf{R}^4$ 中设 $U = \text{span}((1,1,0,0),(1,1,1,2))$. 求 $u \in U$ 使得 $\|u - (1,2,3,4)\|$ 最小.

12 求 $p \in \mathcal{P}_3(\mathbf{R})$ 使得 $p(0) = 0$，$p'(0) = 0$，而且

$$\int_0^1 |2 + 3x - p(x)|^2 \, \mathrm{d}x$$

最小.

13 求 $p \in \mathcal{P}_5(\mathbf{R})$ 使得

$$\int_{-\pi}^{\pi} |\sin x - p(x)|^2 \, \mathrm{d}x$$

最小.

多项式 6.60 是本题的一个极好的近似解，但是这里要找的是包含 π 的幂的精确解. 可以使用能演算符号积分的计算机.

14 设 $C_\mathbf{R}([-1,1])$ 是区间 $[-1,1]$ 上实值连续函数构成的向量空间，且其上的内积为：对 $f, g \in C_\mathbf{R}([-1,1])$

$$\langle f, g \rangle = \int_{-1}^{1} f(x)g(x) \, \mathrm{d}x.$$

给定 $C_\mathbf{R}([-1,1])$ 的子空间 $U = \{f \in C_\mathbf{R}([-1,1]) : f(0) = 0\}$.

(a) 证明 $U^\perp = \{0\}$.

(b) 证明当没有"有限维"这一假设时，6.47 和 6.51 不成立.

第7章

艾萨克·牛顿(1642
-1727),1795年英国
诗人和画家威廉·布莱
克根据想象所绘.

内积空间上的算子

我们现在要讨论内积空间上的算子,这方面的研究成果在内积空间理论中最为深刻. 我们将利用伴随的性质详细描述内积空间上的几类重要算子.

下面的第二条是本章采用的新约定:

7.1 记号 F、V、W

- **F** 表示 **R** 或 **C**.
- V 和 W 表示 **F** 上的有限维内积空间.

本章的学习目标

- 伴随
- 谱定理
- 正算子
- 等距同构
- 极分解
- 奇异值分解

7.A 自伴算子与正规算子

伴随

> **7.2 定义 伴随（adjoint），T^***
>
> 设 $T \in \mathcal{L}(V, W)$. T 的**伴随**是满足如下条件的函数 $T^*: W \to V$：对所有 $v \in V$ 和所有 $w \in W$ 均有 $\langle Tv, w \rangle = \langle v, T^*w \rangle$.

伴随这个词在线性代数中还有另一个意思. 在本书中我们不需要第二种意思. 要是你在别处遇到伴随的第二种含义的话，要注意，伴随的这两种意思之间没有任何联系.

想要看出上面的定义有意义，我们设 $T \in \mathcal{L}(V, W)$，并取定 $w \in W$. 考虑 V 上将 $v \in V$ 映成 $\langle Tv, w \rangle$ 的线性泛函，这个线性泛函依赖于 T 和 w. 由里斯表示定理 6.42，存在 V 中唯一一个向量使得该线性泛函是通过与该向量做内积给出的，我们将这个唯一的向量记为 T^*w. 也就是说，T^*w 是 V 中唯一一个满足下面条件的向量：对每个 $v \in V$ 均有 $\langle Tv, w \rangle = \langle v, T^*w \rangle$.

7.3 例 定义 $T: \mathbf{R}^3 \to \mathbf{R}^2$ 为 $T(x_1, x_2, x_3) = (x_2 + 3x_3, 2x_1)$. 求 T^*.

解 T^* 是 $\mathbf{R}^2$ 到 $\mathbf{R}^3$ 的函数. 要计算 T^*，取定一个点 $(y_1, y_2) \in \mathbf{R}^2$，那么对于每个 $(x_1, x_2, x_3) \in \mathbf{R}^3$ 有

$$
\begin{aligned}
\langle (x_1, x_2, x_3), T^*(y_1, y_2) \rangle &= \langle T(x_1, x_2, x_3), (y_1, y_2) \rangle \\
&= \langle (x_2 + 3x_3, 2x_1), (y_1, y_2) \rangle \\
&= x_2 y_1 + 3x_3 y_1 + 2x_1 y_2 \\
&= \langle (x_1, x_2, x_3), (2y_2, y_1, 3y_1) \rangle.
\end{aligned}
$$

于是 $T^*(y_1, y_2) = (2y_2, y_1, 3y_1)$.

7.4 例 取定 $u \in V$ 和 $x \in W$. 定义 $T \in \mathcal{L}(V, W)$ 如下：对每个 $v \in V$ 有 $Tv = \langle v, u \rangle x$. 求 T^*.

解 取定 $w \in W$. 则对每个 $v \in V$ 有

$$
\begin{aligned}
\langle v, T^*w \rangle &= \langle Tv, w \rangle \\
&= \langle \langle v, u \rangle x, w \rangle \\
&= \langle v, u \rangle \langle x, w \rangle \\
&= \langle v, \langle w, x \rangle u \rangle.
\end{aligned}
$$

于是 $T^*w = \langle w, x \rangle u$.

上两例中的 T^* 不只是函数而且还是线性映射. 以下命题表明这是普遍成立的.

下面两个命题的证明用到了一个共同的技巧：将 T^* 从内积的一个向量上移到另一个向量上就变为 T.

7.5 伴随是线性映射

若 $T \in \mathcal{L}(V, W)$，则 $T^* \in \mathcal{L}(W, V)$.

证明 设 $T \in \mathcal{L}(V, W)$. 取定 $w_1, w_2 \in W$. 若 $v \in V$，则

$$
\begin{aligned}
\langle v, T^*(w_1 + w_2) \rangle &= \langle Tv, w_1 + w_2 \rangle \\
&= \langle Tv, w_1 \rangle + \langle Tv, w_2 \rangle \\
&= \langle v, T^* w_1 \rangle + \langle v, T^* w_2 \rangle \\
&= \langle v, T^* w_1 + T^* w_2 \rangle,
\end{aligned}
$$

这表明 $T^*(w_1 + w_2) = T^* w_1 + T^* w_2$.

取定 $w \in W$ 和 $\lambda \in \mathbf{F}$. 若 $v \in V$，则

$$
\begin{aligned}
\langle v, T^*(\lambda w) \rangle &= \langle Tv, \lambda w \rangle \\
&= \bar{\lambda} \langle Tv, w \rangle \\
&= \bar{\lambda} \langle v, T^* w \rangle \\
&= \langle v, \lambda T^* w \rangle,
\end{aligned}
$$

这表明 $T^*(\lambda w) = \lambda T^* w$. 因此 T^* 是线性映射. ∎

7.6 伴随的性质

(a) 对所有 $S, T \in \mathcal{L}(V, W)$ 均有 $(S + T)^* = S^* + T^*$；

(b) 对所有 $\lambda \in \mathbf{F}$ 和 $T \in \mathcal{L}(V, W)$ 均有 $(\lambda T)^* = \bar{\lambda} T^*$；

(c) 对所有 $T \in \mathcal{L}(V, W)$ 均有 $(T^*)^* = T$；

(d) $I^* = I$，这里 I 是 V 上的恒等算子；

(e) 对所有 $T \in \mathcal{L}(V, W)$ 和 $S \in \mathcal{L}(W, U)$ 均有 $(ST)^* = T^* S^*$（这里 U 是 $\mathbf{F}$ 上的内积空间）.

证明

(a) 设 $S, T \in \mathcal{L}(V, W)$. 若 $v \in V$ 且 $w \in W$，则

$$
\begin{aligned}
\langle v, (S + T)^* w \rangle &= \langle (S + T)v, w \rangle \\
&= \langle Sv, w \rangle + \langle Tv, w \rangle \\
&= \langle v, S^* w \rangle + \langle v, T^* w \rangle \\
&= \langle v, S^* w + T^* w \rangle.
\end{aligned}
$$

于是 $(S+T)^*w = S^*w + T^*w$.

(b) 设 $\lambda \in \mathbf{F}$，$T \in \mathcal{L}(V,W)$. 若 $v \in V$ 且 $w \in W$，则

$$\langle v, (\lambda T)^*w \rangle = \langle \lambda Tv, w \rangle = \lambda \langle Tv, w \rangle = \lambda \langle v, T^*w \rangle = \langle v, \bar{\lambda} T^*w \rangle.$$

于是 $(\lambda T)^*w = \bar{\lambda} T^*w$.

(c) 设 $T \in \mathcal{L}(V,W)$. 若 $v \in V$ 且 $w \in W$，则

$$\langle w, (T^*)^*v \rangle = \langle T^*w, v \rangle = \overline{\langle v, T^*w \rangle} = \overline{\langle Tv, w \rangle} = \langle w, Tv \rangle.$$

于是 $(T^*)^*v = Tv$.

(d) 若 $v, u \in V$，则

$$\langle v, I^*u \rangle = \langle Iv, u \rangle = \langle v, u \rangle = \langle v, Iu \rangle.$$

于是 $I^*u = Iu$.

(e) 设 $T \in \mathcal{L}(V,W)$ 且 $S \in \mathcal{L}(W,U)$. 若 $v \in V$ 且 $u \in U$，则

$$\langle v, (ST)^*u \rangle = \langle STv, u \rangle = \langle Tv, S^*u \rangle = \langle v, T^*(S^*u) \rangle.$$

于是 $(ST)^*u = T^*(S^*u)$. ∎

　　以下命题描述了线性映射及其伴随的零空间和值域之间的关系. 记号 $\Longleftrightarrow$ 的意思是"当且仅当"，这个记号也可以理解为"等价于".

7.7 T^* 的零空间与值域

设 $T \in \mathcal{L}(V,W)$. 则

(a) $\operatorname{null} T^* = (\operatorname{range} T)^{\perp}$；

(b) $\operatorname{range} T^* = (\operatorname{null} T)^{\perp}$；

(c) $\operatorname{null} T = (\operatorname{range} T^*)^{\perp}$；

(d) $\operatorname{range} T = (\operatorname{null} T^*)^{\perp}$.

证明 首先证明 (a). 设 $w \in W$. 则

$$w \in \operatorname{null} T^* \Longleftrightarrow T^*w = 0$$

$$\Longleftrightarrow \langle v, T^*w \rangle = 0 \text{ 对所有 } v \in V \text{ 成立}$$

$$\Longleftrightarrow \langle Tv, w \rangle = 0 \text{ 对所有 } v \in V \text{ 成立}$$

$$\Longleftrightarrow w \in (\operatorname{range} T)^{\perp}.$$

于是 $\operatorname{null} T^* = (\operatorname{range} T)^{\perp}$，这就证明了 (a).

　　对 (a) 的两端取正交补并利用 6.51 可得 (d). 在 (a) 中将 T 换成 T^* 并利用 7.6(c) 可得 (c). 最后，在 (d) 中将 T 换成 T^* 可得 (b). ∎

7.8 定义 共轭转置（conjugate transpose）

$m \times n$ 矩阵的**共轭转置**是先互换行和列，然后再对每个元素取复共轭得到的 $n \times m$ 矩阵.

7.9 例 矩阵 $\begin{pmatrix} 2 & 3+4i & 7 \\ 6 & 5 & 8i \end{pmatrix}$ 的共轭转置是矩阵

$$\begin{pmatrix} 2 & 6 \\ 3-4i & 5 \\ 7 & -8i \end{pmatrix}.$$

> 若 $\mathbf{F} = \mathbf{R}$，则矩阵的共轭转置等于转置，即通过互换行和列所得到的矩阵.

以下命题说明了怎样通过 T 的矩阵来计算 T^* 的矩阵.

注意：下面的结果只能对规范正交基使用，而对于非规范正交基，T^* 的矩阵未必等于 T 的矩阵的共轭转置.

> 线性映射的伴随与基的选取无关. 这解释了为什么本书强调线性映射的伴随而不是矩阵的共轭转置.

7.10 T^* 的矩阵

设 $T \in \mathcal{L}(V, W)$. 假设 $e_1, \ldots, e_n$ 是 V 的规范正交基，$f_1, \ldots, f_m$ 是 W 的规范正交基. 则 $\mathcal{M}(T^*, (f_1, \ldots, f_m), (e_1, \ldots, e_n))$ 是 $\mathcal{M}(T, (e_1, \ldots, e_n), (f_1, \ldots, f_m))$ 的共轭转置.

证明 在本证明中，用 $\mathcal{M}(T)$ 代替更长的记号 $\mathcal{M}(T, (e_1, \ldots, e_n), (f_1, \ldots, f_m))$，用 $\mathcal{M}(T^*)$ 代替 $\mathcal{M}(T^*, (f_1, \ldots, f_m), (e_1, \ldots, e_n))$.

回想一下，把 Te_k 写成这些 f_j 的线性组合可得 $\mathcal{M}(T)$ 的第 k 列，在这个线性组合中用到的标量组成了 $\mathcal{M}(T)$ 的第 k 列. 因为 $f_1, \ldots, f_m$ 是 W 的规范正交基，所以我们知道怎样把 Te_k 写成这些 f_j 的线性组合（见 6.30）：

$$Te_k = \langle Te_k, f_1 \rangle f_1 + \cdots + \langle Te_k, f_m \rangle f_m.$$

于是 $\mathcal{M}(T)$ 中第 j 行第 k 列的元素是 $\langle Te_k, f_j \rangle$.

把 T 替换成 T^*，再互换诸 e 和诸 f 的角色，由此可得，$\mathcal{M}(T^*)$ 中第 j 行第 k 列的元素是 $\langle T^*f_k, e_j \rangle$，它等于 $\langle f_k, Te_j \rangle$，这等于 $\overline{\langle Te_j, f_k \rangle}$，这又等于 $\mathcal{M}(T)$ 中第 k 行第 j 列元素的复共轭. 也就是说，$\mathcal{M}(T^*)$ 是 $\mathcal{M}(T)$ 的共轭转置. ∎

自伴算子

现在我们将注意力转移向内积空间上的算子. 因此我们将关注 V 到 V 的线性映射（回想一下这样的线性映射称为算子），而不是 V 到 W 的线性映射.

7.11 定义 自伴的（self-adjoint）

算子 $T \in \mathcal{L}(V)$ 称为**自伴的**，如果 $T = T^*$. 也就是说，$T \in \mathcal{L}(V)$ 是自伴的当且仅当对所有 $v, w \in V$ 均有 $\langle Tv, w \rangle = \langle v, Tw \rangle$.

7.12 例 设 T 是 $\mathbf{F}^2$ 上的算子，它（关于标准基）的矩阵是

$$\begin{pmatrix} 2 & b \\ 3 & 7 \end{pmatrix}.$$

求数 b 使得 T 是自伴的.

解 算子 T 是自伴的当且仅当 $b = 3$（因为 $\mathcal{M}(T) = \mathcal{M}(T^*)$ 当且仅当 $b = 3$. 回想一下 $\mathcal{M}(T^*)$ 是 $\mathcal{M}(T)$ 的共轭转置，参见 7.10）.

请自行验证：两个自伴算子的和是自伴的，实数和自伴算子的乘积是自伴的.

有的数学家采用术语"**埃尔米特的**"代替"**自伴的**"，以纪念法国数学家夏尔·埃尔米特，他在 1873 年首次证明了 e 不是任何整系数多项式的根.

请记住一个很好的类比（尤其是当 $\mathbf{F} = \mathbf{C}$ 时）：伴随在 $\mathcal{L}(V)$ 上所起的作用犹如复共轭在 $\mathbf{C}$ 上所起的作用. 复数 z 是实的当且仅当 $z = \bar{z}$，因此自伴算子（$T = T^*$）可与实数类比.

我们将看到，这种类比也反映在自伴算子的某些重要性质上，先来看本征值.

若 $\mathbf{F} = \mathbf{R}$，则由定义可知每个本征值都是实的，所以下面的命题仅当 $\mathbf{F} = \mathbf{C}$ 时才有意思.

7.13 自伴算子的本征值是实的

自伴算子的每个本征值都是实的.

证明 设 T 是 V 上的自伴算子，λ 是 T 的本征值，v 是 V 中的非零向量使得 $Tv = \lambda v$. 则

$$\lambda \|v\|^2 = \langle \lambda v, v \rangle = \langle Tv, v \rangle = \langle v, Tv \rangle = \langle v, \lambda v \rangle = \bar{\lambda} \|v\|^2.$$

于是 $\lambda = \bar{\lambda}$，即 λ 是实的. ∎

下面的命题对实内积空间不成立. 例如，考虑如下定义的算子 $T \in \mathcal{L}(\mathbf{R}^2)$，它是绕原点的逆时针 $90°$ 旋转，因此 $T(x, y) = (-y, x)$. 显然对每个 $v \in \mathbf{R}^2$ 有 Tv 正交于 v，即使 $T \neq 0$.

7.14 在 C 上，只有 0 算子才能使得 Tv 总正交于 v

设 V 是复内积空间，$T \in \mathcal{L}(V)$. 假设对所有 $v \in V$ 均有 $\langle Tv, v \rangle = 0$，则 $T = 0$.

证明 对所有 $u, w \in V$ 均有

$$\langle Tu, w \rangle = \frac{\langle T(u+w), u+w \rangle - \langle T(u-w), u-w \rangle}{4}$$
$$+ \frac{\langle T(u+iw), u+iw \rangle - \langle T(u-iw), u-iw \rangle}{4} i.$$

这个等式可通过计算右端得到. 注意到右端的每一项都具有 $\langle Tv, v \rangle$ 的形式. 我们的假设表明对所有 $u, w \in V$ 均有 $\langle Tu, w \rangle = 0$, 从而 $T = 0$ (取 $w = Tu$). ∎

通过考虑实内积空间上的非自伴算子可知, 下面的命题对实内积空间不成立.

> 下面的命题提供了自伴算子与实数具有相似性质的另一个例子.

7.15 在 C 上, 仅自伴算子才能使 $\langle Tv, v \rangle$ 都是实数

设 V 是复内积空间, $T \in \mathcal{L}(V)$. 则 T 是自伴的当且仅当对每个 $v \subset V$ 均有 $\langle Tv, v \rangle \in \mathbf{R}$.

证明 设 $v \in V$. 则

$$\langle Tv, v \rangle - \overline{\langle Tv, v \rangle} = \langle Tv, v \rangle - \langle v, Tv \rangle = \langle Tv, v \rangle - \langle T^*v, v \rangle = \langle (T - T^*)v, v \rangle.$$

若对每个 $v \in V$ 均有 $\langle Tv, v \rangle \in \mathbf{R}$, 则上式左端等于 0, 所以对每个 $v \in V$ 均有 $\langle (T - T^*)v, v \rangle = 0$. 这表明 $T - T^* = 0$ (由于 7.14). 因此 T 是自伴的.

反之, 若 T 是自伴的, 则上式的右端等于 0, 所以对每个 $v \in V$ 均有 $\langle Tv, v \rangle = \overline{\langle Tv, v \rangle}$. 这表明对每个 $v \in V$ 均有 $\langle Tv, v \rangle \in \mathbf{R}$. ∎

在实内积空间 V 上, 非零算子 T 可能使得对所有 $v \in V$ 均有 $\langle Tv, v \rangle = 0$. 然而, 以下命题表明对于非零自伴算子就不会出现这种情况.

7.16 若 $T = T^*$ 且对所有 v 均有 $\langle Tv, v \rangle = 0$, 则 $T = 0$

若 T 是 V 上的自伴算子使得对所有 $v \in V$ 均有 $\langle Tv, v \rangle = 0$, 则 $T = 0$.

证明 我们已经对复内积空间证明了这一结论 (没有 T 自伴的假设, 参见 7.14). 因此可设 V 是实内积空间. 若 $u, w \in V$, 则

7.17 $$\langle Tu, w \rangle = \frac{\langle T(u+w), u+w \rangle - \langle T(u-w), u-w \rangle}{4}.$$

为证明上述等式, 可利用下面的等式计算上式的右端:

$$\langle Tw, u \rangle = \langle w, Tu \rangle = \langle Tu, w \rangle,$$

其中第一个等号成立是因为 T 是自伴的, 第二个等号成立是因为我们处理的是实内积空间.

7.17 右端的每一项都形如 $\langle Tv, v \rangle$. 因此对所有 $u, w \in V$ 均有 $\langle Tu, w \rangle = 0$, 从而 $T = 0$ (取 $w = Tu$). ∎

正规算子

> **7.18 定义 正规的（normal）**
>
> • 内积空间上的算子称为**正规的**，如果它和它的伴随是交换的.
> • 也就是说，$T \in \mathcal{L}(V)$ 是正规的，如果 $TT^* = T^*T$.

自伴算子显然是正规的，这是因为若 T 是自伴的，则 $T^* = T$.

7.19 例 设 T 是 $\mathbf{F}^2$ 上的算子，它（关于标准基）的矩阵为

$$\begin{pmatrix} 2 & -3 \\ 3 & 2 \end{pmatrix}.$$

证明 T 不是自伴的但 T 是正规的.

证明 这个算子不是自伴的，因为第 2 行第 1 列的元素（等于 3）不是第 1 行第 2 列元素（等于 -3）的复共轭.

TT^* 的矩阵是

$$\begin{pmatrix} 2 & -3 \\ 3 & 2 \end{pmatrix}\begin{pmatrix} 2 & 3 \\ -3 & 2 \end{pmatrix} = \begin{pmatrix} 13 & 0 \\ 0 & 13 \end{pmatrix}.$$

类似地，T^*T 的矩阵是

$$\begin{pmatrix} 2 & 3 \\ -3 & 2 \end{pmatrix}\begin{pmatrix} 2 & -3 \\ 3 & 2 \end{pmatrix} = \begin{pmatrix} 13 & 0 \\ 0 & 13 \end{pmatrix}.$$

因为 TT^* 和 T^*T 有相同的矩阵，所以 $TT^* = T^*T$，于是 T 是正规的.

> 以下命题表明对每个正规算子 T 均有 $\operatorname{null} T = \operatorname{null} T^*$.

在下一节我们会看到为什么正规算子值得特别关注.

以下命题给出了正规算子的简单刻画.

> **7.20 T 是正规的当且仅当对所有 v 均有 $\|Tv\| = \|T^*v\|$**
>
> 算子 $T \in \mathcal{L}(V)$ 是正规的当且仅当对所有 $v \in V$ 均有 $\|Tv\| = \|T^*v\|$.

证明 设 $T \in \mathcal{L}(V)$. 我们将同时证明这个结论的两个方面. 注意到

$$T\text{是正规的} \iff T^*T - TT^* = 0$$

$$\iff \langle (T^*T - TT^*)v, v \rangle = 0 \text{ 对所有 } v \in V \text{ 成立}$$

$$\iff \langle T^*Tv, v \rangle = \langle TT^*v, v \rangle \text{ 对所有 } v \in V \text{ 成立}$$

$$\iff \|Tv\|^2 = \|T^*v\|^2 \text{ 对所有 } v \in V \text{ 成立},$$

其中第二个等价性由 7.16 得到（注意到算子 $T^*T - TT^*$ 是自伴的）. 第一个条件和最后一个条件的等价性给出了要证明的结果. ∎

把下面的命题与习题 2 比较一下. 那个习题是说，算子的伴随的所有本征值（作为集合）等于该算子所有本征值的复共轭. 但是该习题没说本征向量的事，这是因为算子与其伴随可以有不同的本征向量. 然而，由下面的命题可知，正规算子与其伴随有相同的本征向量.

7.21 若 T 正规，则 T 与 T^* 有相同的本征向量

设 $T \in \mathcal{L}(V)$ 是正规的，且 $v \in V$ 是 T 的相应于本征值 λ 的本征向量. 则 v 也是 T^* 的相应于本征值 $\bar{\lambda}$ 的本征向量.

证明 因为 T 是正规的，所以 $T - \lambda I$ 也是正规的（请自行验证）. 利用 7.20 可得

$$0 = \|(T - \lambda I)v\| = \|(T - \lambda I)^*v\| = \|(T^* - \bar{\lambda}I)v\|.$$

因此 v 是 T^* 的相应于本征值 $\bar{\lambda}$ 的本征向量. ∎

因为自伴算子是正规的，所以下面的命题也适用于自伴算子.

7.22 正规算子的正交本征向量

设 $T \in \mathcal{L}(V)$ 是正规的. 则 T 的相应于不同本征值的本征向量是正交的.

证明 设 α, β 是 T 的不同本征值，u, v 分别是相应的本征向量，于是 $Tu = \alpha u$ 且 $Tv = \beta v$. 由 7.21 有 $T^*v = \bar{\beta}v$. 因此

$$\begin{aligned}
(\alpha - \beta)\langle u, v \rangle &= \langle \alpha u, v \rangle - \langle u, \bar{\beta}v \rangle \\
&= \langle Tu, v \rangle - \langle u, T^*v \rangle \\
&= 0.
\end{aligned}$$

因为 $\alpha \neq \beta$，上面的等式表明 $\langle u, v \rangle = 0$. 因此 u 和 v 是正交的. ∎

习题 7.A

1 设 n 是正整数. 定义 $T \in \mathcal{L}(\mathbf{F}^n)$ 为

$$T(z_1, \ldots, z_n) = (0, z_1, \ldots, z_{n-1}).$$

求 $T^*(z_1, \ldots, z_n)$.

2 设 $T \in \mathcal{L}(V)$，$\lambda \in \mathbf{F}$. 证明：λ 是 T 的本征值当且仅当 $\bar{\lambda}$ 是 T^* 的本征值.

3 设 $T \in \mathcal{L}(V)$ 且 U 是 V 的子空间. 证明：U 在 T 下不变当且仅当 $U^\perp$ 在 T^* 下不变.

4 设 $T \in \mathcal{L}(V, W)$. 证明：

(a) T 是单的当且仅当 T^* 是满的；

(b) T 是满的当且仅当 T^* 是单的.

5 证明：对每个 $T \in \mathcal{L}(V, W)$ 均有

$$\dim \operatorname{null} T^* = \dim \operatorname{null} T + \dim W - \dim V$$

以及

$$\dim \operatorname{range} T^* = \dim \operatorname{range} T.$$

6 $\mathcal{P}_2(\mathbf{R})$ 按照内积

$$\langle p, q \rangle = \int_0^1 p(x) q(x) \, \mathrm{d}x$$

是内积空间. 定义 $T \in \mathcal{L}\big(\mathcal{P}_2(\mathbf{R})\big)$ 使得 $T(a_0 + a_1 x + a_2 x^2) = a_1 x$.

(a) 证明 T 不是自伴的.

(b) T 关于基 $(1, x, x^2)$ 的矩阵为

$$\begin{pmatrix} 0 & 0 & 0 \\ 0 & 1 & 0 \\ 0 & 0 & 0 \end{pmatrix}.$$

虽然 T 不是自伴的，但是上面的矩阵等于其共轭转置. 解释为什么这并不矛盾.

7 设 $S, T \in \mathcal{L}(V)$ 都是自伴的. 证明 ST 是自伴的当且仅当 $ST = TS$.

8 设 V 是实内积空间. 证明 V 上自伴算子的集合是 $\mathcal{L}(V)$ 的子空间.

9 设 V 是复内积空间且 $V \neq \{0\}$. 证明 V 上自伴算子的集合不是 $\mathcal{L}(V)$ 的子空间.

10 设 $\dim V \geq 2$. 证明 V 上正规算子的集合不是 $\mathcal{L}(V)$ 的子空间.

11 设 $P \in \mathcal{L}(V)$ 使得 $P^2 = P$. 证明：V 有一个子空间 U 使得 $P = P_U$ 当且仅当 P 是自伴的.

12 设 T 是 V 上的正规算子且 3 和 4 都是 T 的本征值. 证明存在向量 $v \in V$ 使得 $\|v\| = \sqrt{2}$ 且 $\|Tv\| = 5$.

13 找出一个算子 $T \in \mathcal{L}(\mathbf{C}^4)$ 使得 T 是正规的但不是自伴的.

14 设 T 是 V 上的正规算子，并设 $v, w \in V$ 满足

$$\|v\| = \|w\| = 2, \quad Tv = 3v, \quad Tw = 4w.$$

证明 $\|T(v + w)\| = 10$.

15 取定 $u, x \in V$. 定义 $T \in \mathcal{L}(V)$ 如下：对每个 $v \in V$ 有 $Tv = \langle v, u \rangle x$.

(a) 设 $\mathbf{F} = \mathbf{R}$. 证明：T 是自伴的当且仅当 u, x 是线性相关的.

(b) 证明：T 是正规的当且仅当 u, x 是线性相关的.

16 设 $T \in \mathcal{L}(V)$ 是正规的. 证明 $\operatorname{range} T = \operatorname{range} T^*$.

17 设 $T \in \mathcal{L}(V)$ 是正规的. 证明: 对每个正整数 k 均有

$$\operatorname{null} T^k = \operatorname{null} T \quad \text{且} \quad \operatorname{range} T^k = \operatorname{range} T.$$

18 证明或给出反例: 若 $T \in \mathcal{L}(V)$ 且 V 有规范正交基 $e_1, \ldots, e_n$ 使得对每个 j 均有 $\|Te_j\| = \|T^*e_j\|$, 那么 T 是正规的.

19 设 $T \in \mathcal{L}(\mathbf{C}^3)$ 是正规的且 $T(1,1,1) = (2,2,2)$. 设 $(z_1, z_2, z_3) \in \operatorname{null} T$. 证明 $z_1 + z_2 + z_3 = 0$.

20 设 $T \in \mathcal{L}(V, W)$ 且 $\mathbf{F} = \mathbf{R}$. 设 Φ_V 是 6.B 节习题 17 中给出的从 V 到对偶空间 V' 的那个同构, 并设 Φ_W 是从 W 到 W' 的类似的同构. 证明: 如果我们通过 Φ_V 和 Φ_W 将 V 和 W 等同于 V' 和 W', 那么 T^* 等同于对偶映射 T'. 更确切地, 证明 $\Phi_V \circ T^* = T' \circ \Phi_W$.

21 取定正整数 n. $[-\pi, \pi]$ 上的实值连续函数按内积

$$\langle f, g \rangle = \int_{-\pi}^{\pi} f(x) g(x) \, \mathrm{d}x$$

构成内积空间, 在这个内积空间中设

$$V = \operatorname{span}(1, \cos x, \cos 2x, \ldots, \cos nx, \sin x, \sin 2x, \ldots, \sin nx).$$

(a) 定义 $D \in \mathcal{L}(V)$ 为 $Df = f'$. 证明 $D^* = -D$. 由此得出如下结论: D 是正规的但不是自伴的.

(b) 定义 $T \in \mathcal{L}(V)$ 为 $Tf = f''$. 证明 T 是自伴的.

7.B 谱定理

回想一下, 对角矩阵是对角线之外的元素都是 0 的方阵; V 上的算子关于某个基有对角矩阵当且仅当这个基是由该算子的本征向量组成的 (参见 5.41).

关于 V 的某个规范正交基具有对角矩阵的算子是 V 上最好的算子, 它们恰好是具有如下性质的算子 $T \in \mathcal{L}(V)$: V 有一个由 T 的本征向量组成的规范正交基. 本节的目的是证明谱定理. 谱定理表明: 具有上述性质的算子当 $\mathbf{F} = \mathbf{C}$ 时恰为正规算子, 当 $\mathbf{F} = \mathbf{R}$ 时恰为自伴算子. 谱定理可能是研究内积空间上算子的最有用的工具.

因为谱定理的结论依赖于 $\mathbf{F}$, 所以我们把谱定理分成两部分, 分别叫做复谱定理和实谱定理. 同线性代数中的大多数情形一样, 处理复向量空间要比处理实向量空间容易, 因此我们先给出复谱定理.

复谱定理

复谱定理 7.24 主要是说, 若 $\mathbf{F} = \mathbf{C}$ 且 $T \in \mathcal{L}(V)$ 是正规的, 则 T 关于 V 的某个规范正交基具有对角矩阵. 下面的例子解释了这个结论.

7.23 例 考虑例 7.19 中的正规算子 $T \in \mathcal{L}(\mathbf{C}^2)$，它（关于标准基）的矩阵是

$$\begin{pmatrix} 2 & -3 \\ 3 & 2 \end{pmatrix}.$$

请自行验证，$\frac{(i,1)}{\sqrt{2}}$，$\frac{(-i,1)}{\sqrt{2}}$ 是由 T 的本征向量构成的 $\mathbf{C}^2$ 的规范正交基，T 关于此基有对角矩阵

$$\begin{pmatrix} 2 + 3i & 0 \\ 0 & 2 - 3i \end{pmatrix}.$$

在下面的定理中，(b) 和 (c) 的等价性是容易的（参见 5.41）. 所以我们只需证明 (c) 蕴涵 (a) 且 (a) 蕴涵 (c).

7.24 复谱定理

设 $\mathbf{F} = \mathbf{C}$ 且 $T \in \mathcal{L}(V)$. 则以下条件等价：

(a) T 是正规的.

(b) V 有一个由 T 的本征向量组成的规范正交基.

(c) T 关于 V 的某个规范正交基具有对角矩阵.

证明 首先假定 (c) 成立，则 T 在 V 的某个规范正交基下具有对角矩阵. T^*（关于同一个基）的矩阵是 T 的矩阵的共轭转置，所以 T^* 也具有对角矩阵. 任意两个对角矩阵都是交换的，所以 T 和 T^* 是交换的，从而 T 是正规的. 也就是说 (a) 成立.

现在假定 (a) 成立，则 T 是正规的. 由舒尔定理 6.38，V 有一个规范正交基 $e_1, \ldots, e_n$ 使得 T 关于此基有上三角矩阵. 于是

7.25
$$\mathcal{M}\big(T, (e_1, \ldots, e_n)\big) = \begin{pmatrix} a_{1,1} & \ldots & a_{1,n} \\ & \ddots & \vdots \\ 0 & & a_{n,n} \end{pmatrix}.$$

我们将证明这个矩阵实际上是对角矩阵.

由上面的矩阵可得

$$\|Te_1\|^2 = |a_{1,1}|^2$$

且

$$\|T^*e_1\|^2 = |a_{1,1}|^2 + |a_{1,2}|^2 + \cdots + |a_{1,n}|^2.$$

因为 T 是正规的，所以 $\|Te_1\| = \|T^*e_1\|$（见 7.20）. 于是由上面的两个等式可知，7.25 中矩阵的第一行除了第一个元素 $a_{1,1}$ 之外都等于 0.

现在由 7.25 可得

$$\|Te_2\|^2 = |a_{2,2}|^2$$

（因为如上一段所证 $a_{1,2} = 0$）且

$$\|T^*e_2\|^2 = |a_{2,2}|^2 + |a_{2,3}|^2 + \cdots + |a_{2,n}|^2.$$

因为 T 是正规的，所以 $\|Te_2\| = \|T^*e_2\|$. 于是由上面的两个等式可知，7.25 中矩阵的第二行除了对角线元素 $a_{2,2}$ 之外都等于 0.

如此继续下去可知，7.25 中矩阵的非对角线元素都等于 0. 因此 (c) 成立. ∎

实谱定理

为证明实谱定理，我们需要几个引理，它们对于实内积空间和复内积空间都适用.

你可能会猜到下面的引理，甚至可能通过考虑实系数的二次多项式给出其证明. 具体来说，设 $b, c \in \mathbf{R}$ 且 $b^2 < 4c$，设 x 是实数，则

> 这种配方法可以用来推导二次方程的求根公式.

$$x^2 + bx + c = \left(x + \frac{b}{2}\right)^2 + \left(c - \frac{b^2}{4}\right) > 0.$$

特别地，$x^2 + bx + c$ 是可逆实数（"非 0"的一种诘屈表达）. 用自伴算子代替实数 x（回想一下实数和自伴算子之间的类比）可以得出下面的引理.

7.26 可逆的二次式

设 $T \in \mathcal{L}(V)$ 是自伴的，并设 $b, c \in \mathbf{R}$ 使得 $b^2 < 4c$. 则

$$T^2 + bT + cI$$

是可逆的.

证明 设 v 是 V 中的非零向量. 则

$$\begin{aligned}
\langle (T^2 + bT + cI)v, v \rangle &= \langle T^2v, v \rangle + b\langle Tv, v \rangle + c\langle v, v \rangle \\
&= \langle Tv, Tv \rangle + b\langle Tv, v \rangle + c\|v\|^2 \\
&\geq \|Tv\|^2 - |b|\|Tv\|\|v\| + c\|v\|^2 \\
&= \left(\|Tv\| - \frac{|b|\|v\|}{2}\right)^2 + \left(c - \frac{b^2}{4}\right)\|v\|^2 \\
&> 0,
\end{aligned}$$

其中第三行成立是利用柯西-施瓦茨不等式 6.15. 由上面最后的那个不等式可得 $(T^2 + bT + cI)v \neq 0$. 于是 $T^2 + bT + cI$ 是单的，从而是可逆的（参见 3.69）. ∎

我们已经知道，有限维非零复向量空间上的算子无论自伴与否都有本征值（参见 5.21），因此下面的引理仅对实内积空间是新的.

7.27 自伴算子都有本征值

设 $V \neq \{0\}$ 且 $T \in \mathcal{L}(V)$ 是自伴算子，则 T 有本征值.

证明 如前所述，可设 V 是实内积空间. 设 $n = \dim V$. 取 $v \in V$ 使得 $v \neq 0$. 则

$$v, Tv, T^2 v, \ldots, T^n v$$

不可能是线性无关的，这是因为 V 是 n 维的，而这里有 $n+1$ 个向量. 于是，有不全为 0 的实数 $a_0, \ldots, a_n$ 使得

$$0 = a_0 v + a_1 Tv + \cdots + a_n T^n v.$$

以这些 a_j 为系数作一个多项式，并将此多项式分解成（参见 4.17）

$$a_0 + a_1 x + \cdots + a_n x^n$$
$$= c(x^2 + b_1 x + c_1) \cdots (x^2 + b_M x + c_M)(x - \lambda_1) \cdots (x - \lambda_m),$$

其中 c 是非零实数，每个 b_j, c_j, λ_j 都是实的，每个 $b_j{}^2$ 小于 $4c_j$，$m + M \geq 1$，并且上面的等式对所有实的 x 都成立. 那么我们有

$$0 = a_0 v + a_1 Tv + \cdots + a_n T^n v$$
$$= (a_0 I + a_1 T + \cdots + a_n T^n)v$$
$$= c(T^2 + b_1 T + c_1 I) \ldots (T^2 + b_M T + c_M I)(T - \lambda_1 I) \ldots (T - \lambda_m I)v.$$

由 7.26，每个 $T^2 + b_j T + c_j I$ 都是可逆的. 而 $c \neq 0$. 所以上面的等式表明 $m > 0$ 且

$$0 = (T - \lambda_1 I) \cdots (T - \lambda_m I)v.$$

所以至少有一个 j 使得 $T - \lambda_j I$ 不是单的. 也就是说 T 有本征值. ∎

下面的引理表明，若 U 是 V 的在自伴算子 T 下不变的子空间，则 $U^\perp$ 也在 T 下不变. 我们以后会证明"T 是自伴的"这一假设可以换成更弱的假设"T 是正规的"（参见 9.30）.

7.28 自伴算子与不变子空间

设 $T \in \mathcal{L}(V)$ 是自伴的，并设 U 是 V 的在 T 下不变的子空间. 则

(a) $U^\perp$ 在 T 下不变；

(b) $T|_U \in \mathcal{L}(U)$ 是自伴的；

(c) $T|_{U^\perp} \in \mathcal{L}(U^\perp)$ 是自伴的.

证明 为证明 (a)，设 $v \in U^\perp$, $u \in U$. 则

$$\langle Tv, u \rangle = \langle v, Tu \rangle = 0,$$

其中第一个等号成立是因为 T 是自伴的，第二个等号成立是因为 U 在 T 下不变（从而 $Tu \in U$）以及 $v \in U^\perp$. 因为上面的等式对每个 $u \in U$ 都成立，所以可得 $Tv \in U^\perp$. 因此 $U^\perp$ 在 T 下不变，这就证明了 (a).

为证明 (b)，注意到若 $u, v \in U$ 则

$$\langle (T|_U)u, v \rangle = \langle Tu, v \rangle = \langle u, Tv \rangle = \langle u, (T|_U)v \rangle.$$

因此 $T|_U$ 是自伴的.

由于 (a), $U^\perp$ 在 T 下不变, 所以将 (b) 中的 U 换成 $U^\perp$ 可得 (c). ■

现在我们来证明实谱定理, 它是线性代数的主要定理之一.

7.29 实谱定理

设 $\mathbf{F} = \mathbf{R}$ 且 $T \in \mathcal{L}(V)$. 则以下条件等价:

(a) T 是自伴的.

(b) V 有一个由 T 的本征向量组成的规范正交基.

(c) T 关于 V 的某个规范正交基具有对角矩阵.

证明 首先设 (c) 成立, 则 T 关于 V 的某个规范正交基具有对角矩阵. 对角矩阵等于其转置. 故 $T = T^*$, 因此 T 是自伴的. 也就是说 (a) 成立.

我们将对 $\dim V$ 用归纳法来证明 (a) 蕴涵 (b). 首先, 注意到若 $\dim V = 1$ 则 (a) 蕴涵 (b). 现在设 $\dim V > 1$, 并假设在维数更小的实内积空间上 (a) 蕴涵 (b).

设 (a) 成立, 则 $T \in \mathcal{L}(V)$ 是自伴的. 设 u 是 T 的本征向量且 $\|u\| = 1$ (7.27 保证了 T 有本征向量, 除以它的范数就可以得到一个范数为 1 的本征向量). 设 $U = \mathrm{span}(u)$. 则 U 是 V 的一维子空间且在 T 下不变. 由于 7.28(c), 算子 $T|_{U^\perp} \in \mathcal{L}(U^\perp)$ 是自伴的.

由归纳法假设, $U^\perp$ 有一个由 $T|_{U^\perp}$ 的本征向量组成的规范正交基. 把 u 添加到 $U^\perp$ 的这个规范正交基, 就得到了 V 的一个由 T 的本征向量组成的规范正交基, 这就证明了 (a) 蕴涵 (b).

我们已经证明了 (c) 蕴涵 (a) 且 (a) 蕴涵 (b). 显然 (b) 蕴涵 (c), 这就完成了证明.
■

7.30 例 考虑 $\mathbf{R}^3$ 上的自伴算子 T, 其 (关于标准基的) 矩阵为

$$\begin{pmatrix} 14 & -13 & 8 \\ -13 & 14 & 8 \\ 8 & 8 & -7 \end{pmatrix}.$$

请自行验证

$$\frac{(1,-1,0)}{\sqrt{2}}, \frac{(1,1,1)}{\sqrt{3}}, \frac{(1,1,-2)}{\sqrt{6}}$$

是 $\mathbf{R}^3$ 的由 T 的本征向量构成的规范正交基, 且 T 关于这个基的矩阵是对角矩阵

$$\begin{pmatrix} 27 & 0 & 0 \\ 0 & 9 & 0 \\ 0 & 0 & -15 \end{pmatrix}.$$

若 $\mathbf{F} = \mathbf{C}$，则复谱定理给出了 V 上正规算子的完全描述. 由此可以完全描述 V 上的自伴算子（它们是 V 上的正规算子且本征值都是实的，见习题 6）.

若 $\mathbf{F} = \mathbf{R}$，则实谱定理给出了 V 上自伴算子的完全描述. 在第 9 章，我们将给出 V 上正规算子的完全描述（参见 9.34）.

习题 7.B

1 判断正误（并证明你的结论）：存在 $T \in \mathcal{L}(\mathbf{R}^3)$ 使得 T（关于通常的内积）不是自伴的并且 $\mathbf{R}^3$ 有一个由 T 的本征向量构成的基.

2 设 T 是有限维内积空间上的自伴算子，且 2 和 3 是 T 仅有的本征值. 证明 $T^2 - 5T + 6I = 0$.

3 找出一个算子 $T \in \mathcal{L}(\mathbf{C}^3)$ 使得 2 和 3 是 T 仅有的征值且 $T^2 - 5T + 6I \neq 0$.

4 设 $\mathbf{F} = \mathbf{C}$ 且 $T \in \mathcal{L}(V)$. 证明：T 是正规的当且仅当 T 的对应于不同本征值的任意一对本征向量都是正交的且

$$V = E(\lambda_1, T) \oplus \cdots \oplus E(\lambda_m, T),$$

这里 $\lambda_1, \dots, \lambda_m$ 是 T 的全体互不相同的本征值.

5 设 $\mathbf{F} = \mathbf{R}$ 且 $T \in \mathcal{L}(V)$. 证明：T 是自伴的当且仅当 T 的对应于不同本征值的任意一对本征向量都是正交的且

$$V = E(\lambda_1, T) \oplus \cdots \oplus E(\lambda_m, T),$$

这里 $\lambda_1, \dots, \lambda_m$ 是 T 的全体互不相同的本征值.

6 证明：复内积空间上的正规算子是自伴的当且仅当它的所有本征值都是实的.
本题（对正规算子）加强了自伴算子与实数之间的类比.

7 设 V 是复内积空间，$T \in \mathcal{L}(V)$ 是正规算子使得 $T^9 = T^8$. 证明：T 是自伴的且 $T^2 = T$.

8 找出复向量空间的一个算子 T 使得 $T^9 = T^8$ 但 $T^2 \neq T$.

9 设 V 是复内积空间. 证明 V 上的每个正规算子都有平方根.（算子 $S \in \mathcal{L}(V)$ 称为 $T \in \mathcal{L}(V)$ 的**平方根**，如果 $S^2 = T$.）

10 找出一个实内积空间 V 和 $T \in \mathcal{L}(V)$ 以及满足 $b^2 < 4c$ 的实数 b, c 使得 $T^2 + bT + cI$ 不是可逆的.
本题表明，即使对于实向量空间，7.26 中 T 自伴的假设也是必要的.

11 证明或给出反例：V 上每个自伴算子都有立方根.（算子 $S \in \mathcal{L}(V)$ 称为 $T \in \mathcal{L}(V)$ 的**立方根**，如果 $S^3 = T$.）

12 设 $T \in \mathcal{L}(V)$ 是自伴的, $\lambda \in \mathbf{F}$ 且 $\epsilon > 0$. 假设存在 $v \in V$ 使得 $\|v\| = 1$ 且

$$\|Tv - \lambda v\| < \epsilon.$$

证明 T 有一个本征值 λ' 使得 $|\lambda - \lambda'| < \epsilon$.

13 给出复谱定理的另一个证明, 不要使用舒尔定理, 而是按照实谱定理的证明方式.

14 设 U 是有限维的实向量空间且 $T \in \mathcal{L}(U)$. 证明: U 有一个由 T 的本征向量构成的基当且仅当存在 U 上的内积使得 T 是自伴算子.

15 求出下面被遮住的矩阵元素.

7.C 正算子与等距同构

正算子

> **7.31 定义 正算子**（positive operator）
>
> 称算子 $T \in \mathcal{L}(V)$ 是**正的**, 如果 T 是自伴的且对所有 $v \in V$ 均有 $\langle Tv, v \rangle \geq 0$.

若 V 是复向量空间, 则 T 自伴的条件可以从上面的定义中去掉（由于 7.15）.

7.32 例 正算子

(a) 若 U 是 V 的子空间, 则正交投影 P_U 是正算子（请自行验证）.

(b) 若 $T \in \mathcal{L}(V)$ 是自伴的, 且 $b, c \in \mathbf{R}$ 使得 $b^2 < 4c$, 则 $T^2 + bT + cI$ 是正算子, 如 7.26 的证明所示.

7.33 定义 平方根（square root）

算子 R 称为算子 T 的**平方根**，如果 $R^2 = T$.

7.34 例 设 $T \in \mathcal{L}(\mathbf{F}^3)$ 是由 $T(z_1, z_2, z_3) = (z_3, 0, 0)$ 定义的算子，则由 $R(z_1, z_2, z_3) = (z_2, z_3, 0)$ 定义的算子 $R \in \mathcal{L}(\mathbf{F}^3)$ 是 T 的平方根.

> 正算子对应于 $[0, \infty)$ 中的数，因此在术语上更应该称为非负的而不是称为正的. 然而算子理论学家始终称之为正算子，因此我们将沿袭这个传统.

下面的定理对正算子的刻画与 $\mathbf{C}$ 中非负数的刻画是相对应的. 具体来说，复数 z 非负当且仅当它有非负平方根，这对应于条件 (c). 此外，z 非负当且仅当它有实的平方根，这对应于条件 (d). 最后，z 非负当且仅当有复数 w 使得 $z = \bar{w}w$，这对应于条件 (e).

7.35 正算子的刻画

设 $T \in \mathcal{L}(V)$. 则以下条件等价：

(a) T 是正的；

(b) T 是自伴的且 T 的所有本征值非负；

(c) T 有正的平方根；

(d) T 有自伴的平方根；

(e) 存在算子 $R \in \mathcal{L}(V)$ 使得 $T = R^*R$.

证明 我们将证明 (a) $\Rightarrow$ (b) $\Rightarrow$ (c) $\Rightarrow$ (d) $\Rightarrow$ (e) $\Rightarrow$ (a).

首先假设 (a) 成立，则 T 是正的. 显然 T 是自伴的（根据正算子的定义）. 为证 (b) 中的其他结果，设 λ 是 T 的本征值，v 是 T 的相应于 λ 的本征向量，则

$$0 \le \langle Tv, v \rangle = \langle \lambda v, v \rangle = \lambda \langle v, v \rangle.$$

于是 λ 是非负数. 因此 (b) 成立.

现在假设 (b) 成立，则 T 是自伴的，并且 T 的所有本征值都是非负的. 由谱定理（7.24 和 7.29），V 有一个由 T 的本征向量组成的规范正交基 $e_1, \dots, e_n$. 设 T 的相应于 $e_1, \dots, e_n$ 的本征值为 $\lambda_1, \dots, \lambda_n$，则每个 λ_j 都是非负数. 设 R 是从 V 到 V 的线性映射使得对 $j = 1, \dots, n$ 有

$$Re_j = \sqrt{\lambda_j} e_j$$

（见 3.5）. 那么 R 是正算子（请自行验证）. 此外，对每个 j 都有 $R^2 e_j = \lambda_j e_j = Te_j$，由此可得 $R^2 = T$. 于是 R 是 T 的正平方根，因此 (c) 成立.

显然 (c) 蕴涵 (d)（因为由定义知正算子都是自伴的）.

现在假设 (d) 成立，即有 V 上的自伴算子 R 使得 $T=R^2$. 那么 $T=R^*R$（因为 $R^*=R$），所以 (e) 成立.

最后，假设 (e) 成立. 设 $R\in\mathcal{L}(V)$ 使得 $T=R^*R$，则 $T^*=(R^*R)^*=R^*(R^*)^*=R^*R=T$，所以 T 是自伴的. 为证明 (a) 成立，注意到对每个 $v\in V$ 均有

$$\langle Tv,v\rangle=\langle R^*Rv,v\rangle=\langle Rv,Rv\rangle\ge 0.$$

于是 T 是正的. ∎

每个非负数都有唯一的非负平方根. 以下命题表明正算子也具有类似的性质.

> 有的数学家采用半正定算子这个术语，意思与正算子相同.

7.36 每个正算子都有唯一的正平方根

V 上每个正算子都有唯一的正平方根.

证明 设 $T\in\mathcal{L}(V)$ 是正的，$v\in V$ 是 T 的一个本征向量. 则有 $\lambda\ge 0$ 使得 $Tv=\lambda v$.

设 R 是 T 的正平方根. 往证 $Rv=\sqrt{\lambda}v$，这将意味着 R 在 T 的本征向量上是唯一确定的. 因为 V 有一个由 T 的本征向量构成的基（由谱定理），这意味着 R 是唯一确定的.

> 正算子可能有无穷多个平方根（尽管其中只有一个是正的）. 例如，若 $\dim V>1$，则 V 上的恒等算子就有无穷多个平方根.

为证明 $Rv=\sqrt{\lambda}v$，注意谱定理是说 V 有一个由 R 的本征向量构成的规范正交基 $e_1,\ldots,e_n$. 因为 R 是正算子，所以其本征值都是非负的. 因此存在非负数 $\lambda_1,\ldots,\lambda_n$ 使得对每个 $j=1,\ldots,n$ 均有 $Re_j=\sqrt{\lambda_j}e_j$.

因为 $e_1,\ldots,e_n$ 是 V 的基，所以有 $a_1,\ldots,a_n\in\mathbf{F}$ 使得

$$v=a_1e_1+\cdots+a_ne_n.$$

于是

$$Rv=a_1\sqrt{\lambda_1}e_1+\cdots+a_n\sqrt{\lambda_n}e_n,$$

因此

$$R^2v=a_1\lambda_1e_1+\cdots+a_n\lambda_ne_n.$$

而 $R^2=T$ 且 $Tv=\lambda v$. 所以上式表明

$$a_1\lambda e_1+\cdots+a_n\lambda e_n=a_1\lambda_1e_1+\cdots+a_n\lambda_ne_n.$$

上式意味着对 $j=1,\ldots,n$ 有 $a_j(\lambda-\lambda_j)=0$. 所以

$$v=\sum_{\{j:\lambda_j=\lambda\}}a_je_j,$$

于是

$$Rv=\sum_{\{j:\lambda_j=\lambda\}}a_j\sqrt{\lambda}e_j=\sqrt{\lambda}v.$$

∎

等距同构

保持范数的算子十分重要，它们应该有一个名字.

7.37 定义 等距同构（isometry）

- 算子 $S \in \mathcal{L}(V)$ 称为**等距同构**，如果对所有 $v \in V$ 均有 $\|Sv\| = \|v\|$.
- 也就是说，算子是等距同构当且仅当它保持范数.

在希腊语中，单词 isos 的意思是相等；单词 metron 的意思是度量. 因此 isometry 的字面意思是度量相等.

例如，当 $\lambda \in \mathbf{F}$ 满足 $|\lambda| = 1$ 时，λI 是等距同构. 我们马上就会看到如果 $\mathbf{F} = \mathbf{C}$，则下面的例子包括了所有的等距同构.

7.38 例 设 $\lambda_1, \ldots, \lambda_n$ 都是绝对值为 1 的标量，$e_1, \ldots, e_n$ 是 V 的规范正交基，$S \in \mathcal{L}(V)$ 满足 $Se_j = \lambda_j e_j$. 证明 S 是等距同构.

证明 设 $v \in V$. 则

7.39
$$v = \langle v, e_1 \rangle e_1 + \cdots + \langle v, e_n \rangle e_n$$

且

7.40
$$\|v\|^2 = |\langle v, e_1 \rangle|^2 + \cdots + |\langle v, e_n \rangle|^2,$$

这里我们利用了 6.30. 把 S 作用到 7.39 的两端可得

$$Sv = \langle v, e_1 \rangle Se_1 + \cdots + \langle v, e_n \rangle Se_n$$
$$= \lambda_1 \langle v, e_1 \rangle e_1 + \cdots + \lambda_n \langle v, e_n \rangle e_n.$$

由于 $|\lambda_j| = 1$，上面最后的等式表明

7.41
$$\|Sv\|^2 = |\langle v, e_1 \rangle|^2 + \cdots + |\langle v, e_n \rangle|^2.$$

比较 7.40 和 7.41 可得 $\|v\| = \|Sv\|$. 也就是说 S 是等距同构.

实内积空间上的等距同构通常称为正交算子. 复内积空间上的等距同构通常称为酉算子. 我们将采用等距同构这个术语，以使我们的结果对于实内积空间和复内积空间都适用.

以下定理给出了等距同构的若干等价条件. (a) 和 (b) 的等价性表明一个算子是等距同构当且仅当它保内积. (a) 和 (c) 的等价性（或者 (a) 和 (d) 的等价性）表明，一个算子是等距同构当且仅当关于每一个（或某一个）规范正交基，其矩阵的列是规范正交的. 习题 10 表明在前一句话中也可用"行"代替"列".

7.42 等距同构的刻画

设 $S \in \mathcal{L}(V)$. 则以下条件等价:

(a) S 是等距同构;

(b) 对所有 $u, v \in V$ 均有 $\langle Su, Sv \rangle = \langle u, v \rangle$;

(c) 对 V 中的任意规范正交向量组 $e_1, \ldots, e_n$ 均有 $Se_1, \ldots, Se_n$ 是规范正交的;

(d) V 有规范正交基 $e_1, \ldots, e_n$ 使得 $Se_1, \ldots, Se_n$ 是规范正交的;

(e) $S^*S = I$;

(f) $SS^* = I$;

(g) S^* 是等距同构;

(h) S 是可逆的且 $S^{-1} = S^*$.

证明 首先假设 (a) 成立, 即 S 是等距同构. 6.A 节的习题 19 和习题 20 证明了内积可通过范数来计算. 由于 S 保范数, 所以 S 保内积, 故 (b) 成立. 更确切地, 若 V 是实内积空间, 则对任意 $u, v \in V$ 有

$$
\begin{aligned}
\langle Su, Sv \rangle &= (\|Su + Sv\|^2 - \|Su - Sv\|^2)/4 \\
&= (\|S(u+v)\|^2 - \|S(u-v)\|^2)/4 \\
&= (\|u+v\|^2 - \|u-v\|^2)/4 \\
&= \langle u, v \rangle,
\end{aligned}
$$

其中第一个等式可以由 6.A 节的习题 19 推出, 第二个等式可以由 S 的线性推出, 第三个等式成立是因为 S 是等距同构, 而最后的等式也是由 6.A 节的习题 19 推出. 若 V 是复内积空间, 则由 6.A 节的习题 20 代替习题 19 可以得到同样的结论. 无论哪种情况, 都有 (b) 成立.

现在假设 (b) 成立, 即 S 保内积. 设 $e_1, \ldots, e_n$ 是 V 中的一个规范正交向量组. 则由 $\langle Se_j, Se_k \rangle = \langle e_j, e_k \rangle$ 知组 $Se_1, \ldots, Se_n$ 是规范正交的. 因此 (c) 成立.

显然 (c) 蕴涵 (d).

现在假设 (d) 成立. 设 $e_1, \ldots, e_n$ 是 V 的规范正交基使得 $Se_1, \ldots, Se_n$ 是规范正交的. 则对 $j, k = 1, \ldots, n$ 有

$$
\langle S^*Se_j, e_k \rangle = \langle e_j, e_k \rangle
$$

(这是因为左端等于 $\langle Se_j, Se_k \rangle$, 而 $(Se_1, \ldots, Se_n)$ 是规范正交的). 所有的向量 $u, v \in V$ 都可以写成 $e_1, \ldots, e_n$ 的线性组合, 因此上式表明 $\langle S^*Su, v \rangle = \langle u, v \rangle$. 所以 $S^*S = I$, 也就是说 (e) 成立.

现在假设 (e) 成立, 即 $S^*S = I$. 一般地, 算子 S 未必与 S^* 交换. 然而, $S^*S = I$ 当且仅当 $SS^* = I$, 这是 3.D 节习题 10 的一个特殊情形. 因此 $SS^* = I$, 这证明了 (f) 成立.

现在假设 (f) 成立，即 $SS^* = I$. 若 $v \in V$，则

$$\|S^*v\|^2 = \langle S^*v, S^*v \rangle = \langle SS^*v, v \rangle = \langle v, v \rangle = \|v\|^2.$$

因此 S^* 是等距同构，这证明了 (g) 成立.

现在假设 (g) 成立，即 S^* 是等距同构. 已知 (a) $\Rightarrow$ (e) 且 (a) $\Rightarrow$ (f), 这是因为我们已证明了 (a) $\Rightarrow$ (b) $\Rightarrow$ (c) $\Rightarrow$ (d) $\Rightarrow$ (e) $\Rightarrow$ (f). 利用 (a) $\Rightarrow$ (e) 及 (a) $\Rightarrow$ (f)，并将其中的 S 换成 S^* 可得 $SS^* = I$ 且 $S^*S = I$. 因此 S 可逆且 $S^{-1} = S^*$, 也就是说 (h) 成立.

现在假设 (h) 成立，即 S 可逆且 $S^{-1} = S^*$. 于是 $S^*S = I$. 若 $v \in V$，则

$$\|Sv\|^2 = \langle Sv, Sv \rangle = \langle S^*Sv, v \rangle = \langle v, v \rangle = \|v\|^2.$$

因此 S 是等距同构，这证明了 (a) 成立.

我们已经证明 (a) $\Rightarrow$ (b) $\Rightarrow$ (c) $\Rightarrow$ (d) $\Rightarrow$ (e) $\Rightarrow$ (f) $\Rightarrow$ (g) $\Rightarrow$ (h) $\Rightarrow$ (a). ∎

上述定理证明了每个等距同构都是正规的（见 7.42 的 (a), (e), (f)）. 于是，正规算子的刻画可以用来给出等距同构的描述. 复的情形见以下定理，实的情形在第 9 章（见 9.36）.

7.43 F = C 时等距同构的描述

设 V 是复内积空间，$S \in \mathcal{L}(V)$. 则以下条件等价:

(a) S 是等距同构.

(b) V 有一个由 S 的本征向量组成的规范正交基，相应的本征值的绝对值均为 1.

证明 我们已经证明了 (b) 蕴涵 (a)（见例 7.38）.

为了证明另一个方面，假设 (a) 成立，即 S 是等距同构. 由复谱定理 7.24, V 有一个由 S 的本征向量组成的规范正交基 $e_1, \ldots, e_n$. 对于 $j \in \{1, \ldots, n\}$, 设 λ_j 是相应于 e_j 的本征值，则

$$|\lambda_j| = \|\lambda_j e_j\| = \|Se_j\| = \|e_j\| = 1.$$

因此 S 的每个本征值的绝对值都是 1，这就完成了证明. ∎

习题 7.C

1 证明或给出反例: 若 $T \in \mathcal{L}(V)$ 是自伴的，且 V 有一个规范正交基 $e_1, \ldots, e_n$ 使得对每个 j 有 $\langle Te_j, e_j \rangle \geq 0$, 则 T 是正算子.

2 设 T 是 V 上的正算子. 设 $v, w \in V$ 使得

$$Tv = w \quad \text{且} \quad Tw = v.$$

证明 $v = w$.

3 设 T 是 V 上的正算子，且 U 是 V 的在 T 下不变的子空间. 证明 $T|_U \in \mathcal{L}(U)$ 是 U 上的正算子.

4 设 $T \in \mathcal{L}(V,W)$. 证明:T^*T 是 V 上的正算子,TT^* 是 W 上的正算子.

5 证明 V 上两个正算子的和是正算子.

6 设 $T \in \mathcal{L}(V)$ 是正算子. 证明:对每个正整数 k,T^k 是正算子.

7 设 T 是 V 上的正算子. 证明:T 是可逆的当且仅当对每个满足 $v \neq 0$ 的 $v \in V$ 均有 $\langle Tv, v \rangle > 0$.

8 设 $T \in \mathcal{L}(V)$. 对 $u, v \in V$ 定义 $\langle u, v \rangle_T$ 为 $\langle u, v \rangle_T = \langle Tu, v \rangle$. 证明:$\langle \cdot, \cdot \rangle_T$ 是 V 上的内积当且仅当 T 是(关于原内积 $\langle \cdot, \cdot \rangle$ 的)可逆正算子.

9 证明或反驳:$\mathbf{F}^2$ 上的恒等算子有无穷多个自伴的平方根.

10 设 $S \in \mathcal{L}(V)$. 证明以下条件等价:

(a) S 是等距同构;

(b) 对所有 $u, v \in V$ 均有 $\langle S^*u, S^*v \rangle = \langle u, v \rangle$;

(c) 对 V 中的每个规范正交组 $e_1, \ldots, e_m$ 均有 $S^*e_1, \ldots, S^*e_m$ 是规范正交组;

(d) 对 V 中的某个规范正交基 $e_1, \ldots, e_n$ 有 $S^*e_1, \ldots, S^*e_n$ 是规范正交基.

11 设 T_1, T_2 均为 $\mathcal{L}(\mathbf{F}^3)$ 上的正规算子且两个算子的本征值均为 $2, 5, 7$. 证明:存在等距同构 $S \in \mathcal{L}(\mathbf{F}^3)$ 使得 $T_1 = S^*T_2S$.

12 找出两个自伴算子 $T_1, T_2 \in \mathcal{L}(\mathbf{F}^4)$ 使得它们的本征值均为 $2, 5, 7$,但不存在等距同构 $S \in \mathcal{L}(\mathbf{F}^4)$ 使得 $T_1 = S^*T_2S$. 一定要解释为什么不存在满足条件的等距同构.

13 证明或给出反例:若 $S \in \mathcal{L}(V)$ 且存在 V 的规范正交基 $e_1, \ldots, e_n$ 使得对每个 e_j 均有 $\|Se_j\| = 1$,则 S 是等距同构.

14 设 T 是 7.A 节习题 21 的二阶导数算子. 证明 $-T$ 是正算子.

7.D 极分解与奇异值分解

极分解

回想一下我们在 $\mathbf{C}$ 和 $\mathcal{L}(V)$ 之间做的类比. 按照这个类比,一个复数 z 相应于一个算子 T,而 $\bar{z}$ 相应于 T^*. 实数($z = \bar{z}$)相应于自伴算子($T = T^*$),而非负数相应于正算子(一个不太恰当的称谓).

$\mathbf{C}$ 的另一个重要的子集是单位圆,它由所有满足 $|z| = 1$ 的复数 z 组成. 条件 $|z| = 1$ 等价于 $\bar{z}z = 1$. 按照我们的类比,这相应于条件 $T^*T = I$,等价于 T 是等距同构(参见 7.42). 也就是说,$\mathbf{C}$ 中的单位圆相应于全体等距同构.

继续我们的类比,注意到每个非零复数 z 都可以写成

$$z = \left(\frac{z}{|z|}\right)|z| = \left(\frac{z}{|z|}\right)\sqrt{\bar{z}z}$$

的形式，其中第一个因子（即 $z/|z|$）是单位圆中的元素. 这种的类比使我们猜到，任何算子 $T \in \mathcal{L}(V)$ 都可以写成等距同构乘以 $\sqrt{T^*T}$ 的形式. 我们现在就来证明这个猜测确实是对的，在此之前先定义一个显然的记号，其合理性由 7.36 保证.

7.44 记号 $\sqrt{T}$

若 T 是正算子，则用 $\sqrt{T}$ 表示 T 的唯一的正平方根.

现在我们来陈述和证明极分解定理，它给出 V 上任意算子的一个漂亮的描述. 注意对每个 $T \in \mathcal{L}(V)$，T^*T 都是正算子，所以 $\sqrt{T^*T}$ 定义合理.

7.45 极分解

设 $T \in \mathcal{L}(V)$. 则有一个等距同构 $S \in \mathcal{L}(V)$ 使得 $T = S\sqrt{T^*T}$.

证明　若 $v \in V$，则

$$\|Tv\|^2 = \langle Tv, Tv \rangle = \langle T^*Tv, v \rangle$$
$$= \langle \sqrt{T^*T}\sqrt{T^*T}v, v \rangle$$
$$= \langle \sqrt{T^*T}v, \sqrt{T^*T}v \rangle$$
$$= \|\sqrt{T^*T}v\|^2.$$

于是对所有 $v \in V$ 均有

7.46
$$\|Tv\| = \|\sqrt{T^*T}v\|.$$

定义线性映射 $S_1 : \operatorname{range}\sqrt{T^*T} \to \operatorname{range}T$ 为

7.47
$$S_1(\sqrt{T^*T}v) = Tv.$$

证明的思路是把 S_1 扩张成一个等距同构 $S \in \mathcal{L}(V)$ 使得 $T = S\sqrt{T^*T}$. 现在来看具体证明.

首先必须验证 S_1 的定义是合理的. 为此，假设 $v_1, v_2 \in V$ 使得 $\sqrt{T^*T}v_1 = \sqrt{T^*T}v_2$. 为使 7.47 给出的定义有意义，我们必须证明 $Tv_1 = Tv_2$. 注意

$$\|Tv_1 - Tv_2\| = \|T(v_1 - v_2)\|$$
$$= \|\sqrt{T^*T}(v_1 - v_2)\|$$
$$= \|\sqrt{T^*T}v_1 - \sqrt{T^*T}v_2\|$$
$$= 0,$$

其中第二个等式成立是由于 7.46. 上式证明了 $Tv_1 = Tv_2$，所以 S_1 的确是定义合理的. 请自行验证 S_1 是线性映射.

由 7.47 可知 S_1 把 $\operatorname{range}\sqrt{T^*T}$ 映到 $\operatorname{range}T$ 上. 显然，由 7.46 和 7.47 可知，对所有 $u \in \operatorname{range}\sqrt{T^*T}$ 都有 $\|S_1u\| = \|u\|$.

特别地，S_1 是单的. 于是，对 S_1 应用线性映射基本定理 3.22 可得

> 在余下的证明中，要把 S_1 扩张成整个 V 上的一个等距同构 S.

$$\dim \operatorname{range} \sqrt{T^*T} = \dim \operatorname{range} T.$$

这表明 $\dim(\operatorname{range} \sqrt{T^*T})^\perp = \dim(\operatorname{range} T)^\perp$（见 6.50）. 所以可取 $(\operatorname{range} \sqrt{T^*T})^\perp$ 的规范正交基 $e_1,\dots,e_m$ 和 $(\operatorname{range} T)^\perp$ 的规范正交基 $f_1,\dots,f_m$，关键是这两个规范正交基的长度相同（记为 m）. 定义线性映射 $S_2: (\operatorname{range} \sqrt{T^*T})^\perp \to (\operatorname{range} T)^\perp$ 为

$$S_2(a_1 e_1 + \cdots + a_m e_m) = a_1 f_1 + \cdots + a_m f_m.$$

对所有 $w \in (\operatorname{range} \sqrt{T^*T})^\perp$ 均有 $\|S_2 w\| = \|w\|$（由于 6.25）.

现在设 S 是 V 上的算子，在 $\operatorname{range} \sqrt{T^*T}$ 上和 S_1 相等，在 $(\operatorname{range} \sqrt{T^*T})^\perp$ 上和 S_2 相等. 更准确地说，回想一下，每个 $v \in V$ 都可以唯一地写成

7.48
$$v = u + w,$$

其中 $u \in \operatorname{range} \sqrt{T^*T}$ 且 $w \in (\operatorname{range} \sqrt{T^*T})^\perp$（见 6.47）. 按照上述分解，对于 $v \in V$ 定义 Sv 为

$$Sv = S_1 u + S_2 w.$$

对每个 $v \in V$ 均有

$$S(\sqrt{T^*T}v) = S_1(\sqrt{T^*T}v) = Tv,$$

所以 $T = S\sqrt{T^*T}$. 剩下的就是证明 S 是等距同构. 然而，这很容易由勾股定理得到：若 $v \in V$ 已经分解成 7.48 的形式，则

$$\|Sv\|^2 = \|S_1 u + S_2 w\|^2 = \|S_1 u\|^2 + \|S_2 w\|^2 = \|u\|^2 + \|w\|^2 = \|v\|^2,$$

其中第二个等式成立是由于 $S_1 u \in \operatorname{range} T$ 和 $S_2 w \in (\operatorname{range} T)^\perp$. ∎

极分解定理 7.45 说的是，V 上的每个算子都是一个等距同构和一个正算子的乘积. 于是，V 上的每个算子都可以写成两个算子的乘积，这两个算子都来自我们已经完全描述并且能够比较好地理解的算子类. 7.43 和 9.36 描述了等距同构，谱定理（7.24 和 7.29）描述了正算子.

特别地，考虑 $\mathbf{F} = \mathbf{C}$ 的情形，设 $T = S\sqrt{T^*T}$ 是 $T \in \mathcal{L}(V)$ 的极分解，其中 S 是等距同构，则 V 有一个规范正交基使得 S 关于这个基有对角矩阵，并且 V 还有一个规范正交基使得 $\sqrt{T^*T}$ 关于这个基有对角矩阵. **注意**：未必有规范正交基使得 S 和 $\sqrt{T^*T}$ 的矩阵同时具有这么好的对角形式. 也就是说，S 需要一个规范正交基，而 $\sqrt{T^*T}$ 可能需要另一个不同的规范正交基.

奇异值分解

算子的本征值反映了算子的一些性质. 另一类数（称为奇异值）也是很有用的. 回顾一下，5.36 定义了本征空间和记号 E.

7.49 定义 奇异值（singular values）

设 $T \in \mathcal{L}(V)$. 则 T 的**奇异值**就是 $\sqrt{T^*T}$ 的本征值, 而且每个本征值 λ 都要重复 $\dim E(\lambda, \sqrt{T^*T})$ 次.

因为 T 的奇异值都是正算子 $\sqrt{T^*T}$ 的本征值, 所以它们都非负.

7.50 例 定义 $T \in \mathcal{L}(\mathbf{F}^4)$ 为

$$T(z_1, z_2, z_3, z_4) = (0, 3z_1, 2z_2, -3z_4).$$

求 T 的奇异值.

解 计算表明 $T^*T(z_1, z_2, z_3, z_4) = (9z_1, 4z_2, 0, 9z_4)$（请自行验证）. 于是

$$\sqrt{T^*T}(z_1, z_2, z_3, z_4) = (3z_1, 2z_2, 0, 3z_4),$$

从而 $\sqrt{T^*T}$ 的本征值为 $3, 2, 0$, 且

$$\dim E(3, \sqrt{T^*T}) = 2, \ \dim E(2, \sqrt{T^*T}) = 1, \ \dim E(0, \sqrt{T^*T}) = 1.$$

所以 T 的奇异值为 $3, 3, 2, 0$.

注意 -3 和 0 是 T 仅有的本征值. 在这种情形下, 本征值并不包含 T 的定义中用到的数 2, 但是奇异值包含了 2.

把谱定理和 5.41（尤其是 5.41(e)）用于正算子（因此也是自伴算子）$\sqrt{T^*T}$ 可知, 每个 $T \in \mathcal{L}(V)$ 都有 $\dim V$ 个奇异值. 例如, 在四维向量空间 $\mathbf{F}^4$ 上, 例 7.50 中定义的算子 T 有四个奇异值（如前所见, 它们是 $3, 3, 2, 0$）.

以下命题表明, 利用奇异值和 V 的两个规范正交基, V 上的每个算子都有一个简洁的描述.

7.51 奇异值分解

设 $T \in \mathcal{L}(V)$ 有奇异值 $s_1, \ldots, s_n$. 则 V 有两个规范正交基 $e_1, \ldots, e_n$ 和 $f_1, \ldots, f_n$ 使得对每个 $v \in V$ 均有 $Tv = s_1\langle v, e_1 \rangle f_1 + \cdots + s_n\langle v, e_n \rangle f_n$.

证明 对 $\sqrt{T^*T}$ 应用谱定理可知, 有 V 的规范正交基 $e_1, \ldots, e_n$ 使得对 $j = 1, \ldots, n$ 均有 $\sqrt{T^*T}e_j = s_j e_j$.

对每个 $v \in V$ 均有

$$v = \langle v, e_1 \rangle e_1 + \cdots + \langle v, e_n \rangle e_n$$

（见 6.30）. 把 $\sqrt{T^*T}$ 作用到这个等式的两端, 则对每个 $v \in V$ 均有

$$\sqrt{T^*T}v = s_1\langle v, e_1 \rangle e_1 + \cdots + s_n\langle v, e_n \rangle e_n.$$

由极分解定理 7.45 可知，有等距同构 $S \in \mathcal{L}(V)$ 使得 $T = S\sqrt{T^*T}$. 把 S 作用到上面的等式两端，则对每个 $v \in V$ 均有

$$Tv = s_1\langle v, e_1\rangle Se_1 + \cdots + s_n\langle v, e_n\rangle Se_n.$$

对每个 j 设 $f_j = Se_j$. 因为 S 是等距同构，所以 $f_1, \ldots, f_n$ 是 V 的规范正交基（见 7.42）. 上面的等式现在变成对每个 $v \in V$ 均有

$$Tv = s_1\langle v, e_1\rangle f_1 + \cdots + s_n\langle v, e_n\rangle f_n. \qquad \blacksquare$$

我们在研究从一个向量空间到另一个向量空间的线性映射时，讨论了线性映射关于第一个向量空间的基和第二个向量空间的基的矩阵. 在研究算子（即从一个向量空间到其自身的线性映射）时，我们几乎总是让同一个基扮演这两种角色.

奇异值分解给了我们一个难得的机会——对算子的矩阵同时用到两个不同的基. 为此，设 $T \in \mathcal{L}(V)$. 设 $s_1, \ldots, s_n$ 为 T 的所有奇异值，$e_1, \ldots, e_n$ 和 $f_1, \ldots, f_n$ 都是 V 的规范正交基使得奇异值分解 7.51 成立. 因为对每个 j 均有 $Te_j = s_j f_j$，所以

$$\mathcal{M}\big(T, (e_1, \ldots, e_n), (f_1, \ldots, f_n)\big) = \begin{pmatrix} s_1 & & 0 \\ & \ddots & \\ 0 & & s_n \end{pmatrix}.$$

也就是说，只要允许我们在处理算子时使用两个不同的基，而不是像通常那样只使用单独的一个基，那么 V 上每个算子关于 V 的某些规范正交基都有对角矩阵.

奇异值和奇异值分解有很多应用（习题中给出了一些），包括在计算线性代数中的应用. 为了计算算子 T 的奇异值的数值近似值，首先计算 T^*T，然后计算 T^*T 的近似本征值（计算正算子的近似本征值有很好的技术）. T^*T 的这些（近似）本征值的非负平方根就是 T 的（近似）奇异值. 也就是说，无需计算 T^*T 的平方根就能得出 T 的近似奇异值. 以下命题有助于解释采用 T^*T 而不采用 $\sqrt{T^*T}$ 的合理性.

7.52 不对算子开平方描述其奇异值

设 $T \in \mathcal{L}(V)$. 则 T 的奇异值是 T^*T 的本征值的非负平方根，且每个本征值 λ 要重复 $\dim E(\lambda, T^*T)$ 次.

证明 谱定理表明有规范正交基 $e_1, \ldots, e_n$ 和非负数 $\lambda_1, \ldots, \lambda_n$ 使得对 $j = 1, \ldots, n$ 均有 $T^*Te_j = \lambda_j e_j$. 易见，对 $j = 1, \ldots, n$ 均有 $\sqrt{T^*T}e_j = \sqrt{\lambda_j}e_j$，这就得到了想要证明的结果. $\qquad \blacksquare$

习题 7.D

1 取定 $u, x \in V$，其中 $u \neq 0$. 定义 $T \in \mathcal{L}(V)$ 如下：对每个 $v \in V$ 有 $Tv = \langle v, u\rangle x$. 证明：对每个 $v \in V$ 有 $\sqrt{T^*T}v = \frac{\|x\|}{\|u\|}\langle v, u\rangle u$.

2 找出一个 $T \in \mathcal{L}(\mathbf{C}^2)$ 使得 0 是 T 仅有的本征值且 T 的奇异值是 5, 0.

3 设 $T \in \mathcal{L}(V)$. 证明：存在等距同构 $S \in \mathcal{L}(V)$ 使得 $T = \sqrt{TT^*}\, S$.

4 设 $T \in \mathcal{L}(V)$ 且 s 是 T 的一个奇异值. 证明：存在向量 $v \in V$ 使得 $\|v\| = 1$ 且 $\|Tv\| = s$.

5 设 $T \in \mathcal{L}(\mathbf{C}^2)$ 由 $T(x, y) = (-4y, x)$ 定义. 求 T 的奇异值.

6 求由 $Dp = p'$ 定义的微分算子 $D \in \mathcal{P}_2(\mathbf{R})$ 的奇异值，这里 $\mathcal{P}_2(\mathbf{R})$ 上的内积由例 6.33 给出.

7 定义 $T \in \mathcal{L}(\mathbf{F}^3)$ 为 $T(z_1, z_2, z_3) = (z_3, 2z_1, 3z_2)$. 求一个等距同构 $S \in \mathcal{L}(\mathbf{F}^3)$ 使得 $T = S\sqrt{T^*T}$.

8 设 $T \in \mathcal{L}(V)$，$S \in \mathcal{L}(V)$ 是一个等距同构，$R \in \mathcal{L}(V)$ 是一个正算子使得 $T = SR$. 证明 $R = \sqrt{T^*T}$.

本题表明，如果把 T 写成等距同构与一个正算子的乘积（如同在极分解 7.45 中），则此正算子必为 $\sqrt{T^*T}$.

9 设 $T \in \mathcal{L}(V)$. 证明：T 是可逆的当且仅当存在唯一的等距同构 $S \in \mathcal{L}(V)$ 使得 $T = S\sqrt{T^*T}$.

10 设 $T \in \mathcal{L}(V)$ 是自伴的. 证明 T 的奇异值等于 T 的本征值的绝对值（适当重复）.

11 设 $T \in \mathcal{L}(V)$. 证明 T 和 T^* 有相同的奇异值.

12 证明或给出反例：若 $T \in \mathcal{L}(V)$，则 T^2 的奇异值等于 T 的奇异值的平方.

13 设 $T \in \mathcal{L}(V)$. 证明：T 是可逆的当且仅当 0 不是 T 的奇异值.

14 设 $T \in \mathcal{L}(V)$. 证明：$\dim \operatorname{range} T$ 等于 T 的非零奇异值的个数.

15 设 $S \in \mathcal{L}(V)$. 证明：S 是等距同构当且仅当 S 的所有奇异值都等于 1.

16 设 $T_1, T_2 \in \mathcal{L}(V)$. 证明：$T_1$ 和 T_2 有相同的奇异值当且仅当存在等距同构 $S_1, S_2 \in \mathcal{L}(V)$ 使得 $T_1 = S_1 T_2 S_2$.

17 设 $T \in \mathcal{L}(V)$ 有如下奇异值分解：对每个 $v \in V$ 有

$$Tv = s_1 \langle v, e_1 \rangle f_1 + \cdots + s_n \langle v, e_n \rangle f_n,$$

其中 $s_1, \ldots, s_n$ 是 T 的奇异值，$e_1, \ldots, e_n$ 和 $f_1, \ldots, f_n$ 都是 V 的规范正交基.

(a) 证明：若 $v \in V$，则 $T^*v = s_1 \langle v, f_1 \rangle e_1 + \cdots + s_n \langle v, f_n \rangle e_n$.

(b) 证明：若 $v \in V$，则 $T^*Tv = s_1{}^2 \langle v, e_1 \rangle e_1 + \cdots + s_n{}^2 \langle v, e_n \rangle e_n$.

(c) 证明：若 $v \in V$，则 $\sqrt{T^*T}\, v = s_1 \langle v, e_1 \rangle e_1 + \cdots + s_n \langle v, e_n \rangle e_n$.

(d) 设 T 是可逆的. 证明：若 $v \in V$，则

$$T^{-1}v = \frac{\langle v, f_1 \rangle e_1}{s_1} + \cdots + \frac{\langle v, f_n \rangle e_n}{s_n}.$$

18 设 $T \in \mathcal{L}(V)$. 设 $\hat{s}$ 表示 T 的最小奇异值，s 表示 T 的最大奇异值.

(a) 证明对每个 $v \in V$ 均有 $\hat{s}\|v\| \leq \|Tv\| \leq s\|v\|$.

(b) 设 λ 是 T 的一个本征值. 证明 $\hat{s} \leq |\lambda| \leq s$.

19 设 $T \in \mathcal{L}(V)$. 证明 T 关于 V 上由 $d(u,v) = \|u-v\|$ 定义的度量 d 是一致连续的.

20 设 $S, T \in \mathcal{L}(V)$. 设 s 表示 S 的最大奇异值, t 表示 T 的最大奇异值, r 表示 $S+T$ 的最大奇异值. 证明 $r \leq s+t$.

第8章

希帕蒂娅，公元五世纪埃及数学家和哲学家，1900 年前后阿尔弗雷德·塞弗特根据想象所绘.

复向量空间上的算子

本章将更深入地研究复向量空间上算子的结构，这里用不到内积，因此我们又回到了一般的有限维向量空间的情形. 为了避免某些平凡性，我们将假设 $V \neq \{0\}$. 于是本章作如下假设：

8.1 记号 F、V

- **F** 表示 **R** 或 **C**.
- V 是 **F** 上的有限维的非零向量空间.

本章的学习目标

- 广义本征向量和广义本征空间
- 特征多项式和凯莱–哈密顿定理
- 算子的分解
- 极小多项式
- 若尔当形

8.A 广义本征向量和幂零算子

算子幂的零空间

本章先来讨论算子幂的零空间.

8.2 递增的零空间序列

设 $T \in \mathcal{L}(V)$. 则

$$\{0\} = \operatorname{null} T^0 \subset \operatorname{null} T^1 \subset \cdots \subset \operatorname{null} T^k \subset \operatorname{null} T^{k+1} \subset \cdots.$$

证明 设 k 是非负整数, $v \in \operatorname{null} T^k$. 则 $T^k v = 0$, 因此 $T^{k+1} v = T(T^k v) = T(0) = 0$. 于是 $v \in \operatorname{null} T^{k+1}$. 因此 $\operatorname{null} T^k \subset \operatorname{null} T^{k+1}$. ∎

下面的命题是说, 如果在这个子空间序列中有相邻的两项相等, 那么此后的所有项都相等.

8.3 零空间序列中的等式

设 $T \in \mathcal{L}(V)$. 设 m 是非负整数使得 $\operatorname{null} T^m = \operatorname{null} T^{m+1}$. 则

$$\operatorname{null} T^m = \operatorname{null} T^{m+1} = \operatorname{null} T^{m+2} = \operatorname{null} T^{m+3} = \cdots.$$

证明 设 k 是正整数. 往证

$$\operatorname{null} T^{m+k} = \operatorname{null} T^{m+k+1}.$$

由 8.2 我们已经知道 $\operatorname{null} T^{m+k} \subset \operatorname{null} T^{m+k+1}$.

要证明另一个方向的包含关系, 设 $v \in \operatorname{null} T^{m+k+1}$, 则

$$T^{m+1}(T^k v) = T^{m+k+1} v = 0.$$

因此

$$T^k v \in \operatorname{null} T^{m+1} = \operatorname{null} T^m.$$

于是 $T^{m+k} v = T^m (T^k v) = 0$, 从而 $v \in \operatorname{null} T^{m+k}$. 这意味着 $\operatorname{null} T^{m+k+1} \subset \operatorname{null} T^{m+k}$. ∎

上面的命题引出一个问题: 是否有非负整数 m 使得 $\operatorname{null} T^m = \operatorname{null} T^{m+1}$? 以下命题表明, 这个等式至少在 m 等于 T 的定义域的维数时成立.

8.4 零空间停止增长

设 $T \in \mathcal{L}(V)$. 令 $n = \dim V$. 则

$$\operatorname{null} T^n = \operatorname{null} T^{n+1} = \operatorname{null} T^{n+2} = \cdots.$$

证明 因为 8.3, 我们只需证明 $\operatorname{null} T^n = \operatorname{null} T^{n+1}$. 假设不然, 则由 8.2 和 8.3 得

$$\{0\} = \operatorname{null} T^0 \subsetneq \operatorname{null} T^1 \subsetneq \cdots \subsetneq \operatorname{null} T^n \subsetneq \operatorname{null} T^{n+1},$$

其中符号 $\subsetneq$ 的意思是 "包含于但不等于". 在上述链的每个严格包含关系处维数至少增加 1. 因此 $\dim \operatorname{null} T^{n+1} \geq n+1$, 矛盾, 因为 V 的子空间的维数不可能大于 n. ∎

　　遗憾的是, $V = \operatorname{null} T \oplus \operatorname{range} T$ 并不是对每个 $T \in \mathcal{L}(V)$ 都成立. 然而, 以下命题是一个有用的替补.

8.5 V 等于 $\operatorname{null} T^{\dim V}$ 和 $\operatorname{range} T^{\dim V}$ 的直和

　　设 $T \in \mathcal{L}(V)$. 令 $n = \dim V$. 则 $V = \operatorname{null} T^n \oplus \operatorname{range} T^n$.

证明 先证

8.6 $$(\operatorname{null} T^n) \cap (\operatorname{range} T^n) = \{0\}.$$

设 $v \in (\operatorname{null} T^n) \cap (\operatorname{range} T^n)$. 则 $T^n v = 0$, 存在 $u \in V$ 使得 $v = T^n u$. 将 T^n 作用于前式两端得 $T^n v = T^{2n} u$. 因此 $T^{2n} u = 0$, 从而 $T^n u = 0$ (由于 8.4). 于是 $v = T^n u = 0$, 完成了 8.6 的证明.

　　现在由 8.6 可知 $\operatorname{null} T^n + \operatorname{range} T^n$ 是一个直和 (由于 1.45). 此外

$$\dim(\operatorname{null} T^n \oplus \operatorname{range} T^n) = \dim \operatorname{null} T^n + \dim \operatorname{range} T^n = \dim V,$$

上述第一个等式由 3.78 得到, 第二个等式由线性映射基本定理 3.22 得到. 由上式可得 $\operatorname{null} T^n \oplus \operatorname{range} T^n = V$. ∎

8.7 例 设 $T \in \mathcal{L}(\mathbf{F}^3)$ 定义为

$$T(z_1, z_2, z_3) = (4z_2, 0, 5z_3).$$

对于这个算子, $\operatorname{null} T + \operatorname{range} T$ 不是子空间的直和. 因为 $\operatorname{null} T = \{(z_1, 0, 0) : z_1 \in \mathbf{F}\}$ 且 $\operatorname{range} T = \{(z_1, 0, z_3) : z_1, z_3 \in \mathbf{F}\}$, 所以 $\operatorname{null} T \cap \operatorname{range} T \neq \{0\}$, 因此 $\operatorname{null} T + \operatorname{range} T$ 不是直和. 也请注意 $\operatorname{null} T + \operatorname{range} T \neq \mathbf{F}^3$.

　　然而我们有 $T^3(z_1, z_2, z_3) = (0, 0, 125z_3)$. 于是 $\operatorname{null} T^3 = \{(z_1, z_2, 0) : z_1, z_2 \in \mathbf{F}\}$ 且 $\operatorname{range} T^3 = \{(0, 0, z_3) : z_3 \in \mathbf{F}\}$. 因此 $\mathbf{F}^3 = \operatorname{null} T^3 \oplus \operatorname{range} T^3$.

广义本征向量

　　有些算子因为没有足够多的本征向量而没有一个好的描述. 因此, 本节将引入广义本征向量的概念, 这一概念对算子结构的描述起着重要作用.

　　为了理解为什么需要更多的本征向量, 我们来考察如何通过算子定义域的不变子空间分解来描述这个算子. 取定 $T \in \mathcal{L}(V)$. 为了描述 T, 我们想要找到一个 "好的" 直和分解

$$V = U_1 \oplus \cdots \oplus U_m,$$

其中每个 U_j 都是 V 在 T 下的不变子空间. 可能存在的、最简单的非零不变子空间是一维的. 上面分解中的每个 U_j 都是在 T 下不变的 V 的一维子空间, 当且仅当 V 有一个由 T 的本征向量组成的基(参见 5.41), 当且仅当 V 有如下本征空间分解

8.8 $$V = E(\lambda_1, T) \oplus \cdots \oplus E(\lambda_m, T),$$

其中 $\lambda_1, \ldots, \lambda_m$ 是 T 的所有互不相同的本征值(参见 5.41).

上一章的谱定理证明了, 若 V 是内积空间, 则形如 8.8 的分解在 $\mathbf{F} = \mathbf{C}$ 时对每个正规算子都成立, 而在 $\mathbf{F} = \mathbf{R}$ 时对每个自伴算子都成立, 这是因为这些形式的算子有足够的本征向量来构成 V 的一个基(参见 7.24 和 7.29).

可惜的是, 即使在复向量空间上, 形如 8.8 的分解对更一般的算子也可能不成立. 5.43 给出的算了就是 个例了, 它没有足够多的本征向量使得 8.8 成立. 我们现在要引入的广义本征向量和广义本征空间将会改善这种局面.

8.9 定义 广义本征向量(generalized eigenvector)

设 $T \in \mathcal{L}(V)$, λ 是 T 的本征值. 向量 $v \in V$ 称为 T 的相应于 λ 的**广义本征向量**, 如果 $v \neq 0$ 且存在正整数 j 使得 $(T - \lambda I)^j v = 0$.

虽然在广义本征向量定义中等式

$$(T - \lambda I)^j v = 0$$

中的 j 可以是任意正整数, 但我们马上就要证明, 当 $j = \dim V$ 时每个广义本征向量都满足这个等式.

> 注意, 我们没有定义广义本征值的概念, 因为这样不会得到任何新东西. 理由是: 如果对某个正整数 j, $(T - \lambda I)^j$ 不是单的, 则 $(T - \lambda I)$ 也不是单的, 因此 λ 是 T 的本征值.

8.10 定义 广义本征空间(generalized eigenspace), $G(\lambda, T)$

设 $T \in \mathcal{L}(V)$ 且 $\lambda \in \mathbf{F}$. 则 T 的相应于 λ 的**广义本征空间**(记作 $G(\lambda, T)$)定义为 T 的相应于 λ 的所有广义本征向量的集合, 包括 0 向量.

因为 T 的每个本征向量是 T 的广义本征向量(在广义本征向量的定义中取 $j = 1$), 所以每个本征空间都包含在相应的广义本征空间中. 也就是说, 如果 $T \in \mathcal{L}(V)$ 且 $\lambda \in \mathbf{F}$, 则

$$E(\lambda, T) \subset G(\lambda, T).$$

以下命题表明, 如果 $T \in \mathcal{L}(V)$ 且 $\lambda \in \mathbf{F}$, 则 $G(\lambda, T)$ 是 V 的子空间(因为 V 上每个线性映射的零空间都是 V 的子空间).

8.11 广义本征空间的刻画

设 $T \in \mathcal{L}(V)$ 且 $\lambda \in \mathbf{F}$. 则 $G(\lambda, T) = \text{null}(T - \lambda I)^{\dim V}$.

证明 设 $v \in \text{null}(T - \lambda I)^{\dim V}$. 由定义可知 $v \in G(\lambda, T)$. 因此我们有 $G(\lambda, T) \supset \text{null}(T - \lambda I)^{\dim V}$.

反过来，设 $v \in G(\lambda, T)$. 则存在正整数 j 使得

$$v \in \text{null}(T - \lambda I)^j.$$

由 8.2 和 8.4（用 $(T - \lambda I)$ 代替 T）得到 $v \in \text{null}(T - \lambda I)^{\dim V}$. 因此 $G(\lambda, T) \subset \text{null}(T - \lambda I)^{\dim V}$. ∎

8.12 例 定义 $T \in \mathcal{L}(\mathbf{C}^3)$ 为

$$T(z_1, z_2, z_3) = (4z_2, 0, 5z_3).$$

(a) 求 T 的所有本征值及相应的本征空间和相应的广义本征空间.

(b) 证明 $\mathbf{C}^3$ 等于 T 的相应于不同本征值的广义本征空间的直和.

解

(a) 由本征值的定义可知，T 的本征值是 0 和 5. 容易看到，相应的本征空间是
$E(0, T) = \{(z_1, 0, 0) : z_1 \in \mathbf{C}\}$ 和 $E(5, T) = \{(0, 0, z_3) : z_3 \in \mathbf{C}\}$.

注意到，这个算子 T 没有足够的本征向量来张成它的定义域 $\mathbf{C}^3$.

对于所有的 $z_1, z_2, z_3 \in \mathbf{C}$ 都有 $T^3(z_1, z_2, z_3) = (0, 0, 125z_3)$. 于是由 8.11 可得
$G(0, T) = \{(z_1, z_2, 0) : z_1, z_2 \in \mathbf{C}\}$.

我们有 $(T - 5I)^3(z_1, z_2, z_3) = (-125z_1 + 300z_2, -125z_2, 0)$. 于是由 8.11 可得
$G(5, T) = \{(0, 0, z_3) : z_3 \in \mathbf{C}\}$.

(b) (a) 的结果表明 $\mathbf{C}^3 = G(0, T) \oplus G(5, T)$.

本章的主要目标之一是证明上面例子中 (b) 的结果对有限维复向量空间上的算子总是成立的. 我们将在 8.21 中给出证明.

我们以前在 5.10 中看到相应于不同本征值的本征向量线性无关. 现在我们对广义本征向量证明类似的结果.

> **8.13 线性无关的广义本征向量**
>
> 设 $T \in \mathcal{L}(V), \lambda_1, \ldots, \lambda_m$ 是 T 的所有不同的本征值，$v_1, \ldots, v_m$ 分别为相应的广义本征向量. 则 $v_1, \ldots, v_m$ 线性无关.

证明 设 $a_1, \ldots, a_m$ 是复数，且满足

8.14 $$0 = a_1 v_1 + \cdots + a_m v_m.$$

令 k 是使得 $(T - \lambda_1 I)^k v_1 \neq 0$ 成立的最大非负整数. 令

$$w = (T - \lambda_1 I)^k v_1.$$

于是
$$(T - \lambda_1 I)w = (T - \lambda_1 I)^{k+1}v_1 = 0,$$
因此 $Tw = \lambda_1 w$. 于是对每个 $\lambda \in \mathbf{F}$ 都有 $(T - \lambda I)w = (\lambda_1 - \lambda)w$. 因此对每个 $\lambda \in \mathbf{F}$ 都有

8.15 $$(T - \lambda I)^n w = (\lambda_1 - \lambda)^n w,$$
其中 $n = \dim V$.

将算子
$$(T - \lambda_1 I)^k (T - \lambda_2 I)^n \cdots (T - \lambda_m I)^n$$
作用于 8.14 的两边, 得到
$$0 = a_1(T - \lambda_1 I)^k (T - \lambda_2 I)^n \cdots (T - \lambda_m I)^n v_1$$
$$= a_1(T - \lambda_2 I)^n \cdots (T - \lambda_m I)^n w$$
$$= a_1(\lambda_1 - \lambda_2)^n \cdots (\lambda_1 - \lambda_m)^n w,$$
其中我们利用 8.11 得到上面第一个等式, 利用 8.15 得到上面最后一个等式.

由上面的等式可得 $a_1 = 0$. 通过类似的方式可得, 对每个 j 都有 $a_j = 0$. 于是 $v_1, \ldots, v_m$ 线性无关. ■

幂零算子

8.16 定义 幂零的 (nilpotent)

一个算子称为**幂零的**, 如果它的某个幂等于 0.

8.17 例 幂零算子

(a) 定义为 $N(z_1, z_2, z_3, z_4) = (z_3, z_4, 0, 0)$ 的算子 $N \in \mathcal{L}(\mathbf{F}^4)$ 是幂零的, 因为 $N^2 = 0$.

(b) $\mathcal{P}_m(\mathbf{R})$ 上的微分算子是幂零的, 因为每个次数不超过 m 的多项式的 $m+1$ 阶导数都等于 0. 注意, 在这个 $m+1$ 维空间上, 我们需要把幂零算子自乘到 $m+1$ 次幂才能得到 0 算子.

以下命题表明, 不用考虑比空间的维数更高的幂.

拉丁词 nil 的意思是无或者零, 拉丁词 potent 的意思是幂. 于是 nilpotent 的字面意思是幂零.

8.18 n 维空间上幂零算子的 n 次幂等于 0

设 $N \in \mathcal{L}(V)$ 是幂零的, 则 $N^{\dim V} = 0$.

证明 因为 N 是幂零的, 所以 $G(0, N) = V$. 利用 8.11 即得 $\operatorname{null} N^{\dim V} = V$. ■

如果 V 是复向量空间，则以下命题的证明易由习题 7、定理 5.27 和定理 5.32 得到. 但这里的证明思想要比定理 5.27 的证明思想简单，并且对实向量空间实和复向量空间都适用.

给定 V 上的算子 T，我们想要找到 V 的一个基，使得 T 关于这个基的矩阵尽可能简单，即这个矩阵包含很多 0.

以下命题表明，如果 N 是幂零的，那么可以取 V 的一个基使得 N 关于这个基的矩阵有一半以上的元素都等于 0. 在本章的后面将会有更好的结果.

8.19 幂零算子的矩阵

设 N 是 V 上的幂零算子，那么 V 有一个基使得 N 关于这个基的矩阵形如

$$\begin{pmatrix} 0 & & * \\ & \ddots & \\ 0 & & 0 \end{pmatrix},$$

其中对角线和对角线下方的元素都是 0.

证明 首先取 null N 的一个基，将它扩充成 null N^2 的基，再扩充成 null N^3 的基. 如此下去，最终得到 V 的一个基（因为 8.18 表明 null $N^{\dim V}=V$）.

现在我们来考虑 N 关于这个基的矩阵. 第一列（或许前几列）全部由 0 组成，因为相应的基向量包含于 null N. 下一组列来自 null N^2 中的基向量. 任意这样的向量被 N 作用后都是 null N 中的向量，也就是说，得到的向量是前面的基向量的线性组合. 因此这些列中所有的非零元素一定都出现在对角线的上方. 再下一组列来自 null N^3 的基向量. 任意这样的向量被 N 作用都是 null N^2 中的向量，也就是说，得到的向量是前面的基向量的线性组合. 于是，这又表明这些列中的非零元素都出现在对角线上方. 如此继续下去即可完成证明. ∎

习题 8.A

1 定义 $T \in \mathcal{L}(\mathbf{C}^2)$ 为 $T(w,z)=(z,0)$. 求 T 的所有广义本征向量.

2 定义 $T \in \mathcal{L}(\mathbf{C}^2)$ 为 $T(w,z)=(-z,w)$. 求 T 的相应于不同本征值的广义本征空间.

3 设 $T \in \mathcal{L}(V)$ 是可逆的. 证明对每个非零的 $\lambda \in \mathbf{F}$ 有 $G(\lambda,T)=G(\frac{1}{\lambda},T^{-1})$.

4 设 $T \in \mathcal{L}(V)$，$\alpha,\beta \in \mathbf{F}$ 满足 $\alpha \neq \beta$. 证明 $G(\alpha,T) \cap G(\beta,T)=\{0\}$.

5 设 $T \in \mathcal{L}(V)$，m 是正整数，$v \in V$ 使得 $T^{m-1}v \neq 0$ 但 $T^m v=0$. 证明：$v,Tv,T^2v,\ldots,T^{m-1}v$ 是线性无关的.

6 定义 $T \in \mathcal{L}(\mathbf{C}^3)$ 为 $T(z_1,z_2,z_3)=(z_2,z_3,0)$. 证明 T 没有平方根. 更确切地说，证明不存在 $S \in \mathcal{L}(\mathbf{C}^3)$ 使得 $S^2=T$.

7 设 $N \in \mathcal{L}(V)$ 是幂零的. 证明 0 是 N 仅有的本征值.

8 证明或给出反例: V 上的幂零算子的集合是 $\mathcal{L}(V)$ 子空间.

9 设 $S, T \in \mathcal{L}(V)$ 且 ST 是幂零的. 证明 TS 是幂零的.

10 设 $T \in \mathcal{L}(V)$ 不是幂零的. 令 $n = \dim V$. 证明 $V = \operatorname{null} T^{n-1} \oplus \operatorname{range} T^{n-1}$.

11 证明或给出反例: 若 V 是复向量空间, $\dim V = n$, $T \in \mathcal{L}(V)$, 则 T^n 是可对角化的.

12 设 $N \in \mathcal{L}(V)$, V 有一个基使得 N 关于这个基有上三角矩阵, 其对角线上元素均为 0. 证明 N 是幂零的.

13 设 V 是内积空间, $N \in \mathcal{L}(V)$ 是正规的并且是幂零的. 证明 $N = 0$.

14 设 V 是内积空间, $N \in \mathcal{L}(V)$ 是幂零的. 证明: V 有一个规范正交基使得 N 关于这个基有上三角矩阵.

若 $\mathbf{F} = \mathbf{C}$, 则无需假设 N 是幂零的, 这个结果即可由舒尔定理 6.38 得出. 于是本题只需对 $\mathbf{F} = \mathbf{R}$ 的情况证明即可.

15 设 $N \in \mathcal{L}(V)$ 使得 $\operatorname{null} N^{\dim V - 1} \neq \operatorname{null} N^{\dim V}$. 证明: N 是幂零的, 并且对每个满足 $0 \leq j \leq \dim V$ 的整数 j 都有 $\dim \operatorname{null} N^j = j$.

16 设 $T \in \mathcal{L}(V)$. 证明:

$$V = \operatorname{range} T^0 \supset \operatorname{range} T^1 \supset \cdots \supset \operatorname{range} T^k \supset \operatorname{range} T^{k+1} \supset \cdots.$$

17 设 $T \in \mathcal{L}(V)$, m 是使得 $\operatorname{range} T^m = \operatorname{range} T^{m+1}$ 的非负整数. 证明: 对每个 $k > m$ 都有 $\operatorname{range} T^k = \operatorname{range} T^m$.

18 设 $T \in \mathcal{L}(V)$. 令 $n = \dim V$. 证明:

$$\operatorname{range} T^n = \operatorname{range} T^{n+1} = \operatorname{range} T^{n+2} = \cdots.$$

19 设 $T \in \mathcal{L}(V)$, m 是非负整数. 证明:

$$\operatorname{null} T^m = \operatorname{null} T^{m+1} \quad \text{当且仅当} \quad \operatorname{range} T^m = \operatorname{range} T^{m+1}.$$

20 设 $T \in \mathcal{L}(\mathbf{C}^5)$ 使得 $\operatorname{range} T^4 \neq \operatorname{range} T^5$. 证明 T 是幂零的.

21 找出一个向量空间 W 和 $T \in \mathcal{L}(W)$, 使得对每个正整数 k 都有 $\operatorname{null} T^k \subsetneq \operatorname{null} T^{k+1}$ 且 $\operatorname{range} T^k \supsetneq \operatorname{range} T^{k+1}$.

8.B 算子的分解

复向量空间上算子的刻画

前面我们看到, 即使在有限维的复向量空间上, 算子的定义域也未必能分解成本征空间的直和. 本节我们将会看到, 有限维的复向量空间上的每个算子都有足够多的广义本征向量来给出一个分解.

前面我们观察到，若 $T \in \mathcal{L}(V)$，则 $\operatorname{null} T$ 和 $\operatorname{range} T$ 都在 T 下不变（参见 5.3 的 (c) 和 (d)）. 现在我们要证明，T 的每个多项式的零空间和像空间也在 T 下不变.

8.20 $p(T)$ 的零空间和像空间在 T 下是不变的

如果 $T \in \mathcal{L}(V)$ 且 $p \in \mathcal{P}(\mathbf{F})$，则 $\operatorname{null} p(T)$ 和 $\operatorname{range} p(T)$ 在 T 下不变.

证明 如果 $v \in \operatorname{null} p(T)$，则 $p(T)v = 0$. 因此

$$\big((p(T))(Tv) = T(p(T)v) = T(0) = 0.$$

从而 $Tv \in \operatorname{null} p(T)$. 于是 $\operatorname{null} p(T)$ 在 T 下不变.

如果 $v \in \operatorname{range} p(T)$，则存在 $u \in V$ 使得 $v = p(T)u$. 因此

$$Tv = T\big(p(T)u\big) = p(T)(Tu).$$

从而 $Tv \in \operatorname{range} p(T)$. 于是 $\operatorname{range} p(T)$ 在 T 下不变. ∎

下面的主要结构定理说明，复向量空间上的每个算子都可以看成是由几部分组成的，其中每一部分都是恒等算子的标量倍加上一个幂零算子. 事实上，在广义本征空间 $G(\lambda, T)$ 的讨论中已经完成所有困难的工作，所以现在的证明就简单了.

8.21 复向量空间上算子的刻画

假设 V 是复向量空间，$T \in \mathcal{L}(V)$. 设 $\lambda_1, \ldots, \lambda_m$ 是 T 的不同本征值，则

(a) $V = G(\lambda_1, T) \oplus \cdots \oplus G(\lambda_m, T)$；

(b) 每个 $G(\lambda_j, T)$ 在 T 下都是不变的；

(c) 每个 $(T - \lambda_j I)|_{G(\lambda_j, T)}$ 都是幂零的.

证明 令 $n = \dim V$. 回想一下，对每个 j 有 $G(\lambda_j, T) = \operatorname{null}(T - \lambda_j I)^n$（由于 8.11）. 由 8.20（取 $p(z) = (z - \lambda_j)^n$）可得 (b). 显然，由定义可得 (c).

我们将通过对 n 用归纳法来证明 (a). 首先，注意到结果对 $n = 1$ 成立. 因此假设 $n > 1$ 且结果对所有更小维数的向量空间都成立.

因为 V 是复向量空间，所以 T 有一个本征值（参见 5.21），于是 $m \geq 1$. 将 8.5 应用到 $(T - \lambda_1 I)$ 上得到

8.22 $$V = G(\lambda_1, T) \oplus U,$$

其中 $U = \operatorname{range}(T - \lambda_1 I)^n$. 利用 8.20（取 $p(z) = (z - \lambda_1)^n$），我们看到 U 在 T 下不变. 由于 $G(\lambda_1, T) \neq \{0\}$，我们有 $\dim U < n$. 于是可以对 $T|_U$ 应用归纳假设.

因为 T 的所有相应于 λ_1 的广义本征向量都在 $G(\lambda_1, T)$ 中，所以 $T|_U$ 没有相应于本征值 λ_1 的广义本征向量. 于是 $T|_U$ 的每个本征值都在 $\{\lambda_2, \ldots, \lambda_m\}$ 中.

由归纳假设，$U = G(\lambda_2, T|_U) \oplus \cdots \oplus G(\lambda_m, T|_U)$. 把它与 8.22 结合起来可知，要完成证明，只需证明对 $k = 2, \ldots, m$ 均有 $G(\lambda_k, T|_U) = G(\lambda_k, T)$.

于是，取定 $k \in \{2, \ldots, m\}$. 包含关系 $G(\lambda_k, T|_U) \subset G(\lambda_k, T)$ 是显然的.

要证明另一个方向的包含关系，设 $v \in G(\lambda_k, T)$. 由 8.22 有 $v = v_1 + u$，其中 $v_1 \in G(\lambda_1, T)$ 且 $u \in U$. 由归纳假设有

$$u = v_2 + \cdots + v_m,$$

其中每个 v_j 都在 $G(\lambda_j, T)$ 的子集 $G(\lambda_j, T|_U)$ 中. 于是

$$v = v_1 + v_2 + \cdots + v_m.$$

因为相应于不同本征值的广义本征向量线性无关（参见 8.13），所以由上式可知，除 $j = k$ 外每个 v_j 都等于 0. 特别地，$v_1 = 0$，于是 $v = u \in U$. 因为 $v \in U$，所以有 $v \in G(\lambda_k, T|_U)$. ∎

我们知道，复向量空间上的算子可能没有足够多的本征向量来组成定义域的基. 以下命题表明复向量空间上的算子有足够多的广义本征向量来组成定义域的基.

8.23 广义本征向量的基

设 V 是复向量空间，$T \in \mathcal{L}(V)$. 则 V 有一个由 T 的广义本征向量组成的基.

证明 给 8.21 中的每个 $G(\lambda_j, T)$ 取一个基. 将所有这些基放在一起就得到 V 的一个由 T 的广义本征向量组成基. ∎

本征值的重数

设 V 是复向量空间，$T \in \mathcal{L}(V)$，则由 8.21 给出的 V 的分解是一个强大的工具. 包含在这个分解中的子空间的维数非常重要，应有一个名字.

8.24 定义 重数（multiplicity）

- 设 $T \in \mathcal{L}(V)$. T 的本征值 λ 的**重数**定义为相应的广义本征空间 $G(\lambda, T)$ 的维数.
- 也就是说，T 的本征值 λ 的重数等于 $\dim \operatorname{null}(T - \lambda I)^{\dim V}$.

由 8.11 可知，上面的第二条是合理的.

8.25 例 定义 $T \in \mathcal{L}(\mathbf{C}^3)$ 为

$$T(z_1, z_2, z_3) = (6z_1 + 3z_2 + 4z_3, 6z_2 + 2z_3, 7z_3).$$

T（关于标准基）的矩阵是

$$\begin{pmatrix} 6 & 3 & 4 \\ 0 & 6 & 2 \\ 0 & 0 & 7 \end{pmatrix}.$$

由 5.32 可知，T 的本征值是 6 和 7. 请自行验证，T 的广义本征空间是

$$G(6,T) = \text{span}\big((1,0,0),(0,1,0)\big) \quad 和 \quad G(7,T) = \text{span}\big((10,2,1)\big).$$

于是，本征值 6 的重数为 2，本征值 7 的重数为 1.

由 8.21，有直和分解 $\mathbf{C}^3 = G(6,T) \oplus G(7,T)$. 如 8.23 提到的那样，$\mathbf{C}^3$ 有一个由 T 的广义本征向量组成的的基 $(1,0,0),(0,1,0),(10,2,1)$.

上例中 T 的本征值的重数之和等于 3，即 T 的定义域的维数. 以下定理表明这在复向量空间上总成立.

8.26 重数之和等于 $\dim V$

设 V 是复向量空间，$T \in \mathcal{L}(V)$. 则 T 的所有本征值的重数之和等于 $\dim V$.

证明 由 8.21 与直和维数的那个明显的公式（参见 3.78 或 2.C 节的习题 16），即可证得想要的结果. ∎

在某些书中，使用**代数重数**和**几何重数**这两个术语. 如果遇到这些术语，要知道，代数重数与这里定义的重数是一样的，几何重数是相应的本征空间的维数. 也就是说，若 $T \in \mathcal{L}(V)$，λ 是 T 的本征值，则

$$\lambda \text{ 的代数重数} = \dim \text{null}(T - \lambda I)^{\dim V} = \dim G(\lambda, T),$$

$$\lambda \text{ 的几何重数} = \dim \text{null}(T - \lambda I) = \dim E(\lambda, T).$$

注意，按照以上定义，代数重数作为某个零空间的维数也有几何意义. 这里给出的重数的定义比涉及行列式的传统定义更整洁. 由 10.25 可知这些定义是等价的.

分块对角矩阵

> 将矩阵看作由更小的矩阵组成的矩阵，我们就可以更好地理解矩阵.

为了用矩阵形式来解释我们的结果，我们提出以下定义，它推广了对角矩阵的概念.

若下面定义中的每个矩阵 A_j 是 1×1 矩阵，则实际上得到一个对角矩阵.

8.27 定义 分块对角矩阵（block diagonal matrix）

分块对角矩阵是形如

$$\begin{pmatrix} A_1 & & 0 \\ & \ddots & \\ 0 & & A_m \end{pmatrix}$$

的方阵，其中 $A_1, \ldots, A_m$ 位于对角线上且为方阵，矩阵的所有其他元素都等于 0.

8.28 例 5×5 矩阵

$$A = \begin{pmatrix} \begin{pmatrix} 4 \end{pmatrix} & 0 & 0 & 0 & 0 \\ 0 & \begin{pmatrix} 2 & -3 \\ 0 & 2 \end{pmatrix} & & 0 & 0 \\ 0 & 0 & 0 & \begin{pmatrix} 1 & 7 \\ 0 & 1 \end{pmatrix} \end{pmatrix}$$

是分块对角矩阵

$$A = \begin{pmatrix} A_1 & & 0 \\ & A_2 & \\ 0 & & A_3 \end{pmatrix},$$

其中

$$A_1 = \begin{pmatrix} 4 \end{pmatrix}, \quad A_2 = \begin{pmatrix} 2 & -3 \\ 0 & 2 \end{pmatrix}, \quad A_3 = \begin{pmatrix} 1 & 7 \\ 0 & 1 \end{pmatrix}.$$

这里, 我们将 5×5 矩阵分解成一块一块的的内部矩阵, 以便说明它如何看作一个分块对角矩阵.

注意, 在以下命题中, T 的矩阵比上三角矩阵有更多的零.

8.29 具有上三角块的分块对角矩阵

假设 V 是复向量空间, $T \in \mathcal{L}(V)$. 设 $\lambda_1, \ldots, \lambda_m$ 是 T 的所有互不相同的本征值, 重数分别为 $d_1, \ldots, d_m$. 则 V 有一个基使得 T 关于这个基有分块对角矩阵

$$\begin{pmatrix} A_1 & & 0 \\ & \ddots & \\ 0 & & A_m \end{pmatrix},$$

其中每个 A_j 都是如下所示的 $d_j \times d_j$ 上三角矩阵:

$$A_j = \begin{pmatrix} \lambda_j & & * \\ & \ddots & \\ 0 & & \lambda_j \end{pmatrix}.$$

证明 每个 $(T - \lambda_j I)|_{G(\lambda_j, T)}$ 都是幂零的 (参见 8.21(c)). 对每个 j, $G(\lambda_j, T)$ 是 d_j 维向量空间, 取 $G(\lambda_j, T)$ 的一个基, 使得 $(T - \lambda_j I)|_{G(\lambda_j, T)}$ 关于这个基的矩阵形如 8.19. 于是, $T|_{G(\lambda_j, T)}$ [等于 $(T - \lambda_j I)|_{G(\lambda_j, T)} + \lambda_j I|_{G(\lambda_j, T)}$] 关于这个基的矩阵就是上面给出的 A_j 的形式.

　　将这些 $G(\lambda_j, T)$ 的基放在一起就组成 V 的一个基（根据 8.21(a)）. T 关于这个基的矩阵就具有想要的形式. ■

　　8.28 中的 5×5 矩阵就是 8.29 中提到的形式，其中每个块都是对角线元素相同的上三角矩阵. 若 T 是 5 维向量空间上的一个算子，其矩阵如 8.28 中的形式，则 T 的本征值是 $4, 2, 1$（由 5.32 即可得），重数分别为 $1, 2, 2$.

8.30 例　设 $T \in \mathcal{L}(\mathbf{C}^3)$ 定义为
$$T(z_1, z_2, z_3) = (6z_1 + 3z_2 + 4z_3, 6z_2 + 2z_3, 7z_3).$$
T（关于标准基）的矩阵是
$$\begin{pmatrix} 6 & 3 & 4 \\ 0 & 6 & 2 \\ 0 & 0 & 7 \end{pmatrix},$$
这是一个上三角矩阵，然而它并不是 8.29 给出的形式.

　　如 8.25 中所见，T 的本征值为 6 和 7，相应的广义本征空间是
$$G(6, T) = \operatorname{span}\big((1, 0, 0), (0, 1, 0)\big) \quad 和 \quad G(7, T) = \operatorname{span}\big((10, 2, 1)\big).$$
我们也看到 $\mathbf{C}^3$ 的由 T 的广义本征向量组成的基是
$$(1, 0, 0), (0, 1, 0), (10, 2, 1).$$
T 关于这个基的矩阵是
$$\begin{pmatrix} \begin{pmatrix} 6 & 3 \\ 0 & 6 \end{pmatrix} & 0 \\ 0 & 0 & \begin{pmatrix} 7 \end{pmatrix} \end{pmatrix},$$
这是由 8.29 给出的具有上三角块的分块对角矩阵.

　　在 8.D 节讨论若尔当形时将看到，可以找到一个基使得算子 T 关于这个基有一个矩阵，它比 8.29 给出的矩阵有更多的 0. 然而，8.29 与其等价命题 8.21 已经非常有用. 例如，下一小节将利用 8.21 证明复向量空间上每个可逆算子都有平方根.

平方根

　　回想一下，算子 $T \in \mathcal{L}(V)$ 的平方根是满足 $R^2 = T$ 的算子 $R \in \mathcal{L}(V)$（参见 7.33）. 每个复数都有平方根，但复向量空间上的算子并不都有平方根. 例如，在 8.A 节的习题 6 中，$\mathbf{C}^3$ 上的那个算子就没有平方根. 我们很快就会看到，这个算子的不可逆性并不是偶然的. 我们首先证明，恒等算子加上一个幂零算子总有平方根.

8.31　恒等加幂零有平方根

设 $N \in \mathcal{L}(V)$ 是幂零的，则 $(I + N)$ 有平方根.

证明 考虑函数 $\sqrt{1+x}$ 的泰勒级数

8.32
$$\sqrt{1+x} = 1 + a_1 x + a_2 x^2 + \cdots.$$

我们无需找出系数的显式公式，也不用担心这个无限和是否收敛，因为我们只想从中受些启发。

> 因为 $a_1 = 1/2$，所以上面的公式表明，当 x 很小时 $1 + x/2$ 是 $\sqrt{1+x}$ 的一个很好的估计。

因为 N 是幂零的，所以存在正整数 m 使得 $N^m = 0$. 在 8.32 中，如果用 N 替换 x，用 I 替换 1，则右端的无限和就成为一个有限和（因为对所有的 $j \geq m$ 都有 $N^j = 0$）。也就是说，可以猜测 $(I + N)$ 有形如

$$I + a_1 N + a_2 N^2 + \cdots + a_{m-1} N^{m-1}.$$

的平方根。根据这个猜测，试取 $a_1, a_2, \ldots, a_{m-1}$ 使得上面算子的平方等于 $(I + N)$. 现在

$$(I + a_1 N + a_2 N^2 + a_3 N^3 + \cdots + a_{m-1} N^{m-1})^2$$
$$= I + 2a_1 N + (2a_2 + a_1{}^2)N^2 + (2a_3 + 2a_1 a_2)N^3 + \cdots$$
$$+ (2a_{m-1} + 包含\ a_1, \ldots, a_{m-2}\ 的项)N^{m-1}.$$

我们希望上式的右端等于 $(I + N)$. 于是，取 a_1 使得 $2a_1 = 1$（从而 $a_1 = 1/2$）。再取 a_2 使得 $2a_2 + a_1{}^2 = 0$（从而 $a_2 = -1/8$）。然后再取 a_3 使得上式右端 N^3 的系数等于 0（从而 $a_3 = 1/16$）。对 $j = 4, \ldots, m-1$ 如此进行下去，每一步都解出一个 a_j 使得上式右端 N^j 的系数等于 0. 事实上，我们并不关心这些 a_j 的显式公式，只需知道这些 a_j 的选取给出 $(I + N)$ 的一个平方根。∎

以上引理对实向量空间和复向量空间都成立，但以下命题却只对复向量空间成立。例如，一维实向量空间 **R** 上乘以 -1 的算子没有平方根。

8.33 C 上的可逆算子有平方根

设 V 是复向量空间。如果 $T \in \mathcal{L}(V)$ 是可逆的，则 T 有平方根。

证明 设 $\lambda_1, \ldots, \lambda_m$ 是 T 的所有互不相同的本征值。对每个 j 都存在一个幂零算子 $N_j \in \mathcal{L}(G(\lambda_j, T))$ 使得 $T|_{G(\lambda_j, T)} = \lambda_j I + N_j$（参见 8.21(c)）。因为 T 是可逆的，所以每个 λ_j 都不等于 0，于是对每个 j 都有

$$T|_{G(\lambda_j, T)} = \lambda_j\left(I + \frac{N_j}{\lambda_j}\right).$$

显然 N_j/λ_j 是幂零的，于是 $(I + N_j/\lambda_j)$ 有平方根（由于 8.31）。用复数 λ_j 的一个平方根乘以 $(I + N_j/\lambda_j)$ 的一个平方根就得到 $T|_{G(\lambda_j, T)}$ 的一个平方根 R_j.

向量 $v \in V$ 可以唯一地写成

$$v = u_1 + \cdots + u_m,$$

其中每个 u_j 都属于 $G(\lambda_j, T)$（参见 8.21）。利用这个分解，定义算子 $R \in \mathcal{L}(V)$ 为

$$Rv = R_1 u_1 + \cdots + R_m u_m.$$

请自行验证，这个算子 R 是 T 的平方根. ∎

仿照本节的方法能够证明：如果 V 是复向量空间，$T \in \mathcal{L}(V)$ 是可逆的，那么对每个正整数 k，T 都有 k 次方根.

习题 8.B

1 设 V 是复向量空间，$N \in \mathcal{L}(V)$ 且 0 是 N 仅有的本征值. 证明 N 是幂零的.

2 找出有限维实向量空间上的一个算子 T，使得 0 是 T 仅有的本征值，但 T 不是幂零的.

3 设 $T \in \mathcal{L}(V)$. 设 $S \in \mathcal{L}(V)$ 是可逆的. 证明 T 和 $S^{-1}TS$ 有相同的本征值，且它们的重数也相同.

4 设 V 是 n 维复向量空间，T 是 V 上的算子使得 $\operatorname{null} T^{n-2} \neq \operatorname{null} T^{n-1}$. 证明 T 最多有两个不同的本征值.

5 设 V 是复向量空间，$T \in \mathcal{L}(V)$. 证明：V 有一个由 T 的本征向量组成的基当且仅当 T 的每个广义本征向量都是 T 的本征向量.

对于 $\mathbf{F} = \mathbf{C}$，本题给 5.41 的等价条件列表添加了一个等价条件.

6 定义 $N \in \mathcal{L}(\mathbf{F}^5)$ 为

$$N(x_1, x_2, x_3, x_4, x_5) = (2x_2, 3x_3, -x_4, 4x_5, 0).$$

求 $(I + N)$ 的一个平方根.

7 设 V 是复向量空间. 证明 V 上的每个可逆算子都有三次方根.

8 设 $T \in \mathcal{L}(V)$，3 和 8 都是 T 的本征值. 令 $n = \dim V$. 证明：

$$V = (\operatorname{null} T^{n-2}) \oplus (\operatorname{range} T^{n-2}).$$

9 设 A 和 B 是形如

$$A = \begin{pmatrix} A_1 & & 0 \\ & \ddots & \\ 0 & & A_m \end{pmatrix}, \quad B = \begin{pmatrix} B_1 & & 0 \\ & \ddots & \\ 0 & & B_m \end{pmatrix}$$

的分块对角矩阵，对于 $j = 1, \ldots, m$，A_j 与 B_j 大小相同. 证明：AB 是分块对角矩阵

$$AB = \begin{pmatrix} A_1 B_1 & & 0 \\ & \ddots & \\ 0 & & A_m B_m \end{pmatrix}.$$

10 设 $\mathbf{F} = \mathbf{C}$，$T \in \mathcal{L}(V)$. 证明：存在 $D, N \in \mathcal{L}(V)$ 使得 $T = D + N$，算子 D 是可对角化的，N 是幂零的，$DN = ND$.

11 设 $T \in \mathcal{L}(V)$，$\lambda \in \mathbf{F}$. 证明：对 V 的每个使得 T 有上三角矩阵的基，λ 出现在 T 的矩阵的对角线上的次数等于 λ 作为 T 的本征值的重数.

8.C 特征多项式和极小多项式

凯莱–哈密顿定理

如果 $\mathbf{F} = \mathbf{C}$，以下定义把 V 上的每个算子和一个多项式联系在一起. 对于 $\mathbf{F} = \mathbf{R}$，相应的定义将会在下一章给出.

> **8.34 定义　特征多项式**（characteristic polynomial）
>
> 设 V 是复向量空间，$T \in \mathcal{L}(V)$. 令 $\lambda_1, \ldots, \lambda_m$ 表示 T 的所有互不相同的本征值，重数分别为 $d_1, \ldots, d_m$. 多项式
> $$(z - \lambda_1)^{d_1} \cdots (z - \lambda_m)^{d_m}$$
> 称为 T 的**特征多项式**.

8.35 例　设 $T \in \mathcal{L}(\mathbf{C}^3)$ 是例 8.25 中定义的算子. 由于 T 的本征值为 6 和 7，重数是 2 和 1，于是 T 的特征多项式是 $(z - 6)^2 (z - 7)$.

> **8.36 特征多项式的次数和零点**
>
> 设 V 是复向量空间，$T \in \mathcal{L}(V)$. 则
> (a) T 的特征多项式的次数等于 $\dim V$;
> (b) T 的特征多项式的零点恰好是 T 的本征值.

证明 显然 (a) 由 8.26 可得，而 (b) 由特征多项式的定义可得. ∎

大部分教材利用行列式来定义特征多项式（由 10.25 可知，这两个定义是等价的）. 这里采用的方法更简单，并且由此得到凯莱–哈密顿定理的一个简单证明. 在下一章，我们将看到这个定理对于实向量空间也成立（参见 9.24）.

> **8.37 凯莱–哈密顿定理**
>
> 设 V 是复向量空间，$T \in \mathcal{L}(V)$. 令 q 表示 T 的特征多项式. 则 $q(T) = 0$.

证明 设 $\lambda_1, \ldots, \lambda_m$ 是算子 T 的所有不同的本征值，设 $d_1, \ldots, d_m$ 是相应的广义本征空间 $G(\lambda_1, T), \ldots, G(\lambda_m, T)$ 的维数. 对于每个 $j \in \{1, \ldots, m\}$，我们知道 $(T - \lambda_j I)|_{G(\lambda_j, T)}$ 是幂零的. 由于 8.18，$(T - \lambda_j I)^{d_j}|_{G(\lambda_j, T)} = 0$.

根据 8.21，V 中每个向量都是 $G(\lambda_1, T), \ldots, G(\lambda_m, T)$ 中的向量之和. 因此要证明 $q(T) = 0$，只需说明对每个 j 都有 $q(T)|_{G(\lambda_j, T)} = 0$.

1842 年英国数学家阿瑟·凯莱（1821－1895）完成了他的学士学位，此前他已经发表了三篇数学论文. 1827 年爱尔兰数学家威廉·罗恩·哈密顿（1805－1865）成为教授，当时他 22 岁，还是一名本科生!

取定 $j \in \{1, \ldots, m\}$. 我们有

$$q(T) = (T - \lambda_1 I)^{d_1} \cdots (T - \lambda_m I)^{d_m}.$$

上面等式右边的算子是交换的，因此可以把因子 $(T - \lambda_j I)^{d_j}$ 移到右边表达式的最后一项. 由于 $(T - \lambda_j I)^{d_j}|_{G(\lambda_j, T)} = 0$，所以 $q(T)|_{G(\lambda_j, T)} = 0$. ∎

极小多项式

本小节引入与每个算子相联系的另一个重要的多项式. 先从以下定义开始.

8.38 定义 首一多项式（monic polynomial）

首一多项式是指最高次数的项的系数为 1 的多项式.

8.39 例 多项式 $2 + 9z^2 + z^7$ 是 7 次首一多项式.

8.40 极小多项式

设 $T \in \mathcal{L}(V)$. 则存在唯一一个次数最小的首一多项式 p 使得 $p(T) = 0$.

证明 设 $n = \dim V$. 则组

$$I, T, T^2, \ldots, T^{n^2}$$

在 $\mathcal{L}(V)$ 中不可能是线性无关的，因为向量空间 $\mathcal{L}(V)$ 的维数是 n^2（参见 3.61），而这个组的长度是 $n^2 + 1$. 设 m 是使得组

8.41 $$I, T, T^2, \ldots, T^m$$

线性相关的最小的正整数. 线性相关性引理 2.21 表明在上述组中有一个算子是它前面的那些算子的线性组合. 因为 m 是使得上述组线性相关的最小正整数，所以 T^m 是 $I, T, T^2, \ldots, T^{m-1}$ 的线性组合. 于是有标量 $a_0, a_1, a_2, \ldots, a_{m-1} \in \mathbf{F}$ 使得

8.42 $$a_0 I + a_1 T + a_2 T^2 + \cdots + a_{m-1} T^{m-1} + T^m = 0.$$

定义首一多项式 $p \in \mathcal{P}(\mathbf{F})$ 为

$$p(z) = a_0 + a_1 z + a_2 z^2 + \cdots + a_{m-1} z^{m-1} + z^m.$$

则 8.42 表明 $p(T) = 0$.

要证明上述结果的唯一性，注意到 m 的选取表明没有次数小于 m 的首一多项式 $q \in \mathcal{P}(\mathbf{F})$ 满足 $q(T) = 0$. 假设 $q \in \mathcal{P}(\mathbf{F})$ 是次数为 m 的首一多项式，而且 $q(T) = 0$. 那么 $(p - q)(T) = 0$ 且 $\deg(p - q) < m$. 现在 m 的最小性表明 $q = p$. ∎

上述命题保证了下面定义的合理性.

8.43 定义 极小多项式（minimal polynomial）

设 $T \in \mathcal{L}(V)$. 则 T 的**极小多项式**是唯一一个使得 $p(T) = 0$ 的次数最小的首一多项式 p.

上述命题的证明表明，V 上每个算子的极小多项式的次数最多为 $(\dim V)^2$. 凯莱–哈密顿定理 8.37 告诉我们，如果 V 是复向量空间，则 V 上每个算子的极小多项式的次数最多为 $\dim V$. 下一章将会看到这一显著的改进对实向量空间也成立.

假设已知某个算子 $T \in \mathcal{L}(V)$（关于某个基）的矩阵. 可以通过计算机程序求 T 的极小多项式：对 $m = 1, 2, \ldots$，相继地考虑线性方程组

8.44
$$a_0 \mathcal{M}(I) + a_1 \mathcal{M}(T) + \cdots + a_{m-1} \mathcal{M}(T)^{m-1} = -\mathcal{M}(T)^m,$$

直到这个方程组有一个解 $a_0, a_1, a_2, \ldots, a_{m-1}$. 于是标量 $a_0, a_1, a_2, \ldots, a_{m-1}, 1$ 就是 T 的极小多项式的系数. 所有这些都可以利用像高斯消元法这种熟悉且（对计算机而言）快速的方法来计算.

> 可以把 8.44 看作是关于 m 个变量 $a_0, a_1, \ldots, a_{m-1}$ 的 $(\dim V)^2$ 个线性方程组成的方程组.

8.45 例 设 T 是 $\mathbf{C}^5$ 上的算子，它（关于标准基）的矩阵是

$$\begin{pmatrix} 0 & 0 & 0 & 0 & -3 \\ 1 & 0 & 0 & 0 & 6 \\ 0 & 1 & 0 & 0 & 0 \\ 0 & 0 & 1 & 0 & 0 \\ 0 & 0 & 0 & 1 & 0 \end{pmatrix}.$$

求 T 的极小多项式.

解 因为这个矩阵有大量的 0，所以这里不需要高斯消元法. 只需简单地计算 $\mathcal{M}(T)$ 的各次幂，并注意到，直到 $m = 5$ 时 8.44 才有解. 通过计算可知，T 的极小多项式等于 $z^5 - 6z + 3$.

以下命题完全刻画了作用在一个算子上等于 0 的多项式.

8.46 $q(T) = 0$ 表明 q 是极小多项式的一个倍式

设 $T \in \mathcal{L}(V)$，$q \in \mathcal{P}(\mathbf{F})$. 则 $q(T) = 0$ 当且仅当 q 是 T 的极小多项式的多项式倍.

证明 设 p 是 T 的极小多项式.

首先证明容易的一方面. 设 q 是 p 的多项式倍. 则存在一个多项式 $s \in \mathcal{P}(\mathbf{F})$ 使得 $q = ps$. 于是

$$q(T) = p(T)s(T) = 0\,s(T) = 0.$$

要证明另一个方面，设 $q(T) = 0$. 根据多项式的带余除法 4.8，存在多项式 $s, r \in \mathcal{P}(\mathbf{F})$ 使得

8.47 $$q = ps + r$$

且 $\deg r < \deg p$. 于是

$$0 = q(T) = p(T)s(T) + r(T) = r(T).$$

由上式可得 $r = 0$（若不然，令 r 除以它的最高次项系数将得到一个首一多项式，作用到 T 上为 0. 这个多项式将有比极小多项式更低的次数，矛盾）. 因此 8.47 成为 $q = ps$，即 q 是 p 的多项式倍. ∎

以下命题只对复向量空间陈述，因为我们尚未对 $\mathbf{F} = \mathbf{R}$ 的情况定义特征多项式. 然而，在下一章将会看到这个结果对实向量空间也成立.

8.48 特征多项式是极小多项式的多项式倍

设 $\mathbf{F} = \mathbf{C}$，$T \in \mathcal{L}(V)$. 则 T 的特征多项式是 T 的极小多项式的多项式倍.

证明 由 8.46 和凯莱–哈密顿定理 8.37 立即可得. ∎

我们知道（至少当 $\mathbf{F} = \mathbf{C}$ 时）T 的特征多项式的零点恰好是 T 的本征值（参见 8.36）. 现在我们要证明极小多项式有同样的零点（尽管这些零点的重数可能不同）.

8.49 本征值是极小多项式的零点

设 $T \in \mathcal{L}(V)$. 则 T 的极小多项式的零点恰好是 T 的本征值.

证明 设

$$p(z) = a_0 + a_1 z + a_2 z^2 + \cdots + a_{m-1} z^{m-1} + z^m$$

是 T 的极小多项式.

首先，设 $\lambda \in \mathbf{F}$ 是 p 的一个零点. 则 p 可以写成

$$p(z) = (z - \lambda)q(z),$$

其中 q 是系数在 $\mathbf{F}$ 中的首一多项式（参见 4.11）. 因为 $p(T) = 0$，所以对所有 $v \in V$ 都有

$$0 = (T - \lambda I)(q(T)v).$$

又因为 q 的次数小于极小多项式 p 的次数，所以至少存在一个向量 $v \in V$ 使得 $q(T)v \neq 0$. 于是由上面的等式可知，λ 是 T 的本征值.

要证明另一个方面，假设 $\lambda \in \mathbf{F}$ 是 T 的本征值. 于是存在 $v \in V$ 且 $v \neq 0$ 使得 $Tv = \lambda v$. 用 T 反复作用等式两端可知，对每个非负整数 j 都有 $T^j v = \lambda^j v$. 因此

$$0 = p(T)v = (a_0I + a_1T + a_2T^2 + \cdots + a_{m-1}T^{m-1} + T^m)v$$
$$= (a_0 + a_1\lambda + a_2\lambda^2 + \cdots + a_{m-1}\lambda^{m-1} + \lambda^m)v$$
$$= p(\lambda)v.$$

因为 $v \neq 0$,所以由上面的等式得 $p(\lambda) = 0$. ∎

下面三个例子说明我们的结果如何用于求极小多项式,以及用于了解某些算子的本征值为什么不能精确地计算.

8.50 例 求例 8.30 中算子 $T \in \mathcal{L}(\mathbf{C}^3)$ 的极小多项式.

解 在例 8.30 中注意到 T 的本征值是 6 和 7. 于是由 8.49,T 的极小多项式是 $(z-6)(z-7)$ 的多项式倍.

在例 8.35 中,我们看到 T 的特征多项式是 $(z-6)^2(z-7)$. 于是由 8.48 和上一段,T 的极小多项式是 $(z-6)(z-7)$ 或者 $(z-6)^2(z-7)$. 简单的计算表明
$$(T - 6I)(T - 7I) \neq 0.$$
因此 T 的极小多项式是 $(z-6)^2(z-7)$.

8.51 例 定义 $T \in \mathcal{L}(\mathbf{C}^3)$ 为 $T(z_1, z_2, z_3) = (6z_1, 6z_2, 7z_3)$,求 T 的极小多项式.

解 容易看出算子 T 的本征值是 6 和 7,特征多项式是 $(z-6)^2(z-7)$.

于是,和上例一样,T 的极小多项式是 $(z-6)(z-7)$ 或者 $(z-6)^2(z-7)$. 简单的计算表明
$$(T - 6I)(T - 7I) = 0.$$
因此 T 的极小多项式是 $(z-6)(z-7)$.

8.52 例 例 8.45 中的算子的本征值是什么?

解 由 8.49 和例 8.45 的解可知,T 的本征值与方程
$$z^5 - 6z + 3 = 0$$
的解是一样的. 可惜这个方程的解不能用有理数、有理数的根以及通常的算术运算表示(其证明远远超出了线性代数的范围). 因此无法用我们所熟悉的形式给出 T 的任何本征值的准确表达. 数值方法可以给出 T 的很好的近似本征值:
$$-1.67, \quad 0.51, \quad 1.40, \quad -0.12 + 1.59i, \quad -0.12 - 1.59i,$$
但我们在这里不讨论数值方法. 就像实系数多项式一样(参见 4.15),非实数本征值与其复共轭是成对出现的.

习题 8.C

1 设 $T \in \mathcal{L}(\mathbf{C}^4)$ 的本征值是 $3,5,8$. 证明 $(T-3I)^2(T-5I)^2(T-8I)^2 = 0$.

2 设 V 是复向量空间, 5 和 6 是 $T \in \mathcal{L}(V)$ 仅有的本征值. 令 $n = \dim V$. 证明 $(T-5I)^{n-1}(T-6I)^{n-1} = 0$.

3 找出一个 $\mathbf{C}^4$ 上的算子, 其特征多项式是 $(z-7)^2(z-8)^2$.

4 找出一个 $\mathbf{C}^4$ 上的算子, 其特征多项式是 $(z-1)(z-5)^3$, 极小多项式是 $(z-1)(z-5)^2$.

5 找出一个 $\mathbf{C}^4$ 上的算子, 其特征多项式和极小多项式都是 $z(z-1)^2(z-3)$.

6 找出一个 $\mathbf{C}^4$ 上的算子, 其特征多项式是 $z(z-1)^2(z-3)$, 极小多项式是 $z(z-1)(z-3)$.

7 设 V 是复向量空间, $P \in \mathcal{L}(V)$ 使得 $P^2 = P$. 令 $m = \dim \operatorname{null} P$, $n = \dim \operatorname{range} P$. 证明 P 的特征多项式是 $z^m(z-1)^n$.

8 设 $T \in \mathcal{L}(V)$. 证明: T 是可逆的当且仅当 T 的极小多项式的常数项非零.

9 设 $T \in \mathcal{L}(V)$ 有极小多项式 $4+5z-6z^2-7z^3+2z^4+z^5$. 求 T^{-1} 的极小多项式.

10 设 V 是复向量空间, $T \in \mathcal{L}(V)$ 是可逆的. 令 p 表示 T 的特征多项式, q 表示 T^{-1} 的特征多项式. 证明: 对所有非零的 $z \in \mathbf{C}$ 都有
$$q(z) = \frac{1}{p(0)} z^{\dim V} p\left(\frac{1}{z}\right).$$

11 设 $T \in \mathcal{L}(V)$ 是可逆的. 证明存在多项式 $p \in \mathcal{P}(\mathbf{F})$ 使得 $T^{-1} = p(T)$.

12 设 V 是复向量空间, $T \in \mathcal{L}(V)$. 证明: V 有一个由 T 的本征向量组成的基当且仅当 T 的极小多项式没有重复的零点.

对于复向量空间, 本题给 5.41 的等价条件列表添加了一个等价条件.

13 设 V 是内积空间, $T \in \mathcal{L}(V)$ 是正规的. 证明 T 的极小多项式没有重复的零点.

14 设 V 是复内积空间, $S \in \mathcal{L}(V)$ 是等距同构. 证明 S 的特征多项式的常数项绝对值为 1.

15 设 $T \in \mathcal{L}(V)$, $v \in V$.

(a) 证明: 存在唯一一个具有最小次数的首一多项式 p 使得 $p(T)v = 0$.

(b) 证明: p 整除 T 的极小多项式.

16 设 V 是内积空间, $T \in \mathcal{L}(V)$. 设 T 的极小多项式是
$$a_0 + a_1 z + a_2 z^2 + \cdots + a_{m-1}z^{m-1} + z^m.$$
证明: T^* 的极小多项式是
$$\overline{a_0} + \overline{a_1} z + \overline{a_2} z^2 + \cdots + \overline{a_{m-1}}z^{m-1} + z^m.$$

17 设 $\mathbf{F} = \mathbf{C}$, $T \in \mathcal{L}(V)$. 设 T 的极小多项式的次数是 $\dim V$. 证明 T 的特征多项式等于 T 的极小多项式.

18 设 $a_0, \ldots, a_{n-1} \in \mathbf{C}$. 设 $T \in \mathcal{L}(\mathbf{C}^n)$（关于标准基）的矩阵是

$$\begin{pmatrix} 0 & & & & -a_0 \\ 1 & 0 & & & -a_1 \\ & 1 & \ddots & & -a_2 \\ & & \ddots & & \vdots \\ & & & 0 & -a_{n-2} \\ & & & 1 & -a_{n-1} \end{pmatrix}.$$

求 T 的极小多项式和特征多项式.

本题表明每个首一多项式都是某个算子的特征多项式.

19 设 V 是复向量空间, $T \in \mathcal{L}(V)$. 设 T 关于 V 的某个基的矩阵是上三角的, 这个矩阵的对角线元素是 $\lambda_1, \ldots, \lambda_n$. 证明 T 的特征多项式是 $(z - \lambda_1) \cdots (z - \lambda_n)$.

20 设 V 是复向量空间, $V_1, \ldots, V_m$ 都是 V 的非零子空间使得 $V = V_1 \oplus \cdots \oplus V_m$. 设 $T \in \mathcal{L}(V)$, 每个 V_j 在 T 下不变. 对每个 j, 令 p_j 表示 $T|_{V_j}$ 的特征多项式. 证明 T 的特征多项式是 $p_1 \cdots p_m$.

8.D 若尔当形

我们知道, 如果 V 是复向量空间, 那么对于每个 $T \in \mathcal{L}(V)$, V 都有一个基使得 T 关于这个基有较好形式的上三角矩阵（参见 8.29）. 本节将会得到更好的结论: V 有一个基, 使得 T 关于这个基的矩阵, 除了对角线以及紧位于对角线上方的元素之外, 其余元素都为 0.

首先来看幂零算子的两个例子.

8.53 例 设 $N \in \mathcal{L}(\mathbf{F}^4)$ 是定义为

$$N(z_1, z_2, z_3, z_4) = (0, z_1, z_2, z_3)$$

的幂零算子. 如果 $v = (1, 0, 0, 0)$, 则 $N^3 v, N^2 v, Nv, v$ 是 $\mathbf{F}^4$ 的基. N 关于这个基的矩阵是

$$\begin{pmatrix} 0 & 1 & 0 & 0 \\ 0 & 0 & 1 & 0 \\ 0 & 0 & 0 & 1 \\ 0 & 0 & 0 & 0 \end{pmatrix}.$$

幂零算子的下一个例子更复杂.

8.54 例 设 $N \in \mathcal{L}(\mathbf{F}^6)$ 是定义为

$$N(z_1, z_2, z_3, z_4, z_5, z_6) = (0, z_1, z_2, 0, z_4, 0)$$

的幂零算子. 不像上例中的幂零算子有好的性质, 这个幂零算子没有向量 $v \in \mathbf{F}^6$ 使得 $N^5 v, N^4 v, N^3 v, N^2 v, N v, v$ 是 $\mathbf{F}^6$ 的基. 但是, 如果取 $v_1 = (1, 0, 0, 0, 0, 0)$, $v_2 = (0, 0, 0, 1, 0, 0)$, $v_3 = (0, 0, 0, 0, 0, 1)$, 则 $N^2 v_1, N v_1, v_1, N v_2, v_2, v_3$ 是 $\mathbf{F}^6$ 的基. N 关于这个基的矩阵是

$$\left(\begin{array}{ccc|cc|c} \begin{pmatrix} 0 & 1 & 0 \\ 0 & 0 & 1 \\ 0 & 0 & 0 \end{pmatrix} & & & 0 & 0 & 0 \\ & & & \begin{pmatrix} 0 & 1 \\ 0 & 0 \end{pmatrix} & & 0 \\ 0 & 0 & 0 & 0 & 0 & \begin{pmatrix} 0 \end{pmatrix} \end{array} \right).$$

这里, 矩阵内部被分成一块一块的, 旨在说明可以将上面的 6×6 矩阵看作一个分块对角矩阵: 它包含一个 3×3 块, 此块对角线上方的元素为 1, 其余元素为 0; 一个 2×2 块, 此块对角线上方的元素为 1, 其余元素为 0; 一个 1×1 块, 元素为 0.

以下命题表明, 每个幂零算子 $N \in \mathcal{L}(V)$ 都与上例性质相似. 具体来说, 存在有限个向量 $v_1, \ldots, v_n \in V$, 使得 V 有一个由形如 $N^k v_j$ 的向量组成的基, 其中 j 从 1 取到 n, k (以相反的顺序) 从 0 取到使得 $N^{m_j} v_j \neq 0$ 的最大的非负整数 m_j. 以下命题的矩阵解释, 参见 8.60 的证明的第一部分.

8.55 对应于幂零算子的基

设 $N \in \mathcal{L}(V)$ 是幂零的. 则存在向量 $v_1, \ldots, v_n \in V$ 和非负整数 $m_1, \ldots, m_n$ 使得

(a) $N^{m_1} v_1, \ldots, N v_1, v_1, \ldots, N^{m_n} v_n, \ldots, N v_n, v_n$ 是 V 的基;

(b) $N^{m_1+1} v_1 = \cdots = N^{m_n+1} v_n = 0$.

证明 对 $\dim V$ 用归纳法. 首先注意到, 若 $\dim V = 1$ 则结论显然成立 (在这种情况下, 仅有的幂零算子是 0 算子, 于是可以将 v_1 取为任意非零向量, 令 $m_1 = 0$). 现在假设 $\dim V > 1$ 且结论对所有维数更小的向量空间都成立.

因为 N 是幂零的, 所以 N 不是单的. 由于 3.69, N 不是满的, 因此 $\operatorname{range} N$ 是 V 的维数比 V 小的子空间. 于是我们可以对限制算子 $N|_{\operatorname{range} N} \in \mathcal{L}(\operatorname{range} N)$ 应用归纳法假设. (可以忽略 $\operatorname{range} N = \{0\}$ 这种平凡情况, 因为在这种情况下, N 是 0 算子, 将 $v_1, \ldots, v_n$ 取为 V 的任意基, 令 $m_1 = \cdots = m_n = 0$, 即得所求.)

将我们的归纳法假设应用到 $N|_{\operatorname{range} N}$ 可知, 存在向量 $v_1, \ldots, v_n \in \operatorname{range} N$ 和非负整数 $m_1, \ldots, m_n$ 使得

8.56 $\qquad\qquad N^{m_1} v_1, \ldots, N v_1, v_1, \ldots, N^{m_n} v_n, \ldots, N v_n, v_n$

是 range N 的基，且

$$N^{m_1+1}v_1 = \cdots = N^{m_n+1}v_n = 0.$$

因为每个 v_j 都属于 range N，所以对每个 j 都存在 $u_j \in V$ 使得 $v_j = Nu_j$. 于是对每个 j 和每个非负整数 k 都有 $N^{k+1}u_j = N^k v_j$. 现在我们断言

8.57 $\qquad N^{m_1+1}u_1,\ldots,Nu_1,u_1,\ldots,N^{m_n+1}u_n,\ldots,Nu_n,u_n$

是 V 中的线性无关向量组. 要证明这个断言，假设 8.57 的某个线性组合等于 0. 把 N 应用到这个线性组合上，即得 8.56 的一个线性组合等于 0. 然而组 8.56 是线性无关的，因此在 8.57 原来的线性组合中，除了向量

$$N^{m_1+1}u_1,\ldots,N^{m_n+1}u_n,$$

的系数之外，其他系数都等于 0. 上面这个向量组等于

$$N^{m_1}v_1,\ldots,N^{m_n}v_n.$$

再次利用组 8.56 的线性组合，即可得到这些向量系数也等于 0. 这就完成了组 8.57 的线性无关性的证明.

现在将 8.57 扩充成 V 的基

8.58 $\qquad N^{m_1+1}u_1,\ldots,Nu_1,u_1,\ldots,N^{m_n+1}u_n,\ldots,Nu_n,u_n,w_1,\ldots,w_p$

（由于 2.33，这是可行的）. 每个 Nw_j 都属于 range N，因此属于 8.56 张成的子空间. 组 8.56 中每个向量都等于 N 在组 8.57 的某个向量上的作用. 于是组 8.57 中有一个向量 x_j 使得 $Nw_j = Nx_j$. 现在设

$$u_{n+j} = w_j - x_j.$$

则 $Nu_{n+j} = 0$. 此外，

$$N^{m_1+1}u_1,\ldots,Nu_1,u_1,\ldots,N^{m_n+1}u_n,\ldots,Nu_n,u_n,u_{n+1},\ldots,u_{n+p}$$

张成 V，因为它张成的子空间包含每个 x_j 和每个 u_{n+j}，因此包含每个 w_j（因为 8.58 张成 V）.

上面的张成组是 V 的基，因为它与基 8.58 长度相同（这里我们经使用了 2.42）. 这个基具有所要求的形式. ∎

在以下定义中，每个 A_j 的对角线上都是 T 的一些本征值 λ_j，而紧位于 A_j 对角线上方的元素都是 1，A_j 的所有其他元素都是 0（为了理解为什么每个 λ_j 都是 T 的本征值，参见 5.32）. 这些 λ_j 不需要是不同的. A_j 也可以是只包含 T 的一个本征值的 1×1 矩阵 (λ_j).

1870 年法国数学家卡米耶·若尔当（1838—1922）首先发表了 8.60 的证明.

8.59 定义 若尔当基（Jordan basis）

设 $T \in \mathcal{L}(V)$. V 的基称为 T 的**若尔当基**，如果 T 关于这个基具有分块对角矩阵

$$\begin{pmatrix} A_1 & & 0 \\ & \ddots & \\ 0 & & A_p \end{pmatrix},$$

其中每个 A_j 都是形如

$$A_j = \begin{pmatrix} \lambda_j & 1 & & 0 \\ & \ddots & \ddots & \\ & & \ddots & 1 \\ 0 & & & \lambda_j \end{pmatrix}$$

的上三角矩阵.

8.60 若尔当形

设 V 是复向量空间. 如果 $T \in \mathcal{L}(V)$，则 V 有一个基是 T 的若尔当基.

证明 首先考虑幂零算子 $N \in \mathcal{L}(V)$ 和 8.55 给出的向量 $v_1, \ldots, v_n \in V$. 注意到，对于每个 j，N 都将组 $N^{m_j} v_j, \ldots, N v_j, v_j$ 中的第一个向量映成 0，并且 N 将这个组中除第一个向量之外的其余向量映成了它的前一个向量. 也就是说，8.55 给出了 V 的一个基，关于这个基，N 具有分块对角矩阵，其中对角线上的每个矩阵都形如

$$\begin{pmatrix} 0 & 1 & & 0 \\ & \ddots & \ddots & \\ & & \ddots & 1 \\ 0 & & & 0 \end{pmatrix}.$$

因此结论对幂零算子成立.

现在设 $T \in \mathcal{L}(V)$. 设 $\lambda_1, \ldots, \lambda_m$ 是 T 的所有不同的本征值. 于是有广义本征空间分解

$$V = G(\lambda_1, T) \oplus \cdots \oplus G(\lambda_m, T),$$

其中每个 $(T - \lambda_j I)|_{G(\lambda_j, T)}$ 都是幂零的（参见 8.21）. 于是每个 $G(\lambda_j, T)$ 的某个基是 $(T - \lambda_j I)|_{G(\lambda_j, T)}$ 的若尔当基（参见上一段）. 将这些基组合起来就得到了 V 的一个基，并且是 T 的若尔当基. ∎

习题 8.D

1 求例 8.53 中算子 N 的特征多项式和极小多项式.

2 求例 8.54 中算子 N 的特征多项式和极小多项式.

3 设 $N \in \mathcal{L}(V)$ 是幂零的. 证明：N 的极小多项式是 z^{m+1}，其中 m 是 N 关于任意若尔当基的矩阵中紧位于对角线上方的直线上连续出现的 1 的最大个数.

4 设 $T \in \mathcal{L}(V)$，$v_1, \ldots, v_n$ 是 V 的基，且为 T 的若尔当基. 试描述 T 关于基 $v_n, \ldots, v_1$ 的矩阵.

5 设 $T \in \mathcal{L}(V)$，$v_1, \ldots, v_n$ 是 V 的基，且为 T 的若尔当基. 试描述 T^2 关于这个基的矩阵.

6 设 $N \in \mathcal{L}(V)$ 是幂零的，$v_1, \ldots, v_n$ 和 $m_1, \ldots, m_n$ 如 8.55 中所示. 证明 $N^{m_1} v_1, \ldots, N^{m_n} v_n$ 是 null N 的基.

由本题可知，n 等于 $\dim \mathrm{null}\, N$，只依赖于 N，不依赖于为 N 选取的那个特殊的若尔当基.

7 设 $p, q \in \mathcal{P}(\mathbf{C})$ 是具有相同零点的首一多项式，q 是 p 的多项式倍. 证明：存在 $T \in \mathcal{L}(\mathbf{C}^{\deg q})$ 使得 T 的特征多项式是 q 且 T 的极小多项式是 p.

8 设 V 是复向量空间，$T \in \mathcal{L}(V)$. 证明：V 不能分解成 V 的两个在 T 下不变的真子空间的直和当且仅当 T 的极小多项式形如 $(z - \lambda)^{\dim V}$，其中 $\lambda \in \mathbf{C}$.

欧几里得在解释几何
（出自拉斐尔大约在
1510 年绘制的《雅典
学院》）.

实向量空间上的算子

上一章我们学习了有限维复向量空间上算子的结构. 本章将利用关于复向量空间上算子的结果来学习实向量空间上的算子.

本章作如下假设：

9.1 记号 F、V

- **F** 表示 **R** 或 **C**.
- V 表示 **F** 上的有限维非零的向量空间.

本章的学习目标

- 实向量空间的复化
- 实向量空间上算子的复化
- 有限维实向量空间上的算子有本征值或二维不变子空间
- 特征多项式和凯莱–哈密顿定理
- 实内积空间上的正规算子的刻画
- 实内积空间上的等距同构的刻画

9.A 复化

向量空间的复化

我们马上就会看到，一个实向量空间 V 可以自然地嵌入到一个复向量空间中，后者称为 V 的复化. V 上的每个算子都可以扩张为 V 的复化上的算子. 因此，关于复向量空间上算子的结果可转化为实向量空间上算子的信息.

我们先定义实向量空间的复化.

9.2 定义 V **的复化**（complexification of V），$V_{\mathbf{C}}$

设 V 是实向量空间.

- V 的复化（记作 $V_{\mathbf{C}}$）等于 $V \times V$，其元素是有序对 (u,v)，其中 $u,v \in V$，但我们把它写作 $u + \mathrm{i}v$.
- 定义 $V_{\mathbf{C}}$ 上的加法为
$$(u_1 + \mathrm{i}v_1) + (u_2 + \mathrm{i}v_2) = (u_1 + u_2) + \mathrm{i}(v_1 + v_2)$$
其中 $u_1, v_1, u_2, v_2 \in V$.
- 定义 $V_{\mathbf{C}}$ 上的复标量乘法为
$$(a + b\mathrm{i})(u + \mathrm{i}v) = (au - bv) + \mathrm{i}(av + bu)$$
其中 $a, b \in \mathbf{R}$，$u, v \in V$.

上面复标量乘法的定义起因于通常的代数性质与等式 $\mathrm{i}^2 = -1$. 如果记住这个诱因，就不必去背上面的定义了.

通过将 $u \in V$ 与 $u + \mathrm{i}0$ 等同起来，就可以把 V 看作 $V_{\mathbf{C}}$ 的子集. 因此，从 V 构造 $V_{\mathbf{C}}$ 可以看做是从 $\mathbf{R}^n$ 构造 $\mathbf{C}^n$ 的推广.

9.3 $V_{\mathbf{C}}$ **是复向量空间**

设 V 是实向量空间，则关于上面定义的加法和标量乘法，$V_{\mathbf{C}}$ 是复向量空间.

以上命题的证明留作习题. 注意，$V_{\mathbf{C}}$ 的加法单位元是 $0 + \mathrm{i}0$，通常写作 0.

关于复化，你觉得该成立的可能都成立，通常只需直接验证一下，就像以下命题阐述的那样.

9.4 V **的基是** $V_{\mathbf{C}}$ **的基**

设 V 是实向量空间.

(a) 如果 $v_1, \ldots, v_n$ 是 V（作为实向量空间）的基，则它也是 $V_{\mathbf{C}}$（作为复向量空间）的基.

(b) $V_{\mathbf{C}}$（作为复向量空间）的维数等于 V（作为实向量空间）的维数.

证明 为证 (a)，设 $v_1,\dots,v_n$ 是实向量空间 V 的基. 那么，在复向量空间 $V_{\mathbf{C}}$ 中 $\mathrm{span}(v_1,\dots,v_n)$ 包含了所有的 $v_1,\dots,v_n, iv_1,\dots,iv_n$. 因此 $v_1,\dots,v_n$ 张成了复向量空间 $V_{\mathbf{C}}$.

为证 $v_1,\dots,v_n$ 在复向量空间 $V_{\mathbf{C}}$ 中线性无关，设 $\lambda_1,\dots,\lambda_n \in \mathbf{C}$ 且

$$\lambda_1 v_1 + \cdots + \lambda_n v_n = 0.$$

那么，由上面的等式和我们的定义可得

$$(\mathrm{Re}\,\lambda_1)v_1 + \cdots + (\mathrm{Re}\,\lambda_n)v_n = 0 \quad 且 \quad (\mathrm{Im}\,\lambda_1)v_1 + \cdots + (\mathrm{Im}\,\lambda_n)v_n = 0.$$

由于 $v_1,\dots,v_n$ 在 V 上是线性无关的，由上面的等式可得 $\mathrm{Re}\,\lambda_1 = \cdots = \mathrm{Re}\,\lambda_n = 0$ 且 $\mathrm{Im}\,\lambda_1 = \cdots = \mathrm{Im}_n = 0$. 于是 $\lambda_1 = \cdots = \lambda_n = 0$. 因此 $v_1,\dots,v_n$ 在 $V_{\mathbf{C}}$ 中是线性无关的，这就完成了 (a) 的证明.

显然，由 (a) 立即可得 (b). ■

算子的复化

现在我们可以定义算子的复化.

> **9.5 定义** T **的复化**（complexification of T），$T_{\mathbf{C}}$
>
> 设 V 是实向量空间，$T \in \mathcal{L}(V)$. T 的**复化**是定义为 $T_{\mathbf{C}}(u+iv) = Tu + iTv$ 的算子 $T_{\mathbf{C}} \in \mathcal{L}(V_{\mathbf{C}})$，其中 $u,v \in V$.

请自行验证，如果 V 是实向量空间，$T \in \mathcal{L}(V)$，则 $T_{\mathbf{C}}$ 确实属于 $\mathcal{L}(V_{\mathbf{C}})$. 这里的关键是，我们对复标量乘法的定义可用来证明：对所有 $u,v \in V$ 和所有**复数** λ 有 $T_{\mathbf{C}}\big(\lambda(u+iv)\big) = \lambda T_{\mathbf{C}}(u+iv)$.

以下例子是理解典型算子复化的好方法.

9.6 例 设 A 是 $n \times n$ 的实矩阵. 定义 $T \in \mathcal{L}(\mathbf{R}^n)$ 为 $Tx = Ax$，其中将 $\mathbf{R}^n$ 中元素看作 $n \times 1$ 列向量. 将 $\mathbf{C}^n$ 等同于 $\mathbf{R}^n$ 的复化，对每个 $z \in \mathbf{C}^n$ 有 $T_{\mathbf{C}}z = Az$，其中仍将 $\mathbf{C}^n$ 中元素看作 $n \times 1$ 列向量.

也就是说，如果 T 是 A 确定的 $\mathbf{R}^n$ 上的矩阵乘算子，那么复化 $T_{\mathbf{C}}$ 也是 A 确定的矩阵乘算子，只是作用在更大的定义域 $\mathbf{C}^n$ 上.

以下命题是有意义的，因为 9.4 告诉我们，实向量空间的基也是它的复化的基. 以下命题的证明由定义立即可得.

> **9.7** $T_{\mathbf{C}}$ **的矩阵等于** T **的矩阵**
>
> 设 $v_1,\dots,v_n$ 是实向量空间 V 的基，$T \in \mathcal{L}(V)$. 则 $\mathcal{M}(T) = \mathcal{M}(T_{\mathbf{C}})$，其中这两个矩阵都是关于基 $v_1,\dots,v_n$ 的矩阵.

以上命题和例 9.6 提供了对复化的全面认识，因为一旦选定一个基，每个算子本质上看起来都像例 9.6. 算子的复化也能用矩阵来定义，但这里采用的方法更自然，因为它不依赖于基的选取.

我们知道，一个非零的有限维复向量空间上的每个算子都有本征值（参见 5.21），因此有一维不变子空间. 我们已经看到非零的有限维实向量空间上算子的一个例子（例 5.8(a)），它没有本征值，从而也没有一维不变子空间. 然而，现在我们要证明一维或二维的不变子空间总是存在的. 注意观察复化是怎样给出以下定理的一个简单证明的.

9.8 每个算子都有一维或二维不变子空间

非零的有限维向量空间上的每个算子都有一维或二维不变了空间.

证明 非零的有限维复向量空间上的每个算子都有本征值（参见 5.21），从而有一维不变子空间.

因此，假设 V 是实向量空间，$T \in \mathcal{L}(V)$. 复化 $T_{\mathbf{C}}$ 有本征值 $a + bi$（由于 5.21），其中 $a, b \in \mathbf{R}$. 因此，存在不全为 0 的 $u, v \in V$ 使得 $T_{\mathbf{C}}(u + iv) = (a + bi)(u + iv)$. 利用 $T_{\mathbf{C}}$ 的定义，最后一个等式可以重新写为

$$Tu + iTv = (au - bv) + (av + bu)i.$$

于是

$$Tu = au - bv \quad 且 \quad Tv = av + bu.$$

令 U 等于组 u, v 在 V 中张成. 则 U 是 V 的一维或二维子空间. 上面的等式表明 U 在 T 下不变. ■

复化的极小多项式

设 V 是实向量空间，$T \in \mathcal{L}(V)$. 反复使用 $T_{\mathbf{C}}$ 的定义可知，对所有正整数 n 和所有 $u, v \in V$ 有

9.9 $$(T_{\mathbf{C}})^n(u + iv) = T^n u + iT^n v.$$

注意到以下命题意味着 $T_{\mathbf{C}}$ 的极小多项式的系数都是实数.

9.10 $T_{\mathbf{C}}$ 的极小多项式等于 T 的极小多项式

设 V 是实向量空间，$T \in \mathcal{L}(V)$. 则 $T_{\mathbf{C}}$ 的极小多项式等于 T 的极小多项式.

证明 令 $p \in \mathcal{P}(\mathbf{R})$ 表示 T 的极小多项式. 由 9.9 易知 $p(T_{\mathbf{C}}) = \big(p(T)\big)_{\mathbf{C}}$，因此 $p(T_{\mathbf{C}}) = 0$.

设 $q \in \mathcal{P}(\mathbf{C})$ 是使得 $q(T_{\mathbf{C}}) = 0$ 的首一多项式. 则对每个 $u \in V$ 有 $\big(q(T_{\mathbf{C}})\big)(u) = 0$. 令 r 表示第 j 个系数是 q 的第 j 个系数的实部的多项式，则 r 是首一多项式且 $r(T) = 0$. 因此 $\deg q = \deg r \geq \deg p$.

综合前面两段可知，p 是 $T_{\mathbf{C}}$ 的极小多项式.　　　　　　　　　　　■

复化的本征值

现在转向算子的复化的本征值问题. 和前面一样，我们期望成立的性质都成立.

先来证明 $T_{\mathbf{C}}$ 的所有实本征值恰为 T 的所有本征值. 我们给出这一结果的两种不同的证明. 第一种证明更初等，但第二种证明更短，并且给出一些有用的见解.

9.11 $T_{\mathbf{C}}$ 的实本征值

设 V 是实向量空间，$T \in \mathcal{L}(V)$，$\lambda \in \mathbf{R}$. 则 λ 是 $T_{\mathbf{C}}$ 的本征值当且仅当 λ 是 T 的本征值.

证明 1 首先假设 λ 是 T 的本征值. 则存在 $v \in V$ 且 $v \neq 0$ 使得 $Tv = \lambda v$. 于是 $T_{\mathbf{C}} v = \lambda v$，这就证明了 λ 是 $T_{\mathbf{C}}$ 的本征值，从而完成证明的一个方面.

要证明另一个方面，现在假设 λ 是 $T_{\mathbf{C}}$ 的本征值. 则存在 $u, v \in V$ 且 $u + \mathrm{i}v \neq 0$ 使得

$$T_{\mathbf{C}}(u + \mathrm{i}v) = \lambda(u + \mathrm{i}v).$$

由上式可知 $Tu = \lambda u$ 且 $Tv = \lambda v$. 因为 $u \neq 0$ 或 $v \neq 0$，所以 λ 是 T 的本征值.　■

证明 2 由于 8.49，T 的所有（实）本征值是 T 的极小多项式的所有（实）零点. 仍由 8.49，$T_{\mathbf{C}}$ 的所有实本征值是 $T_{\mathbf{C}}$ 的极小多项式的所有实零点. 由于 9.10，这两个极小多项式相同. 于是 T 的所有本征值恰为 $T_{\mathbf{C}}$ 的所有实本征值.　　■

以下定理表明，$T_{\mathbf{C}}$ 对于本征值 λ 与其复共轭 $\bar{\lambda}$ 的表现是对称的.

9.12 $T_{\mathbf{C}} - \lambda I$ 和 $T_{\mathbf{C}} - \bar{\lambda} I$

设 V 是实向量空间，$T \in \mathcal{L}(V)$，$\lambda \in \mathbf{C}$，j 是非负整数，$u, v \in V$. 则

$$(T_{\mathbf{C}} - \lambda I)^j (u + \mathrm{i}v) = 0 \quad \text{当且仅当} \quad (T_{\mathbf{C}} - \bar{\lambda} I)^j (u - \mathrm{i}v) = 0.$$

证明 对 j 用归纳法. 首先注意到，若 $j = 0$，则（因为一个算子的 0 次幂是恒等算子）这个定理断言 $u + \mathrm{i}v = 0$ 当且仅当 $u - \mathrm{i}v = 0$，这显然是对的.

于是，现在假设 $j \geq 1$ 且定理对 $j - 1$ 成立. 设 $(T_{\mathbf{C}} - \lambda I)^j (u + \mathrm{i}v) = 0$. 则

9.13　　　　　$$(T_{\mathbf{C}} - \lambda I)^{j-1}\big((T_{\mathbf{C}} - \lambda I)(u + \mathrm{i}v)\big) = 0.$$

记 $\lambda = a + b\mathrm{i}$，其中 $a, b \in \mathbf{R}$，我们有

9.14　　　　$$(T_{\mathbf{C}} - \lambda I)(u + \mathrm{i}v) = (Tu - au + bv) + \mathrm{i}(Tv - av - bu)$$

且

9.15　　　　$$(T_{\mathbf{C}} - \bar{\lambda} I)(u - \mathrm{i}v) = (Tu - au + bv) - \mathrm{i}(Tv - av - bu).$$

由归纳法假设以及 9.13 和 9.14 可得

$$(T_{\mathbf{C}} - \bar\lambda I)^{j-1}\big((Tu - au + bv) - \mathrm{i}(Tv - av - bu)\big) = 0.$$

现在，由上式和 9.15 可得 $(T_{\mathbf{C}} - \bar\lambda I)^j(u - \mathrm{i}v) = 0$，这就完成了证明的一个方面.

在上面的证明中用 $\bar\lambda$ 代替 λ 并用 $-v$ 代替 v，即可证明另一个方面. ∎

上述定理有一个重要推论如下，它说的是如果一个数是 $T_{\mathbf{C}}$ 的本征值，则它的复共轭也是 $T_{\mathbf{C}}$ 的本征值.

9.16 $T_{\mathbf{C}}$ 的非实的本征值成对出现

设 V 是实向量空间，$T \in \mathcal{L}(V)$，$\lambda \in \mathbf{C}$. 则 λ 是 $T_{\mathbf{C}}$ 的本征值当且仅当 $\bar\lambda$ 是 $T_{\mathbf{C}}$ 的本征值.

证明 在 9.12 中取 $j = 1$. ∎

由定义，实向量空间上算子的本征值是实数. 因此，数学家有时非正式地提到实向量空间上算子的复本征值时，他们指的是算子的复化的本征值.

回想一下，本征值的重数定义为相应于这个本征值的广义本征空间的维数（参见 8.24）. 以下命题是说，复化的本征值的重数等于其复共轭的重数.

9.17 λ 的重数等于 $\bar\lambda$ 的重数

设 V 是实向量空间，$T \in \mathcal{L}(V)$，$\lambda \in \mathbf{C}$ 是 $T_{\mathbf{C}}$ 的本征值. 则 λ 作为 $T_{\mathbf{C}}$ 的本征值的重数等于 $\bar\lambda$ 作为 $T_{\mathbf{C}}$ 的本征值的重数.

证明 设 $u_1 + \mathrm{i}v_1, \ldots, u_m + \mathrm{i}v_m$ 是广义本征空间 $G(\lambda, T_{\mathbf{C}})$ 的基，其中 $u_1, \ldots, u_m, v_1, \ldots, v_m \in V$. 则利用 9.12，简单验证即知 $u_1 - \mathrm{i}v_1, \ldots, u_m - \mathrm{i}v_m$ 是广义本征空间 $G(\bar\lambda, T_{\mathbf{C}})$ 的基. 因此，λ 和 $\bar\lambda$ 作为 $T_{\mathbf{C}}$ 的本征值都有重数 m. ∎

9.18 例 设 $T \in \mathcal{L}(\mathbf{R}^3)$ 定义为
$$T(x_1, x_2, x_3) = (2x_1, x_2 - x_3, x_2 + x_3).$$
T 关于 $\mathbf{R}^3$ 的标准基的矩阵是
$$\begin{pmatrix} 2 & 0 & 0 \\ 0 & 1 & -1 \\ 0 & 1 & 1 \end{pmatrix}.$$
请自行验证，2 是 T 的本征值，重数为 1，T 没有其他的本征值.

如果我们将 $\mathbf{R}^3$ 的复化与 $\mathbf{C}^3$ 看成一样的，则 $T_{\mathbf{C}}$ 关于 $\mathbf{C}^3$ 的标准基的矩阵是上面的矩阵. 请自行验证，$T_{\mathbf{C}}$ 的本征值是 $2, 1+\mathrm{i}, 1-\mathrm{i}$，重数均为 1. 于是，$T_{\mathbf{C}}$ 的非实的本征值是成对的，其中每一个都是另一个的复共轭，且它们的重数相同，正如 9.17 预期的那样.

我们已经见过 $\mathbf{R}^2$ 上没有本征值的算子的例子（例 5.8(a)）. 以下定理表明，$\mathbf{R}^3$ 上没有这样的例子.

> **9.19 奇数维向量空间上的算子有本征值**
>
> 奇数维实向量空间上的每个算子都有本征值.

证明 设 V 是奇数维实向量空间, $T \in \mathcal{L}(V)$. 因为 $T_{\mathbf{C}}$ 的非实的本征值是成对出现的, 并且它们的重数相等 (由于 9.17), 所以 $T_{\mathbf{C}}$ 的所有非实的本征值的重数之和为偶数.

由于 8.26, $T_{\mathbf{C}}$ 的所有本征值的重数之和等于 $V_{\mathbf{C}}$ 的 (复) 维数, 所以上一段的结论表明 $T_{\mathbf{C}}$ 有实本征值. 由于 9.11, $T_{\mathbf{C}}$ 的每个实本征值也是 T 的本征值. ∎

复化的特征多项式

上一章我们定义了有限维复向量空间上算子的特征多项式 (参见 8.34). 要定义有限维实向量空间上算子的特征多项式, 以下命题是关键的一步.

> **9.20 $T_{\mathbf{C}}$ 的特征多项式**
>
> 设 V 是实向量空间, $T \in \mathcal{L}(V)$. 则 $T_{\mathbf{C}}$ 的特征多项式的系数都是实数.

证明 设 λ 是 $T_{\mathbf{C}}$ 的非实的本征值, 重数为 m. 由于 9.17, $\bar{\lambda}$ 也是 $T_{\mathbf{C}}$ 的重数为 m 的本征值. 于是, $T_{\mathbf{C}}$ 的特征多项式包含因子 $(z - \lambda)^m$ 和 $(z - \bar{\lambda})^m$. 将这两个因子相乘, 得到

$$(z - \lambda)^m (z - \bar{\lambda})^m = \left(z^2 - 2(\operatorname{Re} \lambda) z + |\lambda|^2 \right)^m.$$

上式右边的多项式的系数都是实数.

$T_{\mathbf{C}}$ 的特征多项式是上面形式的项和 $(z - t)^d$ 形式的项的乘积, 其中 t 是 $T_{\mathbf{C}}$ 的实本征值, 重数为 d. 因此, $T_{\mathbf{C}}$ 的特征多项式的系数都是实的. ∎

现在我们可以将有限维实向量空间上的算子的特征多项式定义为它的复化的特征多项式.

> **9.21 定义 特征多项式**（characteristic polynomial）
>
> 设 V 是实向量空间, $T \in \mathcal{L}(V)$. 则 T 的**特征多项式**定义为 $T_{\mathbf{C}}$ 的特征多项式.

9.22 例 设 $T \in \mathcal{L}(\mathbf{R}^3)$ 定义为

$$T(x_1, x_2, x_3) = (2x_1, x_2 - x_3, x_2 + x_3).$$

我们在 9.18 中已经注意到, $T_{\mathbf{C}}$ 的本征值是 $2, 1 + \mathrm{i}, 1 - \mathrm{i}$, 重数均为 1. 于是复化 $T_{\mathbf{C}}$ 的特征多项式是 $(z - 2)\big(z - (1 + \mathrm{i})\big)\big(z - (1 - \mathrm{i})\big)$, 即 $z^3 - 4z^2 + 6z - 4$. 因此, T 的特征多项式也是 $z^3 - 4z^2 + 6z - 4$.

以下命题中 T 的本征值都是实的 (因为 T 是实向量空间上的算子).

9.23 特征多项式的次数和零点

设 V 是实向量空间，$T \in \mathcal{L}(V)$. 则

(a) T 的特征多项式的系数都是实的；

(b) T 的特征多项式的次数为 $\dim V$；

(c) T 的所有本征值恰为 T 的特征多项式的所有实零点.

证明 由 9.20 知 (a) 成立.

由 8.36(a) 知 (b) 成立.

由于 8.36(b)，T 的特征多项式的所有实零点恰好是 $T_{\mathbf{C}}$ 的所有实本征值. 由于 9.11，它们是 T 的所有本征值. 于是 (c) 成立. ∎

上一章我们对复向量空间证明了凯莱–哈密顿定理 8.37. 现在也能对实向量空间证明它.

9.24 凯莱–哈密顿定理

设 $T \in \mathcal{L}(V)$，q 是 T 的特征多项式，则 $q(T) = 0$.

证明 对复向量空间我们已经证明这一定理. 因此假设 V 是实向量空间.

由复的凯莱–哈密顿定理 8.37 可知 $q(T_{\mathbf{C}}) = 0$. 因此我们也有 $q(T) = 0$. ∎

9.25 例 设 $T \in \mathcal{L}(\mathbf{R}^3)$ 定义为

$$T(x_1, x_2, x_3) = (2x_1, x_2 - x_3, x_2 + x_3).$$

如我们在 9.22 中所见，T 的特征多项式是 $z^3 - 4z^2 + 6z - 4$. 于是，由凯莱–哈密顿定理可知 $T^3 - 4T^2 + 6T - 4I = 0$，这也可以通过直接的计算来验证.

现在可以证明另一个我们之前只对复的情况才知道的结果.

9.26 特征多项式是极小多项式的多项式倍

设 $T \in \mathcal{L}(V)$. 则

(a) T 的极小多项式的次数至多是 $\dim V$；

(b) T 的特征多项式是 T 的极小多项式的多项式倍.

证明 由凯莱–哈密顿定理立即可得 (a).

由凯莱–哈密顿定理和 8.46 可得 (b). ∎

习题 9.A

1 证明 9.3.

2 设 V 是实向量空间，$T \in \mathcal{L}(V)$. 证明 $T_{\mathbf{C}} \in \mathcal{L}(V_{\mathbf{C}})$.

3 设 V 是实向量空间，$v_1, \ldots, v_m \in V$. 证明：$v_1, \ldots, v_m$ 在 $V_{\mathbf{C}}$ 上线性无关当且仅当 $v_1, \ldots, v_m$ 在 V 上线性无关.

4 设 V 是实向量空间，$v_1, \ldots, v_m \in V$. 证明：$v_1, \ldots, v_m$ 张成 $V_{\mathbf{C}}$ 当且仅当 $v_1, \ldots, v_m$ 张成 V.

5 设 V 是实向量空间，$S, T \in \mathcal{L}(V)$. 证明：$(S+T)_{\mathbf{C}} = S_{\mathbf{C}} + T_{\mathbf{C}}$，$(\lambda T)_{\mathbf{C}} = \lambda T_{\mathbf{C}}$ $(\lambda \in \mathbf{R})$.

6 设 V 是实向量空间，$T \in \mathcal{L}(V)$. 证明：$T_{\mathbf{C}}$ 可逆当且仅当 T 可逆.

7 设 V 是实向量空间，$N \in \mathcal{L}(V)$. 证明：$N_{\mathbf{C}}$ 是幂零的当且仅当 N 是幂零的.

8 设 $T \in \mathcal{L}(\mathbf{R}^3)$，$5, 7$ 是 T 的本征值. 证明 $T_{\mathbf{C}}$ 没有非实的本征值.

9 证明没有算子 $T \in \mathcal{L}(\mathbf{R}^7)$ 使得 $(T^2 + T + I)$ 是幂零的.

10 找出一个算子 $T \in \mathcal{L}(\mathbf{C}^7)$ 使得 $(T^2 + T + I)$ 是幂零的.

11 设 V 是实向量空间，$T \in \mathcal{L}(V)$，存在 $b, c \in \mathbf{R}$ 使得 $T^2 + bT + cI = 0$. 证明：T 有本征值当且仅当 $b^2 \geq 4c$.

12 设 V 是实向量空间，$T \in \mathcal{L}(V)$，存在 $b, c \in \mathbf{R}$ 使得 $b^2 < 4c$ 且 $(T^2 + bT + cI)$ 是幂零的. 证明 T 没有本征值.

13 设 V 是实向量空间，$T \in \mathcal{L}(V)$，$b, c \in \mathbf{R}$ 使得 $b^2 < 4c$. 证明：对于每个正整数 j，$\operatorname{null}(T^2 + bT + cI)^j$ 的维数都是偶数.

14 设 V 是实向量空间，$\dim V = 8$，$T \in \mathcal{L}(V)$ 使得 $(T^2 + T + I)$ 是幂零的. 证明 $(T^2 + T + I)^4 = 0$.

15 设 V 是实向量空间，$T \in \mathcal{L}(V)$ 没有本征值. 证明：V 的每个在 T 下不变的子空间都是偶数维的.

16 设 V 是实向量空间. 证明：存在 $T \in \mathcal{L}(V)$ 使得 $T^2 = -I$ 当且仅当 V 是偶数维的.

17 设 V 是实向量空间，$T \in \mathcal{L}(V)$ 满足 $T^2 = -I$. 在 V 上定义复标量乘法如下：若 $a, b \in \mathbf{R}$ 则 $(a+bi)v = av + bTv$. 证明：

(a) 上面定义的 V 上复标量乘法和 V 上的加法使 V 成为一个复向量空间.

(b) V 作为复向量空间的维数是 V 作为实向量空间的维数的一半.

18 设 V 是实向量空间，$T \in \mathcal{L}(V)$. 证明以下条件等价：

(a) $T_{\mathbf{C}}$ 的所有本征值都是实的.

(b) V 有一个基使得 T 关于这个基有上三角矩阵.

(c) V 有一个由 T 的广义本征向量组成的基.

19 设 V 是实向量空间，$\dim V = n$，$T \in \mathcal{L}(V)$ 使得 $\operatorname{null} T^{n-2} \neq \operatorname{null} T^{n-1}$. 证明：$T$ 最多有两个不同的本征值，$T_{\mathbf{C}}$ 没有非实的本征值.

9.B 实内积空间上的算子

现在将注意力转向内积空间情形. 我们将在实内积空间上给出正规算子的一个完整描述. 定理 9.34 证明的一个关键步骤需要上一节的定理 9.8：有限维实向量空间上的算子有一维或二维不变子空间.

在描述了实内积空间上的正规算子之后，我们将利用这个结果来完整描述实内积空间上的等距同构.

实内积空间上的正规算子

复谱定理 7.24 完整描述了复内积空间上的正规算子. 本小节将完整描述实内积空间上的正规算子.

我们先描述二维实内积空间上非自伴的正规算子.

9.27 非自伴的正规算子

设 V 是二维实内积空间，$T \in \mathcal{L}(V)$. 则以下条件等价：

(a) T 是正规的但不是自伴的.

(b) T 关于 V 的每个规范正交基的矩阵都有

$$\begin{pmatrix} a & -b \\ b & a \end{pmatrix}$$

的形式，其中 $b \neq 0$.

(c) T 关于 V 的某个规范正交基的矩阵有

$$\begin{pmatrix} a & -b \\ b & a \end{pmatrix}$$

的形式，其中 $b > 0$.

证明 首先假设 (a) 成立，则 T 是正规的但不是自伴的. 设 e_1, e_2 是 V 的规范正交基，且

9.28
$$\mathcal{M}(T, (e_1, e_2)) = \begin{pmatrix} a & c \\ b & d \end{pmatrix}.$$

则 $\|Te_1\|^2 = a^2 + b^2$ 且 $\|T^*e_1\|^2 = a^2 + c^2$. 因为 T 是正规的，根据 7.20 有 $\|Te_1\| = \|T^*e_1\|$. 于是 $b^2 = c^2$. 因此 $c = b$ 或 $c = -b$. 但是 $c \neq b$，否则从 9.28 的矩阵可以看出 T 将是自伴的. 因此 $c = -b$，于是

9.29
$$\mathcal{M}(T, (e_1, e_2)) = \begin{pmatrix} a & -b \\ b & d \end{pmatrix}.$$

T^* 的矩阵是上面矩阵的转置. 利用矩阵乘法计算矩阵 TT^* 和矩阵 T^*T（请现在就做一下）. 因为 T 是正规的，所以这两个矩阵相等. 这两个矩阵的左上角的元素相等，

所以 $bd = ab$. 现在 $b \neq 0$, 否则从 9.28 的矩阵可以看出 T 将是自伴的. 于是 $d = a$, 这就证明了 (a) 蕴涵 (b).

现在假设 (b) 成立, 要证 (c) 成立. 取 V 的一个规范正交基 e_1, e_2. 我们知道 T 关于这个基的矩阵有 (b) 给出的形式, 且 $b \neq 0$. 若 $b > 0$, 则 (c) 成立, 从而 (b) 蕴涵 (c). 若 $b < 0$, 请自行验证, T 关于规范正交基 $e_1, -e_2$ 的矩阵等于 $\begin{pmatrix} a & b \\ -b & a \end{pmatrix}$, 其中 $-b > 0$. 因此在这种情况下也有 (b) 蕴涵 (c).

现在假设 (c) 成立, 则 T 关于某个规范正交基的矩阵有 (c) 给出的形式, 且 $b > 0$. 显然, T 的矩阵不等于它的转置 (因为 $b \neq 0$). 因此 T 不是自伴的. 现在, 利用矩阵乘法验证矩阵 TT^* 和矩阵 T^*T 相等. 也就是说 $TT^* = T^*T$. 因此 T 是正规的. 于是 (c) 蕴涵 (a). ∎

以下定理告诉我们, 正规算子限制到不变子空间上仍是正规的. 这将允许我们对 $\dim V$ 用归纳法来证明我们对正规算子的刻画 (定理 9.34).

9.30 正规算子和不变子空间

设 V 是内积空间, $T \in \mathcal{L}(V)$ 是正规的, U 是 V 的在 T 下不变的子空间. 则

(a) $U^\perp$ 在 T 下不变;

(b) U 在 T^* 下不变;

(c) $(T|_U)^* = (T^*)|_U$;

(d) $T|_U \in \mathcal{L}(U)$ 和 $T|_{U^\perp} \in \mathcal{L}(U^\perp)$ 都是正规算子.

证明 首先证明 (a). 设 $e_1, \ldots, e_m$ 是 U 的规范正交基. 将其扩充成 V 的规范正交基 $e_1, \ldots, e_m, f_1, \ldots, f_n$ (由 6.35 知这是可行的). 因为 U 在 T 下不变, 所以每个 Te_j 都是 $e_1, \ldots, e_m$ 的线性组合. 于是 T 关于基 $e_1, \ldots, e_m, f_1, \ldots, f_n$ 的矩阵形如

$$
\mathcal{M}(T) =
\begin{array}{c}
 \\
e_1 \\
\vdots \\
e_m \\
f_1 \\
\vdots \\
f_n
\end{array}
\begin{array}{c}
\begin{array}{cccccc} e_1 & \cdots & e_m & f_1 & \cdots & f_n \end{array} \\
\left(
\begin{array}{ccc}
 & A & & & B & \\
 & & & & & \\
 & 0 & & & C & \\
\end{array}
\right),
\end{array}
$$

这里, A 是 $m \times m$ 矩阵, 0 是所有元素均为 0 的 $n \times m$ 矩阵, B 是 $m \times n$ 矩阵, C 是 $n \times n$ 矩阵. 为了方便, 沿着矩阵的上边和左边列出了基.

根据 6.25, 对每个 $j \in \{1, \ldots, m\}$, $\|Te_j\|^2$ 等于 A 的第 j 列元素的绝对值的平方和. 因此

9.31
$$\sum_{j=1}^{m} \|Te_j\|^2 = A \text{ 的元素绝对值的平方和}.$$

对每个 $j \in \{1,\dots,m\}$，$\|T^*e_j\|^2$ 等于 A 和 B 的第 j 行元素的绝对值的平方和. 因此

9.32
$$\sum_{j=1}^{m} \|T^*e_j\|^2 = A \text{ 和 } B \text{ 的元素绝对值的平方和}.$$

因为 T 是正规的，根据 7.20，对每个 j 都有 $\|Te_j\| = \|T^*e_j\|$. 于是

$$\sum_{j=1}^{m} \|Te_j\|^2 = \sum_{j=1}^{m} \|T^*e_j\|^2.$$

由这个等式和 9.31 及 9.32 可知，B 的元素绝对值的平方和等于 0. 也就是说，B 是所有元素均为 0 的矩阵. 于是

9.33
$$
\mathcal{M}(T) =
\begin{array}{c}
\\ e_1 \\ \vdots \\ e_m \\ f_1 \\ \vdots \\ f_n
\end{array}
\begin{pmatrix}
e_1 & \cdots & e_m & f_1 & \cdots & f_n \\
& A & & & 0 & \\
& & & & & \\
& 0 & & & C & \\
\end{pmatrix}.
$$

这表明，对每个 k，Tf_k 在 $f_1,\dots,f_n$ 张成的子空间中. 因为 $f_1,\dots,f_n$ 是 $U^\perp$ 的基，从而只要 $v \in U^\perp$ 就有 $Tv \in U^\perp$. 也就是说 $U^\perp$ 在 T 下不变. 这就证明了 (a).

要证 (b)，注意到 $\mathcal{M}(T)$ 的共轭转置 $\mathcal{M}(T^*)$ 的左下角有一个由 0 构成的块（这是因为，如上所示，$\mathcal{M}(T)$ 在右上角有一个由 0 构成的块）. 也就是说，每个 T^*e_j 可写成 $e_1,\dots,e_m$ 的线性组合. 于是 U 在 T^* 下不变. 这就证明了 (b).

要证 (c)，令 $S = T|_U \in \mathcal{L}(U)$. 取定 $v \in U$. 则对所有 $u \in U$ 都有

$$\langle Su, v \rangle = \langle Tu, v \rangle = \langle u, T^*v \rangle.$$

根据 (b)，$T^*v \in U$，所以上式表明 $S^*v = T^*v$. 也就是说 $(T|_U)^* = (T^*)|_U$. 这就证明了 (c).

要证 (d)，注意到 T 与 T^* 可交换（因为 T 是正规的），并且由 (c) 知 $(T|_U)^* = (T^*)|_U$. 于是，$T|_U$ 与它的伴随可交换，因此是正规的. 根据 (a)，互换 U 和 $U^\perp$ 的角色可知 $T|_{U^\perp}$ 也是正规的. 这就证明了 (d). ∎

以下定理表明实内积空间上的正规算子接近于有对角矩阵. 具体来说，我们得到每个块最大为 2×2 的分块对角矩阵.

我们不能指望得到比以下定理更好的结

> 注意，若算子 T 关于某个基有分块对角矩阵，则这个矩阵的对角线上每个 1×1 块上的元素都是 T 的本征值.

果, 因为在实内积空间上存在关于任意基都没有对角矩阵的正规算子. 例如, 由 $T(x,y) = (-y,x)$ 定义的算子 $T \in \mathcal{L}(\mathbf{R}^2)$ 是正规的 (请自行验证), 但它却没有本征值. 于是这个特殊的 T 甚至关于 $\mathbf{R}^2$ 的任意基都没有上三角矩阵.

9.34 $\mathbf{F} = \mathbf{R}$ 时正规算子的刻画

设 V 设实内积空间, $T \in \mathcal{L}(V)$. 则以下条件等价:

(a) T 是正规的.

(b) V 有规范正交基使得 T 关于这个基有分块对角矩阵, 对角线上的每个块是 1×1 矩阵, 或者是形如

$$\begin{pmatrix} a & -b \\ b & a \end{pmatrix}$$

的 2×2 矩阵, 其中 $b > 0$.

证明 首先假设 (b) 成立. 请自行验证, 关于 (b) 中给出的基, T 的矩阵与 T^* 的矩阵 (即 T 的矩阵的转置) 可交换 (对这两个分块对角矩阵的乘积用 8.B 节的习题 9). 于是 T 与 T^* 可交换, 即 T 是正规的, 这就证明了 (b) 蕴涵 (a).

现在假设 (a) 成立, 则 T 是正规的. 我们将通过对 $\dim V$ 用归纳法证明 (b). 首先注意到结论在 $\dim V = 1$ 或 $\dim V = 2$ 时成立 (前者是平凡的. 对于后者, 若 T 是自伴的则利用实谱定理 7.29, 若 T 不是自伴的则利用定理 9.27).

现在假设 $\dim V > 2$ 且对更小维数的向量空间结论成立. 如果 V 有在 T 下不变的一维子空间, 则令 U 表示这样的子空间 (也就是说, 如果 T 有本征向量, 令 U 是这个本征向量张成的空间), 否则令 U 是 V 的在 T 下不变的二维子空间 (由定理 9.8, 总存在一维或二维不变子空间).

如果 $\dim U = 1$, 取 U 中一个范数为 1 的向量, 则这个向量是 U 的规范正交基, $T|_U \in \mathcal{L}(U)$ 的矩阵是 1×1 矩阵. 如果 $\dim U = 2$, 则 $T|_U \in \mathcal{L}(U)$ 是正规的 (由于 9.30), 但不是自伴的 (否则, 由 7.27 知 $T|_U$ 有本征向量, 从而 T 有本征向量). 于是, 可以取 U 的一个规范正交基, $T|_U \in \mathcal{L}(U)$ 关于这个基的矩阵有所要求的形式 (参见 9.27).

现在 $U^\perp$ 在 T 下不变, $T|_{U^\perp}$ 是 $U^\perp$ 上的正规算子 (由于 9.30). 由归纳法假设, $U^\perp$ 有规范正交基, $T|_{U^\perp}$ 关于这个基的矩阵有所要求的形式. 将这个基和 U 的基放在一起给出了 V 的规范正交基, T 关于这个基的矩阵有所要求的形式. 于是 (b) 成立. ∎

实内积空间上的等距同构

正如我们将要看到的, 以下例子是实内积空间上等距同构的关键的组成部分. 同时请注意, 以下例子表明 $\mathbf{R}^2$ 上的等距同构可以没有本征值.

9.35 例 设 $\theta \in \mathbf{R}$. 则 $\mathbf{R}^2$ 上（以原点为中心）的逆时针旋转 θ 角度的算子是等距同构，这在几何上看是显然的. 这个算子关于标准基的矩阵是

$$\begin{pmatrix} \cos\theta & -\sin\theta \\ \sin\theta & \cos\theta \end{pmatrix}.$$

若 θ 不是 π 的整数倍，则 $\mathbf{R}^2$ 上没有可以映为其自身的标量倍的非零向量，因此这个算子没有本征值.

以下定理表明，实内积空间上的每个等距同构由以下三部分组成：一部分是二维子空间上的旋转，一部分是恒等算子，一部分是乘以 -1.

9.36 $\mathbf{F} = \mathbf{R}$ 时等距同构的刻画

设 V 是实内积空间，$S \in \mathcal{L}(V)$. 则以下条件等价：

(a) S 是等距同构.

(b) V 有规范正交基使得 S 关于这个基有分块对角矩阵，对角线上的每个块是由 1 或 -1 构成的 1×1 矩阵，或者是形如

$$\begin{pmatrix} \cos\theta & -\sin\theta \\ \sin\theta & \cos\theta \end{pmatrix}$$

的 2×2 矩阵，其中 $\theta \in (0, \pi)$.

证明 首先假设 (a) 成立，则 S 是等距同构. 因为 S 是正规的，根据定理 9.34，V 有规范正交基，S 关于这个基有分块对角矩阵，对角线上的每个块是 1×1 矩阵，或者是形如

9.37
$$\begin{pmatrix} a & -b \\ b & a \end{pmatrix}$$

的 2×2 矩阵，其中 $b > 0$.

如果 λ 是 S（关于上述基）的矩阵对角线上 1×1 矩阵的元素，那么存在基向量 e_j 使得 $Se_j = \lambda e_j$. 因为 S 是等距同构，所以 $|\lambda| = 1$. 于是 $\lambda = 1$ 或 $\lambda = -1$，因为只有这两个实数的绝对值是 1.

现在考虑位于 S 的矩阵对角线上形如 9.37 的 2×2 矩阵. 有基向量 e_j, e_{j+1} 使得

$$Se_j = ae_j + be_{j+1}.$$

于是

$$1 = \|e_j\|^2 = \|Se_j\|^2 = a^2 + b^2.$$

由上式及 $b > 0$ 可知，存在 $\theta \in (0, \pi)$ 使得 $a = \cos\theta$ 且 $b = \sin\theta$. 于是矩阵 9.37 具有所要求的形式，这就完成了这个方向的证明.

反之，现在假设 (b) 成立，则 V 有规范正交基使得 S 关于这个基的矩阵具有定理所要求的形式. 于是有直和分解

$$V = U_1 \oplus \cdots \oplus U_m,$$

其中每个 U_j 都是 V 的一维或二维子空间. 进一步，任意两个属于不同 U_j 的向量都是正交的，并且每个 $S|_{U_j}$ 都是 U_j 映到 U_j 的等距同构. 若 $v \in V$，则有

$$v = u_1 + \cdots + u_m,$$

其中每个 u_j 属于 U_j. 应用 S 到上式并取范数可得

$$\begin{aligned}
\|Sv\|^2 &= \|Su_1 + \cdots + Su_m\|^2 \\
&= \|Su_1\|^2 + \cdots + \|Su_m\|^2 \\
&= \|u_1\|^2 + \cdots + \|u_m\|^2 \\
&= \|v\|^2.
\end{aligned}$$

于是 S 是等距同构，因此 (a) 成立. ∎

习题 9.B

1 设 $S \in \mathcal{L}(\mathbf{R}^3)$ 是等距同构. 证明：存在非零向量 $x \in \mathbf{R}^3$ 使得 $S^2 x = x$.

2 证明：奇数维实内积空间上的每个等距同构都有本征值 1 或 -1.

3 设 V 是实内积空间. 对 $u, v, x, y \in V$ 定义

$$\langle u + \mathrm{i}v, x + \mathrm{i}y \rangle = \langle u, x \rangle + \langle v, y \rangle + \big(\langle v, x \rangle - \langle u, y \rangle \big)\mathrm{i}.$$

证明：这是 $V_{\mathbf{C}}$ 上的复内积.

4 设 V 是实内积空间，$T \in \mathcal{L}(V)$ 是自伴的. 证明：$T_{\mathbf{C}}$ 是上题定义的内积空间 $V_{\mathbf{C}}$ 上的自伴算子.

5 利用上题，通过复化和复谱定理 7.24 给出实谱定理 7.29 的证明.

6 找出内积空间上一个有不变子空间的算子 T，这个不变子空间的正交补在 T 下不是不变的.

本题表明，如果没有假设 T 是正规的，则定理 9.30 有可能不成立.

7 设 $T \in \mathcal{L}(V)$，T 关于 V 的某个基有分块对角矩阵

$$\begin{pmatrix} A_1 & & 0 \\ & \ddots & \\ 0 & & A_m \end{pmatrix}.$$

对于 $j = 1, \ldots, m$，令 T_j 是 V 上的算子，它关于同一个基的矩阵是分块对角矩阵，且该矩阵的块的大小和上面的矩阵一致，其对角线上的第 j 个块是 A_j，所有其他的块都等于（适当大小的）单位矩阵. 证明 $T = T_1 \cdots T_m$.

8 设 D 是 7.A 节习题 21 中向量空间 V 上的微分算子. 求 V 的一个规范正交基使得正规算子 D 的矩阵具有 9.34 中的形式.

第**10**章

英国数学家和计算机科学先驱艾达·洛夫莱斯（1815-1852），1840年阿尔弗雷德·沙隆绘制.

迹与行列式

本书的重点始终是线性映射和算子，而不是矩阵. 本章对矩阵的关注要多一些，因为我们将定义并讨论算子的迹和行列式，然后把这些概念与矩阵的相应概念联系起来. 本书在最后解释了行列式在体积和积分理论中所起到的重要作用.

本章作如下假设:

10.1 记号 F、V

- **F** 表示 **R** 或 **C**.
- V 是 **F** 上的有限维非零向量空间.

本章的学习目标

- 基变换及其对算子的矩阵的影响

- 算子的迹和矩阵的迹

- 算子的行列式和矩阵的行列式

- 行列式和体积

10.A 迹

为了研究迹和行列式，我们需要了解在基变更时算子的矩阵是如何变化的. 因此我们先给出关于基变更的必要材料.

基的变更

恒等算子 $I \in \mathcal{L}(V)$ 关于 V 的任意基的矩阵都是对角线上元素是 1 其余位置元素是 0 的对角矩阵. 如下面的定义，我们仍用符号 I 表示这个矩阵.

> **10.2 定义 单位矩阵**（identity matrix），I
>
> 设 n 是正整数. $n \times n$ 对角矩阵
> $$\begin{pmatrix} 1 & & 0 \\ & \ddots & \\ 0 & & 1 \end{pmatrix}$$
> 称为**单位矩阵**，记作 I.

注意，我们用符号 I 表示（所有向量空间上的）恒等算子和（所有可能大小的）单位矩阵. 你应该能从上下文中确定 I 指的是什么. 例如，考虑等式 $\mathcal{M}(I) = I$，左端的 I 代表恒等算子，右端的 I 代表单位矩阵.

如果 A 是与 I 大小相同的方阵（像通常一样，其中的元素属于 $\mathbf{F}$），则 $AI = IA = A$（请自行验证）.

> **10.3 定义 可逆的**（invertible）、**逆**（inverse），A^{-1}
>
> 方阵 A 称为**可逆的**，如果存在一个同样大小的方阵 B 使得 $AB = BA = I$. 称 B 是 A 的**逆**，记作 A^{-1}.

有些数学家使用术语 非奇异的 和 奇异的，意思分别与可逆的和不可逆的相同.

如同 3.54 中的证明那样，我们可以得到：如果 A 是可逆的方阵，则存在唯一的矩阵 B 使得 $AB = BA = I$（因此记号 $B = A^{-1}$ 是合理的）.

在 3.C 节，我们定义了从一个向量空间到另一个向量空间的线性映射关于两个基（一个是第一个向量空间的基，另一个是第二个向量空间的基）的矩阵. 算子是一个向量空间到自身的线性映射，我们在讨论算子时几乎总是对两个向量空间使用同一个基（毕竟所讨论的两个向量空间是相同的）. 因此，我们通常说一个算子关于某个基的矩阵，并且最多显示一个基，因为我们在这两个相同的向量空间中使用同一个基.

以下定理是一种少见的情况，即使对于将向量空间映到其自身的算子，我们也要用到两个不同的基. 它只是 3.43 的一个确切的重述（取 U 和 W 都等于 V），但现在我们更仔细地把这些基明确地包含在记号中. 定理成立是根据矩阵乘法的定义(参见 3.43 及其前面的内容).

10.4 线性映射之积的矩阵

假设 $u_1, \ldots, u_n$ 和 $v_1, \ldots, v_n$ 以及 $w_1, \ldots, w_n$ 都是 V 的基. 设 $S, T \in \mathcal{L}(V)$. 则

$$\mathcal{M}\big(ST, (u_1, \ldots, u_n), (w_1, \ldots, w_n)\big) =$$
$$\mathcal{M}\big(S, (v_1, \ldots, v_n), (w_1, \ldots, w_n)\big) \mathcal{M}\big(T, (u_1, \ldots, u_n), (v_1, \ldots, v_n)\big).$$

以下定理讨论的是恒等算子 I 关于两个不同的基的矩阵. 注意, 把 u_k 写成 $v_1, \ldots, v_n$ 的线性组合, 所用的标量就构成 $\mathcal{M}(I, (u_1, \ldots, u_n), (v_1, \ldots, v_n))$ 的第 k 列.

10.5 恒等算子关于两个基的矩阵

设 $u_1, \ldots, u_n$ 和 $v_1, \ldots, v_n$ 都是 V 的基. 则矩阵 $\mathcal{M}(I, (u_1, \ldots, u_n), (v_1, \ldots, v_n))$ 和 $\mathcal{M}(I, (v_1, \ldots, v_n), (u_1, \ldots, u_n))$ 都是可逆的, 且它们互为逆.

证明 在 10.4 中, 用 u_j 代替 w_j, 用 I 代替 S 和 T, 可得

$$I = \mathcal{M}\big(I, (v_1, \ldots, v_n), (u_1, \ldots, u_n)\big) \mathcal{M}\big(I, (u_1, \ldots, u_n), (v_1, \ldots, v_n)\big).$$

互换诸 u 和诸 v 的角色, 可得

$$I = \mathcal{M}\big(I, (u_1, \ldots, u_n), (v_1, \ldots, v_n)\big) \mathcal{M}\big(I, (v_1, \ldots, v_n), (u_1, \ldots, u_n)\big).$$

由这两个等式即得所要的结果. ∎

10.6 例 考虑 $\mathbf{F}^2$ 的基 $(4, 2), (5, 3)$ 和 $(1, 0), (0, 1)$. 显然

$$\mathcal{M}\Big(I, ((4, 2), (5, 3)), ((1, 0), (0, 1))\Big) = \begin{pmatrix} 4 & 5 \\ 2 & 3 \end{pmatrix},$$

因为 $I(4, 2) = 4(1, 0) + 2(0, 1)$ 且 $I(5, 3) = 5(1, 0) + 3(0, 1)$.

请自行验证, 上面矩阵的逆是

$$\begin{pmatrix} \frac{3}{2} & -\frac{5}{2} \\ -1 & 2 \end{pmatrix},$$

于是由 10.5 可得

$$\mathcal{M}\Big(I, ((1, 0), (0, 1)), ((4, 2), (5, 3))\Big) = \begin{pmatrix} \frac{3}{2} & -\frac{5}{2} \\ -1 & 2 \end{pmatrix}.$$

现在我们可以看到在基变更时 T 的矩阵是怎样变化的. 在以下定理中, 我们有 V 的两个不同的基. 回忆一下, 记号 $\mathcal{M}(T, (u_1, \ldots, u_n))$ 是 $\mathcal{M}(T, (u_1, \ldots, u_n), (u_1, \ldots, u_n))$ 的缩写.

10.7 基变更公式

设 $T \in \mathcal{L}(V)$. 令 $u_1, \ldots, u_n$ 和 $v_1, \ldots, v_n$ 是 V 的基. $A = \mathcal{M}(I, (u_1, \ldots, u_n),$ $(v_1, \ldots, v_n))$. 则

$$\mathcal{M}(T, (u_1, \ldots, u_n)) = A^{-1} \mathcal{M}(T, (v_1, \ldots, v_n)) A.$$

证明 在 10.4 中, 用 u_j 代替 w_j, 用 I 代替 S, 得到

10.8 $$\mathcal{M}(T, (u_1, \ldots, u_n)) = A^{-1} \mathcal{M}(T, (u_1, \ldots, u_n), (v_1, \ldots, v_n)),$$

其中用到了 10.5.

再利用 10.4, 此时用 v_j 代替 w_j. 同时也用 I 代替 T, 用 T 代替 S, 得到

$$\mathcal{M}(T, (u_1, \ldots, u_n), (v_1, \ldots, v_n)) = \mathcal{M}(T, (v_1, \ldots, v_n)) A.$$

将上面的等式代入 10.8 即得所要的结果. ∎

迹：算子与矩阵间的联系

假设 $T \in \mathcal{L}(V)$, λ 是 T 的本征值. 令 $n = \dim V$. 回忆一下, 我们定义 λ 的重数为广义的本征空间 $G(\lambda, T)$ 的维数（参见 8.24）, 且这个重数等于 $\dim \text{null}(T - \lambda I)^n$ （参见 8.11）. 再回忆一下, 若 V 是复向量空间, 则 T 的所有本征值的重数之和等于 n（参见 8.26）.

在下面的定义中, "按重数重复" 的全体本征值之和指的是, 若 $\lambda_1, \ldots, \lambda_m$ 是 T 的互不相同的本征值（或 $T_{\mathbf{C}}$ 的互不相同的本征值, 若 V 是实向量空间）, 且其重数分别为 $d_1, \ldots, d_m$, 则这个和为

$$d_1 \lambda_1 + \cdots + d_m \lambda_m.$$

或者, 如果你更喜欢将本征值按其重数重复地列出来, 全体本征值可记为 $\lambda_1, \ldots, \lambda_n$ （其中 n 等于 $\dim V$）, 则 "按重数重复" 的全体本征值之和等于

$$\lambda_1 + \cdots + \lambda_n.$$

10.9 定义 算子的迹（trace of an operator）

设 $T \in \mathcal{L}(V)$.
- 若 $\mathbf{F} = \mathbf{C}$, 则 T 的**迹**等于 T 的按重数重复的全体本征值之和.
- 若 $\mathbf{F} = \mathbf{R}$, 则 T 的**迹**等于 $T_{\mathbf{C}}$ 的按重数重复的全体本征值之和.

T 的迹记为 $\text{trace}\, T$.

10.10 例 设算子 $T \in \mathcal{L}(\mathbf{C}^3)$ 的矩阵为

$$\begin{pmatrix} 3 & -1 & -2 \\ 3 & 2 & -3 \\ 1 & 2 & 0 \end{pmatrix}.$$

于是，T 的本征值是 $1, 2+3\mathrm{i}, 2-3\mathrm{i}$，重数都为 1（请自行验证）. 计算所有本征值之和得到 $\operatorname{trace} T = 1 + (2+3\mathrm{i}) + (2-3\mathrm{i})$. 也就是说 $\operatorname{trace} T = 5$.

迹和特征多项式联系紧密. 设 $\lambda_1, \dots, \lambda_n$ 是 T 的本征值（或 $T_{\mathbf{C}}$ 的本征值，如果 V 是实向量空间），其中每个本征值按重数重复. 则由定义（参见 8.34 和 9.21），T 的特征多项式等于

$$(z - \lambda_1) \cdots (z - \lambda_n).$$

展开上面的多项式，T 的特征多项式可以写成

10.11 $$z^n - (\lambda_1 + \cdots + \lambda_n)z^{n-1} + \cdots + (-1)^n (\lambda_1 \cdots \lambda_n).$$

由上面的表达式立即得到以下定理.

10.12 迹和特征多项式

设 $T \in \mathcal{L}(V)$，$n = \dim V$. 则 $\operatorname{trace} T$ 等于 T 的特征多项式中 z^{n-1} 的系数的相反数.

本节的其余部分主要讨论如何利用 T（关于任意一个基）的矩阵来计算 $\operatorname{trace} T$.

首先考虑最容易的情形. 设 V 是复向量空间，$T \in \mathcal{L}(V)$，如在 8.29 中那样取 V 的一个基. 关于这个基 T 有上三角矩阵，其对角线元素恰好是 T 的按重数重复的全体本征值. 于是 $\operatorname{trace} T$ 等于 T 关于这个基的矩阵 $\mathcal{M}(T)$ 的对角线元素之和.

同样的公式也适用于例 10.10 中的算子 $T \in \mathcal{L}(\mathbf{C}^3)$，它的迹等于 5. 在那个例子中，矩阵不是上三角形式. 然而，那个例子中的矩阵的对角元素之和等于 5，这也是算子 T 的迹.

现在你应该能猜到，$\operatorname{trace} T$ 等于 T 关于任意基的矩阵的对角线元素之和. 值得注意的是，这个猜测被证明是对的. 为给出证明，我们先给出下面的定义.

10.13 定义 矩阵的迹（trace of a matrix）

定义方阵 A 的**迹**为其对角线元素之和，记作 $\operatorname{trace} A$.

现在我们已经定义了算子的迹和方阵的迹，在两个不同的环境中用了相同的词"迹". 只有证明两个概念本质上是一样的，这个术语才是合适的. 我们将会看到，$\operatorname{trace} T = \operatorname{trace} \mathcal{M}\big(T, (v_1, \dots, v_n)\big)$ 确实是对的，其中 $v_1, \dots, v_n$ 是 V 的任意一个基. 在证明中将需要以下引理.

10.14 AB 的迹等于 BA 的迹

如果 A 和 B 是相同阶数的方阵，则 $\text{trace}(AB) = \text{trace}(BA)$.

证明 假设

$$A = \begin{pmatrix} A_{1,1} & \dots & A_{1,n} \\ \vdots & & \vdots \\ A_{n,1} & \dots & A_{n,n} \end{pmatrix}, \quad B = \begin{pmatrix} B_{1,1} & \dots & B_{1,n} \\ \vdots & & \vdots \\ B_{n,1} & \dots & B_{n,n} \end{pmatrix}.$$

AB 的对角线上的第 j 项等于

$$\sum_{k=1}^{n} A_{j,k} B_{k,j}.$$

因此

$$
\begin{aligned}
\text{trace}(AB) &= \sum_{j=1}^{n} \sum_{k=1}^{n} A_{j,k} B_{k,j} \\
&= \sum_{k=1}^{n} \sum_{j=1}^{n} B_{k,j} A_{j,k} \\
&= \sum_{k=1}^{n} (BA \text{ 对角线上的第 } k \text{ 项}) \\
&= \text{trace}(BA).
\end{aligned}
$$

证毕. ∎

现在可以证明，算子关于某个基的矩阵的对角线元素之和并不依赖于这个基.

10.15 算子的矩阵的迹不依赖于基

设 $T \in \mathcal{L}(V)$. 如果 $u_1, \dots, u_n$ 和 $v_1, \dots, v_n$ 都是 V 的基，则
$$\text{trace}\, \mathcal{M}\big(T, (u_1, \dots, u_n)\big) = \text{trace}\, \mathcal{M}\big(T, (v_1, \dots, v_n)\big).$$

证明 设 $A = \mathcal{M}\big(I, (u_1, \dots, u_n), (v_1, \dots, v_n)\big)$. 则
$$
\begin{aligned}
\text{trace}\, \mathcal{M}\big(T, (u_1, \dots, u_n)\big) &= \text{trace}\Big(A^{-1}\big(\mathcal{M}(T, (v_1, \dots, v_n))\big)A\Big) \\
&= \text{trace}\Big(\big(\mathcal{M}(T, (v_1, \dots, v_n))\big)A\,A^{-1}\Big) \\
&= \text{trace}\, \mathcal{M}\big(T, (v_1, \dots, v_n)\big),
\end{aligned}
$$
其中第一个等式由 10.7 得到，第二个等式由 10.14 得到. ∎

以下定理是本节最重要的结果，说的是算子的迹等于该算子的矩阵的对角线元素之和. 这个定理没有指明所用到的基，因为根据上面的结果，对每个基来说，算子的矩阵的对角线元素之和都相同.

10.16 算子的迹等于其矩阵的迹

若 $T \in \mathcal{L}(V)$. 则 $\operatorname{trace} T = \operatorname{trace} \mathcal{M}(T)$.

证明 由于 10.15,$\operatorname{trace} \mathcal{M}(T)$ 与 V 的基的选取无关. 因此,要证明对 V 的每个基都有

$$\operatorname{trace} T = \operatorname{trace} \mathcal{M}(T),$$

只需证明上式对 V 的某个基成立.

我们已经讨论过,若 V 是复向量空间,选取 8.29 中的那个基就能得出所要的结果. 若 V 是实向量空间,则把复的情况应用到复化 $T_{\mathbf{C}}$ 上(其被用于定义 $\operatorname{trace} T$)就能得出所要的结果. ∎

如果知道了复向量空间上一个算子的矩阵,利用上述定理,不求算子的任何本征值就可以求出所有本征值的和,如下例所示.

10.17 例 考虑 $\mathbf{C}^5$ 上的一个算子,它的矩阵是

$$\begin{pmatrix} 0 & 0 & 0 & 0 & -3 \\ 1 & 0 & 0 & 0 & 6 \\ 0 & 1 & 0 & 0 & 0 \\ 0 & 0 & 1 & 0 & 0 \\ 0 & 0 & 0 & 1 & 0 \end{pmatrix}.$$

我们不知道这个算子的任何本征值的精确公式,但却知道它的本征值之和等于 0,因为上面矩阵的对角线元素之和等于 0.

通过转换成矩阵的迹的语言,我们可以利用 10.16 给出算子的迹的一些有用性质的简单证明,其中有些性质是已经证明过的,或者是显然的. 以下定理的证明是这种方法的一个例子. 一般来说,$S + T$ 的本征值不能通过将 S 和 T 的本征值相加得出. 因此,如果不用 10.16 以下定理将很难证明.

10.18 迹是可加的

若 $S, T \in \mathcal{L}(V)$. 则 $\operatorname{trace}(S + T) = \operatorname{trace} S + \operatorname{trace} T$.

证明 取 V 的一个基. 则

$$\begin{aligned} \operatorname{trace}(S + T) &= \operatorname{trace} \mathcal{M}(S + T) \\ &= \operatorname{trace}\big(\mathcal{M}(S) + \mathcal{M}(T)\big) \\ &= \operatorname{trace} \mathcal{M}(S) + \operatorname{trace} \mathcal{M}(T) \\ &= \operatorname{trace} S + \operatorname{trace} T, \end{aligned}$$

其中第一个和最后一个等式由 10.16 得到. 根据矩阵的迹的定义，第三个等式是显然的. ∎

> 以下定理的叙述并未涉及迹，但其简短证明却用到了迹. 在数学中一旦有类似的事情发生，我们可以确信背后一定隐藏着一个很好的定义.

利用前面这些方法可以得到下面的奇妙结果. 这个结果在无限维向量空间上的推广可以导出现代物理（特别是量子理论）的一些重要结论.

10.19 恒等算子不是 ST 与 TS 之差

不存在算子 $S, T \in \mathcal{L}(V)$ 使得 $ST - TS = I$.

证明 设 $S, T \in \mathcal{L}(V)$. 取 V 的一个基. 则

$$
\begin{aligned}
\mathrm{trace}(ST - TS) &= \mathrm{trace}(ST) - \mathrm{trace}(TS) \\
&= \mathrm{trace}\,\mathcal{M}(ST) - \mathrm{trace}\,\mathcal{M}(TS) \\
&= \mathrm{trace}(\mathcal{M}(S)\mathcal{M}(T)) - \mathrm{trace}(\mathcal{M}(T)\mathcal{M}(S)) \\
&= 0,
\end{aligned}
$$

第一个等式由 10.18 得到，第二个等式由 10.16 得到，第三个等式由 3.43 得到，第四个等式由 10.14 得到. 显然 I 的迹等于 $\dim V$，不等于 0. 因为 $ST - TS$ 和 I 有不同的迹，所以它们不相等. ∎

习题 10.A

1. 设 $T \in \mathcal{L}(V)$, $v_1, \ldots, v_n$ 是 V 的基. 证明：矩阵 $\mathcal{M}(T, (v_1, \ldots, v_n))$ 是可逆的当且仅当 T 是可逆的.

2. 设 A 和 B 是大小相同的方阵且 $AB = I$. 证明 $BA = I$.

3. 设 $T \in \mathcal{L}(V)$ 关于 V 的每个基的矩阵都相同. 证明 T 是恒等算子的标量倍.

4. 设 $u_1, \ldots, u_n$ 和 $v_1, \ldots, v_n$ 都是 V 的基. 设算子 $T \in \mathcal{L}(V)$ 使得对 $k = 1, \ldots, n$ 都有 $Tv_k = u_k$. 证明：
$$
\mathcal{M}(T, (v_1, \ldots, v_n)) = \mathcal{M}(I, (u_1, \ldots, u_n), (v_1, \ldots, v_n)).
$$

5. 设 B 是复方阵，证明：存在可逆的复方阵 A 使得 $A^{-1}BA$ 是上三角矩阵.

6. 找出一个实向量空间 V 及 $T \in \mathcal{L}(V)$ 的例子，使得 $\mathrm{trace}(T^2) < 0$.

7. 设 V 是实向量空间，$T \in \mathcal{L}(V)$, V 有一个由 T 的本征向量组成的基. 证明 $\mathrm{trace}(T^2) \geq 0$.

8. 设 V 是内积空间，$v, w \in V$. 定义 $T \in \mathcal{L}(V)$ 为 $Tu = \langle u, v \rangle w$. 求 $\mathrm{trace}\,T$.

9. 设 $P \in \mathcal{L}(V)$ 满足 $P^2 = P$. 证明 $\mathrm{trace}\,P = \dim \mathrm{range}\,P$.

10 设 V 是内积空间，$T \in \mathcal{L}(V)$. 证明 $\operatorname{trace} T^* = \overline{\operatorname{trace} T}$.

11 设 V 是内积空间，$T \in \mathcal{L}(V)$ 是正算子，$\operatorname{trace} T = 0$. 证明 $T = 0$.

12 设 V 是内积空间，$P, Q \in \mathcal{L}(V)$ 是正交投影. 证明 $\operatorname{trace}(PQ) \geq 0$.

13 设算子 $T \in \mathcal{L}(\mathbf{C}^3)$ 的矩阵是

$$\begin{pmatrix} 51 & -12 & -21 \\ 60 & -40 & -28 \\ 57 & -68 & 1 \end{pmatrix}.$$

已知 -48 和 24 是 T 的本征值. 不用计算机也不用纸和笔，求 T 第三个本征值.

14 设 $T \in \mathcal{L}(V)$，$c \in \mathbf{F}$. 证明 $\operatorname{trace}(cT) = c \operatorname{trace} T$.

15 设 $S, T \in \mathcal{L}(V)$. 证明 $\operatorname{trace}(ST) = \operatorname{trace}(TS)$.

16 证明或给出反例：若 $S, T \in \mathcal{L}(V)$ 则 $\operatorname{trace}(ST) = (\operatorname{trace} S)(\operatorname{trace} T)$.

17 设 $T \in \mathcal{L}(V)$ 使得对所有 $S \in \mathcal{L}(V)$ 都有 $\operatorname{trace}(ST) = 0$. 证明 $T = 0$.

18 设 V 是内积空间，$e_1, \ldots, e_n$ 是 V 的规范正交基，$T \in \mathcal{L}(V)$. 证明：

$$\operatorname{trace}(T^*T) = \|Te_1\|^2 + \cdots + \|Te_n\|^2.$$

试说明上式右端与 V 的规范正交基 $e_1, \ldots, e_n$ 的选取无关.

19 设 V 是内积空间. 证明：$\langle S, T \rangle = \operatorname{trace}(ST^*)$ 定义了 $\mathcal{L}(V)$ 上的一个内积.

20 设 V 是复内积空间，$T \in \mathcal{L}(V)$，$\lambda_1, \ldots, \lambda_n$ 是 T 的按重数重复的全体本征值. 设

$$\begin{pmatrix} A_{1,1} & \ldots & A_{1,n} \\ \vdots & & \vdots \\ A_{n,1} & \ldots & A_{n,n} \end{pmatrix}$$

是 T 关于 V 的某个规范正交基的矩阵. 证明：

$$|\lambda_1|^2 + \cdots + |\lambda_n|^2 \leq \sum_{k=1}^{n} \sum_{j=1}^{n} |A_{j,k}|^2.$$

21 设 V 是内积空间，$T \in \mathcal{L}(V)$，对每个 $v \in V$ 都有 $\|T^*v\| \leq \|Tv\|$. 证明 T 是正规的.

本题对无限维内积空间不成立，从而引出所谓的亚正规算子，其理论已经比较成熟.

10.B 行列式

算子的行列式

现在可以定义算子的行列式了. 注意下面的定义仿照定义迹的方法，用本征值之积代替了本征值之和.

10.20 定义 算子的行列式（determinant of an operator），$\det T$

设 $T \in \mathcal{L}(V)$.

- 若 $\mathbf{F} = \mathbf{C}$，则 T 的**行列式**是 T 的按重数重复的全体本征值之积.
- 若 $\mathbf{F} = \mathbf{R}$，则 T 的**行列式**是 $T_{\mathbf{C}}$ 的按重数重复的全体本征值之积.

T 的行列式记为 $\det T$.

设 $\lambda_1, \ldots, \lambda_m$ 是 T 的全体互不相同的本征值（或 $T_{\mathbf{C}}$ 的全体互不相同的本征值，如果 V 是实向量空间），且其重数分别为 $d_1, \ldots, d_m$，上面的定义表明

$$\det T = \lambda_1^{d_1} \cdots \lambda_m^{d_m}.$$

或者，如果你更喜欢将本征值按其重数重复地列出来，全体本征值可记为 $\lambda_1, \ldots, \lambda_n$（其中 n 等于 $\dim V$），上面的定义表明

$$\det T = \lambda_1 \cdots \lambda_n.$$

10.21 例 设算子 $T \in \mathcal{L}(\mathbf{C}^3)$ 的矩阵是

$$\begin{pmatrix} 3 & -1 & -2 \\ 3 & 2 & -3 \\ 1 & 2 & 0 \end{pmatrix}.$$

T 的本征值为 $1, 2 + 3\mathrm{i}, 2 - 3\mathrm{i}$, 并且重数都是 1（请自行验证）. 计算这些本征值的乘积得 $\det T = 1 \cdot (2 + 3\mathrm{i}) \cdot (2 - 3\mathrm{i})$, 即 $\det T = 13$.

行列式和特征多项式联系紧密. 设 $\lambda_1, \ldots, \lambda_n$ 是 T 按重数重复的全体本征值（或 $T_{\mathbf{C}}$ 的本征值，如果 V 是实向量空间）. 则由 10.11 给出的 T 的特征多项式的表达式给出了以下定理.

10.22 行列式和特征多项式

设 $T \in \mathcal{L}(V)$, $n = \dim V$. 则 $\det T$ 等于 $(-1)^n$ 乘以 T 的特征多项式的常数项.

把上述定理和 10.12 结合起来，得到以下结论.

10.23 特征多项式、迹和行列式

设 $T \in \mathcal{L}(V)$. 则 T 的特征多项式可写为 $z^n - (\text{trace } T)z^{n-1} + \cdots + (-1)^n(\det T)$.

现在我们要证明行列式的一些简单而重要的性质. 下一小节介绍利用 T（关于任意基）的矩阵计算 $\det T$ 的方法.

由于我们的定义，下面这个重要定理就有了一个简单的证明.

10.24 可逆等价于行列式非零

V 上的算子是可逆的当且仅当它的行列式是非零的.

证明 首先,设 V 是复向量空间,$T \in \mathcal{L}(V)$. 算子 T 是可逆的当且仅当 0 不是 T 的本征值. 显然,这个条件成立当且仅当 T 的本征值的乘积不等于 0. 因此,T 是可逆的当且仅当 $\det T \neq 0$.

现在考虑 V 是实向量空间且 $T \in \mathcal{L}(V)$ 的情况. 此时仍有 T 是可逆的当且仅当 0 不是 T 的本征值,这个条件成立当且仅当 0 不是 $T_{\mathbf{C}}$ 的本征值(由于 9.11,$T_{\mathbf{C}}$ 和 T 有相同的实本征值). 因此我们再次得到 T 是可逆的当且仅当 $\det T \neq 0$. ∎

有些教科书把以下定理作为特征多项式的定义,而把我们的特征多项式定义作为结果.

10.25 T 的特征多项式等于 $\det(zI - T)$

设 $T \in \mathcal{L}(V)$. 则 T 的特征多项式等于 $\det(zI - T)$.

证明 首先设 V 是复向量空间. 若 $\lambda, z \in \mathbf{C}$,则 λ 是 T 的本征值当且仅当 $(z - \lambda)$ 是 $(zI - T)$ 的本征值,这是因为

$$-(T - \lambda I) = (zI - T) - (z - \lambda)I.$$

等式两端同时取 $\dim V$ 次幂,然后再取零空间可知,λ 作为 T 的本征值的重数等于 $(z - \lambda)$ 作为 $(zI - T)$ 的本征值的重数.

令 $\lambda_1, \ldots, \lambda_n$ 表示 T 的按重数重复的全体本征值. 上一段表明,对 $z \in \mathbf{C}$,$(zI - T)$ 的按重数重复的全体本征值为 $z - \lambda_1, \ldots, z - \lambda_n$. 而 $(zI - T)$ 的行列式就是这些本征值的乘积. 也就是说

$$\det(zI - T) = (z - \lambda_1) \cdots (z - \lambda_n).$$

根据定义,上式右端即 T 的特征多项式,这就完成了 T 是复向量空间的情形的证明.

若 V 是实向量空间,把复向量空间的情况应用到 $T_{\mathbf{C}}$ 上即得所要的结果. ∎

矩阵的行列式

我们的下一个任务是找到利用 T(关于任意基)的矩阵来计算 $\det T$ 的方法. 首先讨论最简单的情形. 设 V 是复向量空间,$T \in \mathcal{L}(V)$,并如 8.29 那样取 V 的一个基使得 T 关于这个基有上三角矩阵,且矩阵的对角线恰好包含 T 的按重数重复的全体本征值. 于是关于这个基,$\det T$ 等于 $\mathcal{M}(T)$ 的全体对角线元素之积.

在上一节处理迹时,我们发现公式"迹 = 对角线元素之和"对 8.29 给出的上三角矩阵成立,而且关于任意基都成立. 对行列式也是这样吗? 也就是说,算子的行列式等于算子关于任意基的矩阵的对角线元素之积吗?

遗憾的是，行列式要比迹复杂得多．特别地，$\det T$ 未必等于 T 关于任何基的矩阵 $\mathcal{M}(T)$ 的对角线元素之积．例如，例 10.21 中的算子的行列式等于 13，但是那个矩阵的对角线元素之积却等于 0．

对于每个方阵 A，我们想定义 A 的行列式（记作 $\det A$）使得无论用哪个基来计算 $\mathcal{M}(T)$ 都有 $\det T = \det \mathcal{M}(T)$．为了寻找矩阵的行列式的正确定义，先来计算某些特殊算子的行列式．

10.26 例 设 $a_1, \ldots, a_n \in \mathbf{F}$．令

$$
A = \begin{pmatrix}
0 & & & & & a_n \\
a_1 & 0 & & & & \\
& a_2 & 0 & & & \\
& & \ddots & \ddots & & \\
& & & a_{n-1} & 0 &
\end{pmatrix},
$$

在这个矩阵中，除了右上角的元素和紧位于对角线之下的那条直线上的元素之外，其余元素都等于 0．设 $v_1, \ldots, v_n$ 是 V 的基，$T \in \mathcal{L}(V)$ 使得 $\mathcal{M}(T, (v_1, \ldots, v_n)) = A$．我们来求 T 的行列式．

解 首先设对每个 $j = 1, \ldots, n-1$ 均有 $a_j \neq 0$．注意到组 $v_1, Tv_1, T^2v_1, \ldots, T^{n-1}v_1$ 等于 $v_1, a_1v_2, a_1a_2v_3, \ldots, a_1 \cdots a_{n-1}v_n$．

> 正如此例，计算极小多项式通常是求特征多项式的有效方法．

于是 $v_1, Tv_1, \ldots, T^{n-1}v_1$ 是线性无关的（因为所有的 a_j 都非零）．因此，若 p 是次数不超过 $n-1$ 的首一多项式，则 $p(T)v_1 \neq 0$．因此 T 的极小多项式的次数不可能小于 n．

请自行验证，对每个 j 都有 $T^n v_j = a_1 \cdots a_n v_j$．所以 $T^n = a_1 \cdots a_n I$．因此 $z^n - a_1 \cdots a_n$ 是 T 的极小多项式．因为 $n = \dim V$，并且特征多项式是极小多项式 9.26 的多项式倍，所以 $z^n - a_1 \cdots a_n$ 也是 T 的特征多项式．

因此由 10.22 可得

$$
\det T = (-1)^{n-1} a_1 \cdots a_n.
$$

如果某个 a_j 等于 0，则对某个 j 有 $Tv_j = 0$，由此可知 0 是 T 的一个本征值，因此 $\det T = 0$．也就是说，上面的公式在某个 a_j 等于 0 时也成立．

因此，为使 $\det T = \det \mathcal{M}(T)$，我们必须让例 10.26 中的矩阵的行列式等于 $(-1)^{n-1}a_1 \cdots a_n$．但我们现在还没有足够的证据来对任意方阵的行列式的定义做出一个合理的猜想．

为了计算一类更复杂的算子的行列式，我们引入排列的概念．

10.27 定义 排列（permutation），$\operatorname{perm} n$

- $(1,\ldots,n)$ 的一个**排列**是一个组 $(m_1,\ldots,m_n)$，$1,\ldots,n$ 中的每个数恰好在其中出现一次.
- $(1,\ldots,n)$ 的所有排列组成的集合记为 $\operatorname{perm} n$.

例如，$(2,3,4,5,1) \in \operatorname{perm} 5$. 可以把 $\operatorname{perm} n$ 的元素看作前 n 个正整数的一个重排.

10.28 例 设 $a_1,\ldots,a_n \in \mathbf{F}$, $v_1,\ldots,v_n$ 是 V 的基. 考虑如下排列 $(p_1,\ldots,p_n) \in \operatorname{perm} n$：将 $(1,\ldots,n)$ 拆成连续整数的组，然后把每组的第一项移到该组的最后. 例如，取 $n=9$，则排列

$$(2,3,1,5,6,7,4,9,8)$$

可以这样得到：将 $(1,2,3),(4,5,6,7),(8,9)$ 各组中的第一项移到最后，得到 $(2,3,1)$,$(5,6,7,4),(9,8)$，然后再把它们放在一起即得上面的排列.

设算子 $T \in \mathcal{L}(V)$ 使得对 $k=1,\ldots,n$ 有 $Tv_k = a_k v_{p_k}$. 求 $\det T$.

解 如果 $(p_1,\ldots,p_n)$ 是排列 $(2,3,\ldots,n,1)$，则我们的算子 T 与例 10.26 定义的算子 T 是相同的，因此本例推广了例 10.26.

算子 T 关于基 $v_1,\ldots,v_n$ 的矩阵是分块对角矩阵

$$A = \begin{pmatrix} A_1 & & 0 \\ & \ddots & \\ 0 & & A_M \end{pmatrix},$$

其中每个块都形如 10.26 中的方阵.

相应地，我们有 $V = V_1 \oplus \cdots \oplus V_M$，其中每个 V_j 在 T 下不变，每个 $T|_{V_j}$ 形如 10.26 中的算子. 由于 $\det T = (\det T|_{V_1}) \cdots (\det T|_{V_M})$（因为 V_j 的广义本征空间的维数之和等于 $\dim V$），我们有

$$\det T = (-1)^{n_1-1} \cdots (-1)^{n_M-1} a_1 \cdots a_n,$$

其中 V_j 的维数为 n_j（相应地每个 A_j 的大小为 $n_j \times n_j$），这里我们用到了 10.26 中的结果.

上面出现的数 $(-1)^{n_1-1} \cdots (-1)^{n_M-1}$ 称为相应排列 $(p_1,\ldots,p_n)$ 的符号，记为 $\operatorname{sign}(p_1,\ldots,p_n)$（这只是一个临时的定义，等到我们定义了任意排列的符号之后将改用一个等价的定义）.

为将其写成不依赖于特殊排列 $(p_1,\ldots,p_n)$ 的形式，令 $A_{j,k}$ 表示例 10.28 中矩阵 A 的第 j 行第 k 列元素. 则

$$A_{j,k} = \begin{cases} 0, & \text{若 } j \neq p_k, \\ a_k, & \text{若 } j = p_k. \end{cases}$$

例 10.28 给出我们要得到的

10.29 $$\det A = \sum_{(m_1,\ldots,m_n) \in \text{perm } n} (\text{sign}(m_1,\ldots,m_n)) A_{m_1,1} \cdots A_{m_n,n},$$

注意除了对应于排列 $(p_1,\ldots,p_n)$ 的那个和项之外，其余的每个和项都等于 0（这也是其他排列的符号尚未定义却没有关系的原因）.

现在我们可以猜测对任意方阵 A，$\det A$ 应该定义为 10.29. 这将被证明是对的. 现在我们可以忽略动机，开始更加正式的推导. 首先需要定义任意排列的符号.

10.30 定义 排列的符号（sign of a permutation）

- 如果在组 $(m_1,\ldots,m_n)$ 中使得 $1 \leqslant j < k \leqslant n$ 且 j 出现在 k 后面的整数对 (j,k) 的个数是偶数，那么排列 $(m_1,\ldots,m_n)$ 的**符号**定义为 1；如果这种数对的个数是奇数，则定义为 -1.

- 也就是说，排列的符号等于 1，如果自然顺序被改变了偶数次；等于 -1，如果自然顺序被改变了奇数次.

10.31 例 排列的符号

- 在组 $(2,1,3,4)$ 中，使得 $j < k$ 并且 j 出现在 k 之后的整数对 (j,k) 只有 $(1,2)$. 所以排列 $(2,1,3,4)$ 的符号等于 -1.

- 在排列 $(2,3,\ldots,n,1)$ 中，使得 $j < k$ 并反序出现的整数对 (j,k) 只有 $(1,2)$，$(1,3),\ldots,(1,n)$. 因为这样的对共有 $n-1$ 个，所以这个排列的符号等于 $(-1)^{n-1}$（注意，这与例 10.26 中出现的量一致）.

以下定理表明，交换一个排列中的两个元素将改变该排列的符号.

10.32 交换排列中的两个元素

交换一个排列中的两个元素，该排列的符号将乘以 -1.

证明 假设有两个排列，其中第二个排列是通过交换第一个排列中的两个元素得到的. 如果那两个被交换元素在第一个排列中是自然顺序，则它们在第二个排列中就不再是自然顺序，反之亦然. 现在我们看到的非自然顺序数对的数目的净改变量为 1 或 -1（两者都是奇数）.

> 有些教科书采用术语符号函数，它与符号同义.

考虑介于那两个被交换的元素之间的每一个元素. 如果一个中间元素最初和那两个被交换的元素都是自然顺序，则现在它与那两个被交换的元素都不是自然顺序. 类似地，如果一个中间元素最初与那两个被交换的元素都不是自然顺序，则现在它和那两个被交换的元素都是自然顺序. 如果一个中间元素最初只与那两个被交换的元素之一是自然顺序，则结果仍是如此. 于是，对于中间的每个元素来说，非自然顺序数对的数目的净改变量为 2、-2 或 0（都是偶数）.

对于所有其他的元素，非自然顺序数对的数量没有变化. 所以非自然顺序数对的数量的变化总量是一个奇数. 于是第二个排列的符号等于 -1 乘以第一个排列的符号. ∎

下一个定义的动机来自 10.29.

10.33 定义 **矩阵的行列式**（determinant of a matrix），$\det A$

$n \times n$ 矩阵

$$A = \begin{pmatrix} A_{1,1} & \dots & A_{1,n} \\ \vdots & & \vdots \\ A_{n,1} & \dots & A_{n,n} \end{pmatrix}$$

的**行列式**（记作 $\det A$）定义为

$$\det A = \sum_{(m_1,\dots,m_n) \in \operatorname{perm} n} (\operatorname{sign}(m_1,\dots,m_n)) A_{m_1,1} \cdots A_{m_n,n}.$$

10.34 例 **行列式**

- 若 A 是 1×1 矩阵 $(A_{1,1})$，则 $\det A = A_{1,1}$，因为 $\operatorname{perm} 1$ 只有一个元素，即 (1)，所以它的符号是 1.
- 显然 $\operatorname{perm} 2$ 有两个元素，即 $(1,2)$ 和 $(2,1)$. 其符号分别是 1 和 -1. 因此

$$\det \begin{pmatrix} A_{1,1} & A_{1,2} \\ A_{2,1} & A_{2,2} \end{pmatrix} = A_{1,1}A_{2,2} - A_{2,1}A_{1,2}.$$

为保证理解这个过程，你应该仅用上面给出的定义找出任意 3×3 矩阵的行列式公式.

> $\operatorname{perm} 3$ 有 6 个元素. 一般来说，$\operatorname{perm} n$ 有 $n!$ 个元素. 注意，随着 n 的增大，$n!$ 迅速增大.

10.35 例 计算上三角矩阵

$$A = \begin{pmatrix} A_{1,1} & & * \\ & \ddots & \\ 0 & & A_{n,n} \end{pmatrix}$$

的行列式.

解 排列 $(1,2,\dots,n)$ 的符号为 1，因此对 10.33 中定义 $\det A$ 的求和式贡献了一项 $A_{1,1} \cdots A_{n,n}$. 任意其他的排列 $(m_1,\dots,m_n) \in \operatorname{perm} n$ 至少包含一个元素 m_j 使得

$m_j > j$, 所以 $A_{m_j,j} = 0$（因为 A 是上三角矩阵）. 于是 10.33 中其他的每个项对求和都没有贡献.

因此 $\det A = A_{1,1} \cdots A_{n,n}$. 也就是说, 上三角矩阵的行列式等于对角线元素的乘积.

设 V 是复向量空间, $T \in \mathcal{L}(V)$, 如 8.29 那样取 V 的一个基, T 关于这个基有一个上三角矩阵, 对角线元素刚好包含 T 的按重数重复的全体本征值. 因此例 10.35 告诉我们 $\det T = \det \mathcal{M}(T)$, 其中的矩阵是关于那个基的矩阵.

我们的目标是证明 $\det T = \det \mathcal{M}(T)$ 对 V 的每个基都成立, 而不只是对 8.29 中的基. 为此, 需要给出行列式的一些性质. 以下定理是其中的第一个性质.

10.36 交换矩阵的两列

设 A 是方阵, B 是通过交换 A 的两列得到的矩阵. 则 $\det A = - \det B$.

证明 考虑 10.33 中 $\det A$ 的定义中那个求和式和 $\det B$ 的定义中相应的求和式. 这两个和式中出现的那些 $A_{j,k}$ 的乘积是相同的, 只是相应的排列不同. $\det B$ 中相应于一个给定的 $A_{j,k}$ 的乘积的排列是通过交换 $\det A$ 的相应排列中的两个元素得到的, 所以 $\det B$ 的排列的符号等于 $\det A$ 的相应排列的符号乘以 -1（参见 10.32）. 因此我们有 $\det A = - \det B$. ∎

如果 $T \in \mathcal{L}(V)$, 并且 T（关于某个基）的矩阵具有两个相同的列, 则 T 不是单的, 于是 $\det T = 0$. 虽然这个解释使以下定理看似合理, 但却不能当成证明, 因为我们现在还不知道 $\det T = \det \mathcal{M}(T)$ 是否对基的每个选择都成立.

10.37 有两个相等列的矩阵

如果方阵 A 有两个列是相同的, 则 $\det A = 0$.

证明 设方阵 A 有两个列是相同的. 把 A 的这两个相同的列交换仍得到最初的矩阵 A. 因此, 由 10.36（取 $B = A$）得

$$\det A = - \det A,$$

从而 $\det A = 0$. ∎

回忆一下 3.44, 如果 A 是 $n \times n$ 矩阵

$$A = \begin{pmatrix} A_{1,1} & \dots & A_{1,n} \\ \vdots & & \vdots \\ A_{n,1} & \dots & A_{n,n} \end{pmatrix},$$

则我们可以把 A 的第 k 列看作一个 $n \times 1$ 矩阵, 记为 $A_{.,k}$:

$$A_{\cdot,k} = \begin{pmatrix} A_{1,k} \\ \vdots \\ A_{n,k} \end{pmatrix}.$$

要注意, 具有两个下标的 $A_{j,k}$ 表示 A 的一个元素, 而具有一个圆点占位符和一个下标的 $A_{\cdot,k}$ 表示 A 的一个列. 这个记号使我们可将 A 写成

$$(\ A_{\cdot,1} \quad \ldots \quad A_{\cdot,n} \ ),$$

> 有些教材把行列式定义为方阵的函数, 这个函数对每个列都是线性的, 并且满足 10.38 和 $\det I = 1$. 要证明这样的函数存在且唯一需要做大量的工作.

这是非常有用的.

以下定理说明, 把矩阵 A 的列重新排列, 行列式就变成了 A 的行列式乘以这个排列的符号.

10.38 重排矩阵的列

设 $A = (\ A_{\cdot,1} \quad \ldots \quad A_{\cdot,n} \ )$ 是 $n \times n$ 矩阵, $(m_1,\ldots,m_n)$ 是一个排列. 则

$$\det(\ A_{\cdot,m_1} \quad \ldots \quad A_{\cdot,m_n} \ ) = (\mathrm{sign}(m_1,\ldots,m_n)) \det A.$$

证明 我们可以通过一系列步骤把矩阵 $(\ A_{\cdot,m_1} \quad \ldots \quad A_{\cdot,m_n} \ )$ 变成 A. 每一步交换两列, 根据 10.36, 得到的行列式等于前一个行列式乘以 -1. 需要的步骤数等于把排列 $(m_1,\ldots,m_n)$ 变成排列 $(1,\ldots,n)$ 需要交换元素的次数. 为完成证明, 只需注意到如果 $(m_1,\ldots,m_n)$ 的符号是 1, 则这个次数是偶数; 如果 $(m_1,\ldots,m_n)$ 的符号是 -1, 则是这个次数是奇数 (根据 10.32, 并注意到排列 $(1,\ldots,n)$ 的符号是 1). ∎

关于行列式的以下定理也是有用的.

10.39 行列式是每一列的线性函数

设 k,n 是满足 $1 \leq k \leq n$ 的正整数. 固定除 $A_{\cdot,k}$ 之外的那些 $n \times 1$ 矩阵 $A_{\cdot,1},\ldots,A_{\cdot,n}$. 则把 $n \times 1$ 列向量 $A_{\cdot,k}$ 映为

$$\det(\ A_{\cdot,1} \quad \ldots \quad A_{\cdot,k} \quad \ldots \quad A_{\cdot,n} \ )$$

的函数, 是从 $\mathbf{F}$ 上的 $n \times 1$ 矩阵构成的向量空间到 $\mathbf{F}$ 的线性映射.

证明 线性由 10.33 易得, 因为 10.33 中的每个和项都恰好包含 A 的第 k 列中的一个元素. ∎

我们现在可以证明方阵的行列式的一个重要性质. 这个性质使我们能够把算子的行列式和它的矩阵的行列式联系起来. 注意, 这个证明比关于迹的相应结果的证明复杂得多 (参见 10.14).

> 1812 年法国数学家雅克·比内和奥古斯丁-路易·柯西最早证明了以下定理.

10.40 行列式是可乘的

若 A 和 B 是大小相同的方阵，则 $\det(AB) = \det(BA) = (\det A)(\det B)$.

证明 令 $A = (\ A_{.,1}\quad \ldots \quad A_{.,n}\ )$，其中每个 $A_{.,k}$ 都是 A 的一个 $n \times 1$ 的列. 令

$$
B = \begin{pmatrix} B_{1,1} & \ldots & B_{1,n} \\ \vdots & & \vdots \\ B_{n,1} & \ldots & B_{n,n} \end{pmatrix} = (\ B_{.,1}\quad \ldots \quad B_{.,n}\ ),
$$

其中每个 $B_{.,k}$ 是 B 的一个 $n \times 1$ 的列. 令 e_k 表示第 k 行的元素等于 1 其余元素都等于 0 的 $n \times 1$ 矩阵. 注意到 $Ae_k = A_{.,k}$，$Be_k = B_{.,k}$. 进而有 $B_{.,k} = \sum_{m=1}^{n} B_{m,k} e_m$.

首先证明 $\det(AB) = (\det A)(\det B)$. 容易看到（参见 3.49），由矩阵乘法的定义可得 $AB = (\ AB_{.,1}\quad \ldots \quad AB_{.,n}\ )$. 因此

$$
\det(AB) = \det(\ AB_{.,1}\quad \ldots \quad AB_{.,n}\ )
$$

$$
= \det(\ A(\textstyle\sum_{m_1=1}^{n} B_{m_1,1} e_{m_1})\quad \ldots \quad A(\textstyle\sum_{m_n=1}^{n} B_{m_n,n} e_{m_n})\ )
$$

$$
= \det(\ \textstyle\sum_{m_1=1}^{n} B_{m_1,1} Ae_{m_1}\quad \ldots \quad \textstyle\sum_{m_n=1}^{n} B_{m_n,n} Ae_{m_n}\ )
$$

$$
= \sum_{m_1=1}^{n} \cdots \sum_{m_n=1}^{n} B_{m_1,1} \cdots B_{m_n,n} \det(\ Ae_{m_1}\quad \ldots \quad Ae_{m_n}\ ),
$$

其中最后一个等式是反复利用了 $\det$ 作为每一列的函数的线性（10.39）. 在上面的最后一个求和式中，存在某个 $j \neq k$ 使得 $m_j = m_k$ 的所有项都可以忽略，因为具有两个相同列的矩阵的行列式等于 0（由于 10.37）. 因此我们不需要对 $m_1, \ldots, m_n$ 的所有取值求和，只需对使得这些 m_j 具有不同值的排列求和，其中每个 m_j 都取值于 $1, \ldots, n$. 也就是说

$$
\det(AB) = \sum_{(m_1,\ldots,m_n) \in \mathrm{perm}\, n} B_{m_1,1} \cdots B_{m_n,n} \det(\ Ae_{m_1}\quad \ldots \quad Ae_{m_n}\ )
$$

$$
= \sum_{(m_1,\ldots,m_n) \in \mathrm{perm}\, n} B_{m_1,1} \cdots B_{m_n,n} \big(\mathrm{sign}(m_1,\ldots,m_n)\big) \det A
$$

$$
= (\det A) \sum_{(m_1,\ldots,m_n) \in \mathrm{perm}\, n} \big(\mathrm{sign}(m_1,\ldots,m_n)\big) B_{m_1,1} \cdots B_{m_n,n}
$$

$$
= (\det A)(\det B),
$$

其中第二个等式由 10.38 得到.

上一段证明了 $\det(AB) = (\det A)(\det B)$. 交换 A 和 B 的角色得 $\det(BA) = (\det B)(\det A)$，即 $\det(BA) = (\det A)(\det B)$. ∎

现在我们可以证明，算子的矩阵的行列式与计算这个矩阵所使用的基无关.

> 注意，以下定理的证明与关于迹的类似结果的证明相似（参见 10.15）.

10.41 算子的矩阵的行列式不依赖于基

设 $T \in \mathcal{L}(V)$，$u_1, \ldots, u_n$ 和 $v_1, \ldots, v_n$ 都是 V 的基. 则

$$\det \mathcal{M}\big(T, (u_1, \ldots, u_n)\big) = \det \mathcal{M}\big(T, (v_1, \ldots, v_n)\big).$$

证明 令 $A = \mathcal{M}\big(I, (u_1, \ldots, u_n), (v_1, \ldots, v_n)\big)$. 则

$$
\begin{aligned}
\det \mathcal{M}\big(T, (u_1, \ldots, u_n)\big) &= \det\Big(A^{-1}\big(\mathcal{M}(T, (v_1, \ldots, v_n))\big)A\Big) \\
&= \det\Big(\big((\mathcal{M}(T, (v_1, \ldots, v_n)))A\big)A^{-1}\Big) \\
&= \det \mathcal{M}\big(T, (v_1, \ldots, v_n)\big),
\end{aligned}
$$

其中第一个等式由 10.7 得到，第二个等式由 10.40 得到. ■

以下定理表明，算子的行列式等于该算子的矩阵的行列式. 这个定理并没有指明所用到的基，因为根据以上定理，对于每个基来说，算子的矩阵的行列式都相同.

10.42 算子的行列式等于它的矩阵的行列式

设 $T \in \mathcal{L}(V)$. 则 $\det T = \det \mathcal{M}(T)$.

证明 由 10.41 可知 $\det \mathcal{M}(T)$ 与 V 的基的选取无关. 因此，要证明对 V 的每个基都有 $\det T = \det \mathcal{M}(T)$，只需证明结果对 V 的某个基成立.

我们已经讨论过，若 V 是复向量空间，则像 8.29 那样取 V 的一个基，即得所要的结果. 若 V 是实向量空间，则把复的情况应用到复化 $T_{\mathbf{C}}$（用于定义 $\det T$）上，即得所要的结果. ■

如果知道复向量空间上一个算子的矩阵，利用上述定理，不求算子的任何本征值就可以求出所有本征值的乘积.

10.43 例 设 T 是 $\mathbf{C}^5$ 上的算子，其矩阵为

$$
\begin{pmatrix}
0 & 0 & 0 & 0 & -3 \\
1 & 0 & 0 & 0 & 6 \\
0 & 1 & 0 & 0 & 0 \\
0 & 0 & 1 & 0 & 0 \\
0 & 0 & 0 & 1 & 0
\end{pmatrix}.
$$

我们不知道这个算子的任何本征值的精确公式，但知道它的本征值的乘积等于 -3，因为上面矩阵的行列式等于 -3.

通过转换成矩阵行列式的语言，利用 10.42 容易证明算子的行列式的一些有用性质，其中有些性质是已经证明过的，或者是显然的. 可以如此证明以下定理.

10.44 行列式是可乘的

设 $S, T \in \mathcal{L}(V)$. 则 $\det(ST) = \det(TS) = (\det S)(\det T)$.

证明 取 V 的一个基，则有

$$
\begin{aligned}
\det(ST) &= \det \mathcal{M}(ST) \\
&= \det\big(\mathcal{M}(S)\mathcal{M}(T)\big) \\
&= \big(\det \mathcal{M}(S)\big)\big(\det \mathcal{M}(T)\big) \\
&= (\det S)(\det T),
\end{aligned}
$$

其中第一个和最后一个等式由 10.42 得到，第三个等式由 10.40 得到.

上一段证明了 $\det(ST) = (\det S)(\det T)$. 交换 S 和 T 的角色即得 $\det(TS) = (\det T)(\det S)$. 因为 $\mathbf{F}$ 中元素的乘法是交换的，所以 $\det(TS) = (\det S)(\det T)$. ∎

行列式的符号

我们在最后一章引入行列式之前就已经证明了线性代数的基本结果. 虽然行列式对于更高等的课题是有价值的研究工具，但是它们在基础线性代数中并未发挥多少作用（当该课题得到恰当处理时）.

> 大多数应用数学家认为，行列式很少用于复杂的数值计算.

行列式在大学数学中确实有一个重要的应用，即用于计算某些体积和积分. 在这一小节我们解释实向量空间上的行列式的符号的含义. 然后在最后一小节，我们将利用所学习的线性代数知识来弄清楚行列式和这些应用之间的联系. 因此要利用线性代数来处理分析中的一部分内容.

首先来看研究体积时需要用到的一些纯线性代数的结果. 我们在内积空间的假设下考虑. 回想一下，内积空间中的等距同构是保持范数的算子. 以下定理表明，每个等距同构的行列式的绝对值都等于 1.

10.45 等距同构的行列式绝对值为 1

设 V 是内积空间，$S \in \mathcal{L}(V)$ 是等距同构. 则 $|\det S| = 1$.

证明 首先考虑 V 是复内积空间的情形. 此时 S 的所有本征值的绝对值都为 1（参见 7.43 的证明）. 因此 S 的所有本征值（按重数计）的乘积的绝对值也是 1. 也就是说 $|\det S| = 1$.

现在假设 V 是实内积空间，在这种情况下我们给出两种不同的证明.

证明 1：在由 9.B 节练习 3 给出的关于复化 $V_{\mathbf{C}}$ 的内积空间中，易知 $S_{\mathbf{C}}$ 是 $V_{\mathbf{C}}$ 上的等距同构. 因此，由我们已经证明的复内积空间的情况，有 $|\det S_{\mathbf{C}}| = 1$. 根据实向量空间上行列式的定义，有 $\det S = \det S_{\mathbf{C}}$，所以 $|\det S| = 1$.

证明 2：根据 9.36，V 有一个规范正交基使得关于这个基 $\mathcal{M}(S)$ 是分块对角矩阵，对角线上的每个块是由 1 或 −1 组成的 1×1 矩阵，或是形如

$$\begin{pmatrix} \cos\theta & -\sin\theta \\ \sin\theta & \cos\theta \end{pmatrix}$$

的 2×2 矩阵，其中 $\theta \in (0, \pi)$. 注意到每个如上形式的 2×2 矩阵的行列式都等于 1（因为 $\cos^2\theta + \sin^2\theta = 1$）. S 的行列式是其块的行列式的乘积，是一些 1 和一些 −1 的乘积. 因此 $|\det S| = 1$. ∎

实谱定理 7.29 指出实内积空间上的自伴算子 T 有一个由本征向量组成的规范正交基. 关于这个基，每个本征值出现在 $\mathcal{M}(T)$ 的对角线上的次数等于它的重数. 因此 $\det T$ 等于它的本征值（按重数计）的乘积. 当然，这个结论在复向量空间中对每个算子都成立，无论是不是自伴的.

回想一下，如果 V 是内积空间且 $T \in \mathcal{L}(V)$，则 T^*T 是正算子，因此有唯一的正平方根，记为 $\sqrt{T^*T}$（参见 7.35 和 7.36）. 因为 $\sqrt{T^*T}$ 是正的，所以它的所有本征值都是非负的（还是参见 7.35），因此 $\det \sqrt{T^*T} \geq 0$. 这些考虑在下面的例子中起了重要作用.

10.46 例 设 V 是实内积空间，$T \in \mathcal{L}(V)$ 是可逆的（因此 $\det T$ 是正的或者是负的）. 找出 $\det T$ 的符号的一个几何解释.

解 首先考虑等距同构 $S \in \mathcal{L}(V)$. 由于 10.45，S 的行列式等于 1 或者 −1. 注意到

$$\{v \in V : Sv = -v\}$$

是本征空间 $E(-1, S)$. 从几何的角度考虑，我们可以说这个子空间是 S 的反向子空间. 仔细考察 10.45 的证明 2 可知，如果这个子空间的维数是偶数则 $\det S = 1$，如果这个子空间的维数是奇数则 $\det S = -1$.

> 我们没有给出短语"反向"的正式定义，因为这些解释只是做为一种直观来帮助我们理解.

回到任意可逆算子 $T \in \mathcal{L}(V)$，由极分解定理 7.45 可知，存在等距同构 $S \in \mathcal{L}(V)$ 使得

$$T = S\sqrt{T^*T}.$$

10.44 告诉我们

$$\det T = (\det S)(\det \sqrt{T^*T}).$$

本例之前的叙述指出 $\det \sqrt{T^*T} \geq 0$. 因此 $\det T$ 是正的还是负的取决于 $\det S$ 是正的还是负的. 上一段已经看到，这取决于 S 的反向子空间是偶数维的还是奇数维的.

因为 T 是 S 与一个根本不使任何向量反向的算子（即 $\sqrt{T^*T}$）的乘积，所以我们有理由说，$\det T$ 是正或者是负取决于 T 使向量反向偶数次还是奇数次.

体积

以下定理是研究体积的一个关键的工具. 回想一下，例 10.46 之前的那段话指出 $\det \sqrt{T^*T} \geq 0$.

10.47 $|\det T| = \det \sqrt{T^*T}$

设 V 是内积空间，$T \in \mathcal{L}(V)$. 则 $|\det T| = \det \sqrt{T^*T}$.

习题 8 给出该定理的另一种证明.

证明 由极分解定理 7.45，存在等距同构 $S \in \mathcal{L}(V)$ 使得 $T = S\sqrt{T^*T}$. 因此

$$|\det T| = |\det S| \det \sqrt{T^*T} = \det \sqrt{T^*T},$$

其中第一个等式由 10.44 得到，第二个等式由 10.45 得到. ∎

现在转向 $\mathbf{R}^n$ 中的体积问题. 在这一小节剩下的部分，取定一个正整数 n. 我们只考虑带有标准内积的实内积空间 $\mathbf{R}^n$.

我们想给 $\mathbf{R}^n$ 的每个子集 Ω 赋予 n 维体积（当 $n=2$ 时，通常称为面积而不是体积）. 首先讨论长方体，长方体有一个很直观的体积概念.

10.48 定义 长方体（box）

$\mathbf{R}^n$ 中的**长方体**是集合
$$\{(y_1,\ldots,y_n) \in \mathbf{R}^n : x_j < y_j < x_j + r_j, \; j=1,\ldots,n\},$$
其中 $r_1,\ldots,r_n$ 是正整数，$(x_1,\ldots,x_n) \in \mathbf{R}^n$. 数 $r_1,\ldots,r_n$ 称为长方体的**边长**.

请自行验证，当 $n=2$ 时，长方体是边平行于坐标轴的矩形；当 $n=3$ 时，长方体就是我们熟悉的边平行于坐标轴的三维长方体.

我们将长方体的体积定义为长方体的边长的乘积，与直观的体积概念一致.

10.49 定义 长方体的体积（volume of a box）

$\mathbf{R}^n$ 中边长为 $r_1,\ldots,r_n$ 的长方体 B 的**体积**定义为 $r_1\cdots r_n$，记为 volume B.

熟悉外测度的读者会从这里认出这个概念.

现在对任意集合 $\Omega \subset \mathbf{R}^n$ 定义体积，想法是把 Ω 写成很多小长方体的并集，然后再把这些小长方体的体积相加. 这些小长方体的并集对 Ω 近似得越精确，我们对 volume Ω 的估计就越好.

10.50 定义　体积（volume）

设 $\Omega \subset \mathbf{R}^n$. 则 Ω 的**体积**（记作 volume Ω）定义为

$$\text{volume } B_1 + \text{volume } B_2 + \cdots$$

的下确界，其中 $B_1, B_2, \ldots$ 是长方体序列，其并集包含 Ω，取遍所有这样的长方体序列.

我们将仅使用直观的体积概念. 我们的目的是理解线性代数，而体积的概念属于分析学（不过很快就会看到体积与行列式的紧密联系）. 因此，本节其余部分将依赖直观的体积概念，而不依赖其严格的发展，但在接下来的线性代数部分我们还是要保持一贯的严密. 如果适当解释，这里关于体积所说的一切都是正确的：这里使用的直观方法都可以运用分析学的手段转化成恰当的正确定义、正确陈述和正确证明.

10.51 记号　$T(\Omega)$

对定义在集合 Ω 上的函数 T，定义 $T(\Omega)$ 为 $T(\Omega) = \{Tx : x \in \Omega\}$.

对于 $T \in \mathcal{L}(\mathbf{R}^n)$ 和 $\Omega \subset \mathbf{R}^n$，我们要利用 T 和 volume Ω 给出 volume $T(\Omega)$ 的公式. 先来看看正算子.

10.52 正算子 T 使体积改变了 $\det T$ 倍

设 $T \in \mathcal{L}(\mathbf{R}^n)$ 是正算子，$\Omega \subset \mathbf{R}^n$. 则 volume $T(\Omega) = (\det T)(\text{volume } \Omega)$.

证明 为了理解这个结果为什么是对的，首先考虑一种特殊情况：$\lambda_1, \ldots, \lambda_n$ 是正整数，$T \in \mathcal{L}(\mathbf{R}^n)$ 定义为

$$T(x_1, \ldots, x_n) = (\lambda_1 x_1, \ldots, \lambda_n x_n).$$

这个算子把第 j 个标准基向量拉伸了 λ_j 倍. 如果 B 是 $\mathbf{R}^n$ 中边长为 $r_1, \ldots, r_n$ 的长方体，则 $T(B)$ 就是 $\mathbf{R}^n$ 中边长为 $\lambda_1 r, \ldots, \lambda_n r$ 的长方体. 长方体 $T(B)$ 的体积是 $\lambda_1 \cdots \lambda_n r_1 \cdots r_n$，而长方体 Ω 的体积是 $r_1 \cdots r_n$. 注意到 $\det T = \lambda_1 \cdots \lambda_n$. 因此对 $\mathbf{R}^n$ 中的每个长方体 B 都有

$$\text{volume } T(B) = (\det T)(\text{volume } B).$$

由于 Ω 的体积是用长方体体积和来逼近的，从而有

$$\text{volume } T(\Omega) = (\det T)(\text{volume } \Omega).$$

现在考虑任意正算子 $T \in \mathcal{L}(\mathbf{R}^n)$. 由实谱定理 7.29，$\mathbf{R}^n$ 有规范正交基 $e_1, \ldots, e_n$，并且有非负整数 $\lambda_1, \ldots, \lambda_n$ 使得对 $j = 1, \ldots, n$ 有 $Te_j = \lambda_j e_j$. 在 $e_1, \ldots, e_n$ 是 $\mathbf{R}^n$ 的标准基的特殊情况下，这个算子与上一段定义的算子是一样的. 对任意的规范正交基 $e_1, \ldots, e_n$，这个算子与上一段那个算子有相同的性质：把规范正交基的第 j 个基向量拉伸 λ_j 倍. 对体积的直觉使我们相信，体积关于每个规范正交基的性质都是一

样的. 这种直觉连同上一段的特殊情形告诉我们, T 把体积改变了 $\lambda_1 \cdots \lambda_n$ 倍, 即 $\det T$ 倍. ∎

下一个工具是以下定理, 它说的是等距同构不改变体积.

10.53 等距同构不改变体积

设 $S \in \mathcal{L}(\mathbf{R}^n)$ 是等距同构, $\Omega \subset \mathbf{R}^n$. 则 volume $S(\Omega) =$ volume Ω.

证明 对 $x, y \in \mathbf{R}^n$ 有

$$\|Sx - Sy\| = \|S(x - y)\| = \|x - y\|.$$

也就是说 S 不改变两点之间的距离. 仅这个性质就足以使我们确信 S 不改变体积.

但是, 如果需要更强的说服力, 考虑 9.36 给出的实内积空间上等距同构的完整描述. 按照 9.36, S 可被分解成一些片段, 每个片段或者是某个子空间上的恒等映射 (它显然不改变体积), 或者是某个子空间上的乘以 -1 映射 (它显然也不改变体积), 或者是二维子空间上的一个旋转 (它还是不改变体积). 也可以用 9.36 连同 9.B 节的习题 7 将 S 写成算子之积, 其中每一个算子都不改变体积. 不论哪种方式都能使我们确信 S 不改变体积. ∎

现在可以证明算子 $T \in \mathcal{L}(\mathbf{R}^n)$ 使体积改变了 $|\det T|$ 倍. 注意, 极分解定理对证明极为重要.

10.54 T 使体积改变 $|\det T|$ 倍

设 $T \in \mathcal{L}(\mathbf{R}^n)$, $\Omega \subset \mathbf{R}^n$. 则 volume $T(\Omega) = |\det T|(\text{volume}\,\Omega)$.

证明 由极分解定理 7.45, 存在等距同构 $S \in \mathcal{L}(V)$ 使得

$$T = S\sqrt{T^*T}.$$

若 $\Omega \subset \mathbf{R}^n$, 则 $T(\Omega) = S\big(\sqrt{T^*T}(\Omega)\big)$. 因此

$$\begin{aligned}
\text{volume}\,T(\Omega) &= \text{volume}\,S\big(\sqrt{T^*T}(\Omega)\big) \\
&= \text{volume}\,\sqrt{T^*T}(\Omega) \\
&= (\det \sqrt{T^*T})(\text{volume}\,\Omega) \\
&= |\det T|(\text{volume}\,\Omega),
\end{aligned}$$

第二个等式成立是因为等距同构 S 不改变体积 (参见 10.53), 第三个等式成立是根据 10.52 (应用于正算子 $\sqrt{T^*T}$), 第四个等式成立是根据 10.47. ∎

上述定理导致了行列式出现在重积分的变量替换公式中. 我们仍将含糊而直观地描述一下.

本书中我们遇到的几乎所有的函数都是线性的. 请注意在下面的材料中并未假设函数 f 和 σ 是线性的.

以下定义旨在表达积分的思想，而不是要作为一个严格的定义.

10.55 定义 积分（integral），$\int_\Omega f$

设 $\Omega \subset \mathbf{R}^n$，$f$ 是 Ω 上的实值函数. f 在 Ω 上的**积分**（记作 $\int_\Omega f$ 或 $\int_\Omega f(x)\,dx$）定义如下：将 Ω 分成足够小的小块使得 f 在每个小块上几乎是常值函数，在每个小块上用 f 的值（几乎是常数）乘以这个小块的体积，然后再对所有的小块求和，就得到了积分的一个近似. 对 Ω 的分块越细，这个近似就越精确.

实际上，上面定义中的 Ω 应该是一个适当的集合（例如，开集或可测集），并且 f 也应该是一个适当的函数（例如，连续的或可测的），但我们不必担心这些技术问题. 注意 $\int_\Omega f(x)\,dx$ 中的 x 是哑变量，可以换成任何其他符号.

现在我们定义可微和导数的概念. 注意，在这个语境下，导数是一个算子，而不像在一元微积分中那样是一个数. 以下定义中的 T 的唯一性留作习题 9.

10.56 定义 可微（differentiable）、导数（derivative），$\sigma'(x)$

设 Ω 是 $\mathbf{R}^n$ 的开子集，σ 是从 Ω 到 $\mathbf{R}^n$ 的函数. 对于 $x \in \Omega$，称函数 σ 在 x 点**可微**，如果存在算子 $T \in \mathcal{L}(\mathbf{R}^n)$ 使得

$$\lim_{y \to 0} \frac{\|\sigma(x+y) - \sigma(x) - Ty\|}{\|y\|} = 0.$$

若 σ 在 x 点可微，则称满足上式的唯一的算子 $T \in \mathcal{L}(\mathbf{R}^n)$ 为 σ 在 x 点的**导数**，记作 $\sigma'(x)$.

导数的思想是，对固定的 x 和很小的 $\|y\|$

$$\sigma(x+y) \approx \sigma(x) + \big(\sigma'(x)\big)(y),$$

因为 $\sigma'(x) \in \mathcal{L}(\mathbf{R}^n)$，所以这是有意义的.

> 若 $n = 1$，则上面定义的导数就是一元微积分中通常意义下的导数所诱导的 $\mathbf{R}$ 上的算子.

设 Ω 是 $\mathbf{R}^n$ 的开子集，σ 是从 Ω 到 $\mathbf{R}^n$ 的函数，我们可以写

$$\sigma(x) = \big(\sigma_1(x), \ldots, \sigma_n(x)\big),$$

其中每个 σ_j 都是从 Ω 到 $\mathbf{R}$ 的函数. σ_j 对第 k 个坐标的偏导数记为 $D_k\sigma_j$. 求这个偏导数在点 $x \in \Omega$ 的值得 $D_k\sigma_j(x)$. 如果 σ 在 x 点可微，则 $\sigma'(x)$ 关于 $\mathbf{R}^n$ 的标准基的矩阵的第 j 行第 k 列元素是 $D_k\sigma_j(x)$（留作习题）. 也就是说

10.57
$$\mathcal{M}\big(\sigma'(x)\big) = \begin{pmatrix} D_1\sigma_1(x) & \ldots & D_n\sigma_1(x) \\ \vdots & & \vdots \\ D_1\sigma_n(x) & \ldots & D_n\sigma_n(x) \end{pmatrix}.$$

现在可以给出变量替换积分公式. f 和 σ' 还需要一点点额外的假设（如连续性或可测性）. 但我们并不担心这些，因为下面的证明实际上是一个伪证明，意在传递结果正确的原因.

以下定理称为变量替换公式，因为可以把 $y = \sigma(x)$ 看成一个变量替换，就像证明后面那两个例子所阐述的那样.

10.58　积分中的变量替换

设 Ω 是 $\mathbf{R}^n$ 的开子集，$\sigma\colon \Omega \to \mathbf{R}^n$ 在 Ω 的每一点可微，f 是定义在 $\sigma(\Omega)$ 上的实值函数. 则

$$\int_{\sigma(\Omega)} f(y)\,\mathrm{d}y = \int_{\Omega} f\big(\sigma(x)\big)|\det \sigma'(x)|\,\mathrm{d}x.$$

证明　设 $x \in \Omega$，Γ 是 Ω 的一个包含 x 的小子集，使得在集合 $\sigma(\Gamma)$ 上 f 约等于常数 $f\big(\sigma(x)\big)$.

把一个集合中的每个向量都加上一个固定的向量（例如 $\sigma(x)$）可得另一个具有相同体积的集合. 利用导数可以给出 σ 在 x 点附近的近似，由此可得

$$\mathrm{volume}\,\sigma(\Gamma) \approx \mathrm{volume}\big[\big(\sigma'(x)\big)(\Gamma)\big].$$

对算子 $\sigma'(x)$ 应用 10.54，上式变成

$$\mathrm{volume}\,\sigma(\Gamma) \approx |\det \sigma'(x)|\,(\mathrm{volume}\,\Gamma).$$

设 $y = \sigma(x)$. 上式左端乘以 $f(y)$，右端乘以 $f\big(\sigma(x)\big)$（因为 $y = \sigma(x)$，所以这两个量相等），得到

$$f(y)\,\mathrm{volume}\,\sigma(\Gamma) \approx f\big(\sigma(x)\big)|\det \sigma'(x)|\,(\mathrm{volume}\,\Gamma).$$

现在把 Ω 分成许多小块，并且把上式对应于各小块的那些等式加起来，即得所求. ∎

做变量替换的要点是，在做替换 $y = f(x)$ 时，一定会包含因子 $|\det \sigma'(x)|$，就像 10.58 右端那样. 最后，通过两个重要的例子来说明这一点.

10.59　例　极坐标

定义 $\sigma\colon \mathbf{R}^2 \to \mathbf{R}^2$ 为

$$\sigma(r, \theta) = (r\cos\theta, r\sin\theta),$$

这里使用 r, θ 而不是 x_1, x_2 作为坐标，对熟悉极坐标的每个人来说都很显然（而对其他人来说却很神秘）. 请自行验证，对于这个 σ，相应于 10.57 的偏导数的矩阵是

$$\begin{pmatrix} \cos\theta & -r\sin\theta \\ \sin\theta & r\cos\theta \end{pmatrix},$$

上面这个矩阵的行列式等于 r，这解释了在利用极坐标计算积分时为什么会有一个因子 r.

例如，下式是函数 f 在 $\mathbf{R}^2$ 的一个圆盘上的积分，注意那个额外的因子 r：

$$\int_{-1}^{1} \int_{-\sqrt{1-x^2}}^{\sqrt{1-x^2}} f(x, y)\,\mathrm{d}y\,\mathrm{d}x = \int_{0}^{2\pi} \int_{0}^{1} f(r\cos\theta, r\sin\theta)r\,\mathrm{d}r\,\mathrm{d}\theta.$$

10.60 例 球坐标

定义 $\sigma\colon \mathbf{R}^3 \to \mathbf{R}^3$ 为

$$\sigma(\rho, \varphi, \theta) = (\rho \sin\varphi \cos\theta, \rho \sin\varphi \sin\theta, \rho \cos\varphi),$$

这里使用 ρ, θ, φ 而不是 x_1, x_2, x_3 作为坐标，对熟悉极坐标的每个人来说都很显然（而对其他人来说却很神秘）. 请自行验证，对于这个 σ，相应于 10.57 的偏导数的矩阵是

$$\begin{pmatrix} \sin\varphi\cos\theta & \rho\cos\varphi\cos\theta & -\rho\sin\varphi\sin\theta \\ \sin\varphi\sin\theta & \rho\cos\varphi\sin\theta & \rho\sin\varphi\cos\theta \\ \cos\varphi & -\rho\sin\varphi & 0 \end{pmatrix},$$

上面这个矩阵的行列式等于 $\rho^2 \sin\varphi$，这解释了在利用球坐标计算积分时为什么会有一个因子 $\rho^2 \sin\varphi$.

例如，下式是函数 f 在 $\mathbf{R}^3$ 的一个球上的积分，注意那个额外的因子 $\rho^2 \sin\varphi$：

$$\int_{-1}^{1} \int_{-\sqrt{1-x^2}}^{\sqrt{1-x^2}} \int_{-\sqrt{1-x^2-y^2}}^{\sqrt{1-x^2-y^2}} f(x, y, z)\,\mathrm{d}z\,\mathrm{d}y\,\mathrm{d}x$$

$$= \int_{0}^{2\pi} \int_{0}^{\pi} \int_{0}^{1} f(\rho\sin\varphi\cos\theta, \rho\sin\varphi\sin\theta, \rho\cos\varphi)\rho^2 \sin\varphi\,\mathrm{d}\rho\,\mathrm{d}\varphi\,\mathrm{d}\theta.$$

习题 10.B

1 设 V 是实向量空间，$T \in \mathcal{L}(V)$ 没有本征值. 证明 $\det T > 0$.

2 设 V 是偶数维的实向量空间，$T \in \mathcal{L}(V)$，$\det T < 0$. 证明 T 至少有两个不同的本征值.

3 设 $T \in \mathcal{L}(V)$，$n = \dim V > 2$. 令 $\lambda_1, \ldots, \lambda_n$ 是 T 的（或 $T_{\mathbf{C}}$ 的，如果 V 是实向量空间）按重数重复的全体本征值.

(a) 求 T 的特征多项式中 z^{n-2} 的系数关于 $\lambda_1, \ldots, \lambda_n$ 的公式.

(b) 求 T 的特征多项式中 z 的系数关于 $\lambda_1, \ldots, \lambda_n$ 的公式.

4 设 $T \in \mathcal{L}(V)$，$c \in \mathbf{F}$. 证明 $\det(cT) = c^{\dim V} \det T$.

5 证明或给出反例：若 $S, T \in \mathcal{L}(V)$ 则 $\det(S + T) = \det S + \det T$.

6 设 A 是分块上三角矩阵

$$A = \begin{pmatrix} A_1 & & * \\ & \ddots & \\ 0 & & A_m \end{pmatrix},$$

对角线上的每个 A_j 都是方阵. 证明 $\det A = (\det A_1)\cdots(\det A_m)$.

7 设 A 是 $n \times n$ 实矩阵, $S \in \mathcal{L}(\mathbf{C}^n)$ 是 $\mathbf{C}^n$ 上的算子, 其矩阵等于 A, $T \in \mathcal{L}(\mathbf{R}^n)$ 是 $\mathbf{R}^n$ 上的算子, 其矩阵也等于 A. 证明: $\operatorname{trace} S = \operatorname{trace} T$ 且 $\det S = \det T$.

8 设 V 是内积空间, $T \in \mathcal{L}(V)$. 证明

$$\det T^* = \overline{\det T}.$$

由此证明 $|\det T| = \det \sqrt{T^* T}$, 这给出 10.47 一个不同的证明.

9 设 Ω 是 $\mathbf{R}^n$ 的开子集, σ 是从 Ω 到 $\mathbf{R}^n$ 的函数, $x \in \Omega$ 且 σ 在 x 点可微. 证明: 满足 10.56 中等式的算子 $T \in \mathcal{L}(\mathbf{R}^n)$ 是唯一的.

本题表明记号 $\sigma'(x)$ 是合理的.

10 设 $T \in \mathcal{L}(\mathbf{R}^n)$, $x \in \mathbf{R}^n$. 证明: T 在 x 点可微且 $T'(x) = T$.

11 找出 σ 的一个适当的假设, 然后证明 10.57.

12 设 a, b, c 是正数. 找出一个已知体积的集合 $\Omega \subset \mathbf{R}^3$ 和一个算子 $T \in \mathcal{L}(\mathbf{R}^3)$ 使得 $T(\Omega)$ 等于椭球

$$\left\{ (x, y, z) \in \mathbf{R}^3 : \frac{x^2}{a^2} + \frac{y^2}{b^2} + \frac{z^2}{c^2} < 1 \right\},$$

并求上述椭球的体积.

图片来源

- page 1: Pierre Louis Dumesnil; 1884 copy by Nils Forsberg/Public domain image from *Wikimedia*.
- page 23: George M. Bergman/Archives of the Mathematisches Forschungsinstitut Oberwolfach.
- page 40: Gottlieb Biermann; photo by A. Wittmann/Public domain image from *Wikimedia*.
- page 91: Mostafa Azizi/Public domain image from *Wikimedia*.
- page 101: Hans-Peter Postel/Public domain image from *Wikimedia*.
- page 124: Public domain image from *Wikimedia*.
- page 153: Public domain image from *Wikimedia*. Original painting is in Tate Britain.
- page 169: Spiked Math.
- page 182: Public domain image from *Wikimedia*.
- page 208: Public domain image from *Wikimedia*. Original fresco is in the Vatican.
- page 223: Public domain image from *Wikimedia*.

符号索引

索　引

版 权 声 明

Translation from the English language edition:
Linear Algebra Done Right, 3rd by Sheldon Axler.
Copyright © Springer International Publishing 2015.
Springer is a part of Springer Science+Business Media.
All Right Reserved.

本书简体中文版由 Springer-Verlag 授权人民邮电出版社独家出版．未经出版者书面许可，不得以任何方式复制或抄袭本书的任何部分．

版权所有，侵权必究．